工业和信息化普通高等教育"十二五"规划教材立项项目
21世纪高等学校计算机规划教材

网络工程原理与实践教程（第3版）

A Tutorial for Principle and Practice
of Network Engineering

胡胜红 陈中举 周明　编著

U0390271

人民邮电出版社
北　京

图书在版编目（CIP）数据

网络工程原理与实践教程 / 胡胜红，陈中举，周明
编著. -- 3版. -- 北京：人民邮电出版社，2013.4（2024.6重印）
21世纪高等学校计算机规划教材
ISBN 978-7-115-30550-3

Ⅰ. ①网… Ⅱ. ①胡… ②陈… ③周… Ⅲ. ①计算机
网络－高等学校－教材 Ⅳ. ①TP393

中国版本图书馆CIP数据核字(2013)第023629号

内 容 提 要

本书共分 10 章。第 1 章～第 9 章遵循网络工程设计规律，介绍网络工程设计的相关原理和方法，内容主要
包括网络工程基础知识、网络设计需求分析、网络逻辑设计、备份设计、网络安全结构设计、网络物理设计、
IPv6 网络设计、企业 Intranet 应用实例分析、网络系统管理与维护。第 10 章为实验教学内容，包括双绞线水晶
头的制作、用 Visio 2010 绘制网络工程图、Intranet 组建、服务器配置以及 Cisco 网络设备实训。

本书遵循"易学、易教、内容新"的编写理念，既可用作高等院校的计算机网络工程或系统集成课程教材，
也可作为计算机网络工程技术人员的参考资料。本书实验教学内容丰富，多达 28 学时，根据教学要求可安排为
必做实验、选做实验以及实训实验等类型。

◆ 编　著　胡胜红　陈中举　周　明
　　责任编辑　滑　玉

◆ 人民邮电出版社出版发行　　北京市丰台区成寿寺路 11 号
　　邮编　100164　　电子邮件　315@ptpress.com.cn
　　网址　http://www.ptpress.com.cn
　　北京七彩京通数码快印有限公司印刷

◆ 开本：787×1092　1/16
　　印张：18.75　　　　　　　2013 年 4 月第 3 版
　　字数：489 千字　　　　　2024 年 6 月北京第 18 次印刷

ISBN 978-7-115-30550-3

定价：36.00 元

前　言

当今网络信息化技术如火如荼，网络工程技术人才，尤其是具有设计经验和管理经验的高级网络工程师的需求量巨大。为了帮助各大专院校师生和社会自学人员迅速掌握网络工程技术的精髓，作者在 2005 年第 1 版和 2008 年第 2 版中，严格遵循了网络工程设计的一般规律，在第 1 章、第 2 章中着重网络工程基础理论和需求分析方法，第 3 章着重论述了网络分层设计原理和组件设计方法的逻辑设计思想，第 4 章和第 5 章则是从性能和安全层面上对逻辑网络架构的优化设计，第 6 章让读者掌握设备选型和结构化综合布线等具体实施技术，第 8 章则通过 Intranet 实例举证。教学内容组织上将一般性理论描述与作者的见解和实例融合一体，舍弃枯燥生涩的形式化描述，避免让学生陷入"网络学理论"的怪圈，实现了理论、应用、技术三位一体的结合。

在新的技术形势下，作者秉承"易学、易教、内容新"的理念再次修订了本书，除了仔细修订各位热心读者发现的错漏问题，本书修订最大的变化就是引入了近年来业内关注的各类热门技术。首先在第 1 章中综述了 100Gbit/s 超高速以太网、物联网和云计算等新技术的应用前景。第 7 章将 IPv6 网络设计从原来仅作概念介绍的内容进行扩充，这一修订工作刚好是顺应"加快 IPv6 商用化进程"的国家产业政策要求的。同时本书对实验章节进行了重大修订，由于 CCNA 新考纲的变化，近年来无线网络、IPv6 技术、VPN 等均成为重点考证内容。本书为了在实验教学中适应这一变化，使用 Packet Tracer 5.3 模拟器重新编排 Cisco 设备实训部分，完全覆盖 CCNA 考证新大纲实验和部分 CCNP 实验。另外，实验章节中还提供了几个综合性较强的设计型实验，如路由重分配、双核心冗余设计、无线网络设计、VPN 等，可用作实训教学。实际上，本书实验教学内容可以达到 28 课时，所有基础实验都配有完整的拓扑结构和地址分配建议，既具有独立性又相互关联。如果指导老师善于安排，这些实验还可以分别以实训的形式要求学生做更复杂的工程方案，如局域网+WLAN 升级改造、局域网+广域网互联、Intranet+VPN 互联等。

本书按 56 课时编写，教师可以根据实际需要，灵活安排教学内容。自学者在学习过程中，最好具有一定的网络基础知识，可以参看高传善、毛迪林编著的《计算机网络》一书，该书已由人民邮电出版社出版。

本书由胡胜红、陈中举、周明编著。本书发行 8 年多来，得到了国内众多同仁和细心读者的关注，在此一并表示感谢。他们提出的要求和建议是我在网络工程教学和教材建设上不断进取的动力，同时也欢迎各位同仁一如既往地支持本书的第 3 版发行工作。限于作者学识水平，书中仍难免有错漏之处，敬请读者来信批评指正（wuhanhush@sina.com），更多课程支撑材料请访问博客 http://wuhanhush.blog.51cto.com/。

编　者
2012 年 2 月

目　录

第 1 章
网络工程基础知识

网络工程是研究网络系统的规划、设计与管理的工程科学，是网络建设过程中科学方法与规律的总结。本章首先从网络工程的概念着手，系统阐述网络工程的要素、建设过程和组织机构等基础知识。

网络设备的工作原理在网络互连过程中往往成为困扰学习者的一个重要难题，对此本章给出一定篇幅进行较为细致的介绍，对许多实际问题进行深入分析。

网络应用模型包括对等模式、文件服务器模式、C/S 模式和 B/S 模式 4 种，是网络应用开发必须掌握的基本原理，而且仍然在不断发展之中，如新型的 P2P 技术就是对等模式的新发展。事实上，任何网络应用的运行都不是单一的，往往几种模式相互交叉，共同服务在一个网络中。

网络工程设计人员还要有一定的前瞻性，时刻关注网络业界的新发展、新技术，目前 40G/100G 以太网、物联网、虚拟化和云计算都是重要的下一代网络技术。掌握新技术，并应用到实际工作中去是一个不断创新的网络设计人员应该具备的优良素质。

1.1　重要概念和术语

本节首先介绍网络工程的定义，使读者逐步掌握网络工程建设的各阶段以及系统集成等的含义，然后再熟悉网络工程所涉及的其他概念。

1.1.1　网络工程的含义

网络工程是研究网络系统的规划、设计与管理的工程科学，要求工程技术人员根据既定的目标，严格依照行业规范，制订网络建设的方案，协助工程招投标、设计、实施、管理与维护等活动。

网络工程除了具备一般工程共有的内涵和特点以外，还包含以下要素。

① 工程设计人员要全面了解计算机网络的原理、技术、系统、协议、安全和系统布线的基本知识，了解计算机网络的发展现状和发展趋势。

② 总体设计人员要熟练掌握网络规划与设计的步骤、要点、流程、案例、技术设备选型以及发展方向。

③ 工程主管人员要懂得网络工程的组织实施过程，能把握网络工程的评审、监理和验收等环节。

④ 工程开发人员要掌握网络应用开发技术、网站设计和 Web 制作技术、信息发布技术以及安全防御技术。

⑤ 工程竣工之后，网络管理人员使用网管工具对网络实施有效的管理维护，使网络工程发挥应有的效益。

1.1.2 网络工程建设的各阶段

1. 规划阶段

规划阶段通过了解用户建设网络应用的目的，从网络工程建设的可行性、可靠性、可管理性和扩展性等方面给出需求分析计划书，包括应用背景、业务需求、网络管理、网络安全以及未来的升级与扩展等方面的内容。

2. 设计阶段

设计阶段分为两个部分，即逻辑设计阶段和物理设计阶段。逻辑设计阶段要给出网络的拓扑结构图、流量评估与分析、地址分配以及路由算法的选择等，大型网络还要求建立仿真测试。物理设计阶段主要是选定物理设备和传输介质，设计综合布线系统，为实施制订计划。

3. 实施阶段

网络系统实施包括网络资源配置、设备采购、软硬件安装调试、结构化综合布线等工作，需要制订详细的施工工程计划，按进度计划施工，工程结束前还要进行测试和验收。通常网络综合结构布线占用时间最长，施工任务最重。而网络硬件设备的采购、安装和调试则是网络施工过程中技术难度最大的环节，应引起足够的重视。

4. 运行与维护阶段

一个网络建立好之后，一般要运行 20 年以上，因此网络管理与维护是一项艰巨的任务，这就需要企业在网络管理上加大投入，注重网络管理人员的业务能力和素质的培养。网络的运行过程是一个不断优化和升级的过程，许多新的需求会提出来，许多隐藏的故障被排除，不断地实施一些增值业务……要求网络管理人员应具有编制管理文档、建立优化方案的综合素质。

网络工程的各个阶段并不是孤立的，相互之间仍然有着密切的联系。一个网络的建设最终的目的是使用网络产生效益，而在使用中不可避免地会遇到各种问题和故障。那么在规划、设计和实施阶段必须考虑今后的维护和管理工作。例如，在网络设计阶段，逻辑网络设计、IP 地址规划、路由算法选择等步骤都必须联系到后期的维护与管理工作。

1.1.3 系统集成

美国信息技术协会（ITAA）对系统集成（System Integration）的定义是这样的：根据一个复杂的信息系统或子系统的要求把多种产品和技术验明并接入一个完整的解决方案的过程。可见，系统集成是在一定的系统功能目标的要求下，把建立系统所需的管理人员和技术人员、软硬件设备和工具以及成熟可靠的技术，按低耗、高效、高可靠性的系统组织原则加以结合，使它们构成解决实际问题的完整方法和步骤。

系统集成可以分解为软件集成、硬件集成和网络系统集成。网络工程设计贯穿于网络系统集成工作的全过程。

1. 软件集成

软件集成是指为某特定的应用环境架构的工作平台，通俗地讲，是为某一应用目的开发的软件系统，实现信息化的工作平台。

2．硬件集成

硬件集成是指使用硬件设备把各个子系统连接起来，使整体的性能指标达到或超过个体的性能指标的总和。例如，办公自动化设备制造商把计算机、打印机和传真机等硬件设备进行系统集成，为用户创造出一种高效、便利的工作环境。

3．网络系统集成

网络系统集成是指设计和构建网络系统，提供局域网内的互连互通，设计接入 Internet 的方式，制订网络安全策略，培训用户和提供技术支持。网络系统集成为软件集成提供了基础设施。

附：计算机信息系统集成资质等级评定条件（试行）

一、一级资质

1．企业近 3 年完成计算机信息系统工程项目总值 2.0 亿元以上，并承担过至少 1 项 3 000 元以上或至少 4 项 1 000 万元以上的项目；所完成的系统集成项目中应具有自主开发的软件产品；软件费用（含系统设计费、软件开发费、系统集成费和技术服务费）应占工程项目总值的 30% 以上（即不低于 6 000 万元）；工程按合同要求质量合格，已通过验收并投入实际应用。

2．企业注册资本 1 200 万元以上，近 3 年的财务状况良好。

3．企业从事软件开发、系统集成等业务的工程技术人员不少于 100 人，且其中大学本科以上学历的人员所占比例不少于 80%。

4．企业总经理或负责系统集成工作的副总经理具有 5 年以上从事信息技术领域企业管理工作经历；企业具有已获得信息技术相关专业的高级职称、且从事计算机信息系统集成工作不少于 5 年的技术负责人；企业具有中级职称以上的财务负责人。

5．企业具有较强的综合实力，有先进、完整的软件及系统开发环境和设备，具有较强的技术开发能力。

6．企业已按 ISO9000 或软件过程能力成熟度模型等标准、规范建立完备的质量保证体系，并能有效地实施。

7．企业具有完备的客户服务体系，并设立专门的机构。

8．企业具有系统的对员工进行新知识、新技术培训的计划，并能有效地组织实施。

9．企业没有出现验收未通过的项目。

10．企业没有触犯知识产权保护等有关法律的行为。

二、二级资质

1．企业近 3 年完成计算机信息系统工程项目总值 1.0 亿元以上，并且承担过至少 1 项 1 500 万元以上或至少 3 项 800 万元以上的项目；所完成的系统集成项目中应具有自主开发的软件产品；软件费用（合系统设计费、软件开发费、系统集成费和技术服务费）应占工程项目总值的 30% 以上（即不低于 3 000 万元）；工程按合同要求质量合格，已通过验收并投入实际应用。

2．企业注册资本 500 万元以上，近 3 年的财务状况良好。

3．企业从事软件开发、系统集成等业务的工程技术人员不少于 50 人，且其中大学本科以上学历的人员所占比例不少于 80%。

4．企业总经理或负责系统集成工作的副总经理具有 4 年以上从事信息技术领域企业管理工作经历；企业具有已获得信息技术相关专业的高级职称、且从事计算机信息系统集成工作不少于 4 年的技术负责人；企业具有中级职称以上的财务负责人。

5．企业具有先进、完整的软件及系统开发环境和设备，具有较强的技术开发能力。

6. 企业已按 ISO9000 或软件过程能力成熟度模型等标准、规范建立完备的质量保证体系，并能有效地实施。

7. 企业具有完备的客户服务体系，并设立专门的机构。

8. 企业具有系统的对员工进行新知识、新技术培训的计划，并能有效地组织实施。

9. 企业没有出现验收未通过的项目。

10. 企业没有触犯知识产权保护等有关法律的行为。

三、三级资质

1. 企业近 3 年完成计算机信息系统工程项目总值 4 000 万元以上；所完成的系统集成项目中应具有自主开发的软件产品；软件费用（含系统设计费、软件开发费、系统集成费和技术服务费）应占工程项目总值的 30%以上（即不低于 1 200 万元）；工程按合同要求质量合格，已通过验收并投入实际应用。

2. 企业注册资本 100 万元以上，近 3 年的财务状况良好。

3. 企业从事软件开发、系统集成等业务的工程技术人员不少于 20 人，且其中大学本科以上学历的人员所占比例不少于 70%。

4. 企业总经理或负责系统集成工作的副总经理具有 3 年以上从事信息技术领域企业管理工作经历；企业具有已获得信息技术相关专业的中级职称以上或硕士以上，且从事计算机信息系统集成工作不少于 3 年的技术负责人；企业具有助理会计师职称以上的财务负责人。

5. 企业具有与所承担项目相适应的软件及系统开发环境和设备，具有一定的技术开发能力。

6. 企业已按 ISO9000 或软件过程能力成熟度模型等标准、规范建立完备的质量保证体系，并能实施。

7. 企业具有完备的客户服务体系，并设立专门的机构。

8. 企业具有系统的对员工进行新知识、新技术培训的计划，并能有效地组织实施。

9. 企业近 3 年内没有出现验收未通过的项目。

10. 企业没有触犯知识产权保护等有关法律的行为。

四、四级资质

1. 企业近 3 年完成计算机信息系统工程项目总值 1 000 万元以上；所完成的系统集成项目中应具有自主开发的软件产品；软件费用（含系统设计费、软件开发费、系统集成费和技术服务费）应占工程项目总值的 30%以上（即不低于 300 万元）；工程按合同要求质量合格，已通过验收并投入实际应用。

2. 企业注册资本 30 万元以上，近 3 年的财务状况良好。

3. 企业从事软件开发、系统集成等业务的工程技术人员不少于 10 人，且其中大学本科以上学历的人员所占比例不少于 70%。

4. 企业总经理或负责系统集成工作的副总经理具有 2 年以上从事信息技术领域企业管理工作经历；企业具有已获得信息技术相关专业的中级职称以上或硕士以上，且从事计算机信息系统集成工作不少于 2 年的技术负责人；企业具有助理会计师职称以上的财务负责人。

5. 企业具有与所承担项目相适应的软件及系统开发环境和设备，具有一定的技术开发能力。

6. 企业已建立质量保证体系，并能实施。

7. 企业具有完备的客户服务体系，并配备专门人员。

8. 企业具有系统的对员工进行新知识、新技术培训的计划，并能有效地组织实施。

9. 企业近 3 年内没有出现验收未通过的项目。

10. 企业没有触犯知识产权保护等有关法律的行为。

1.2 计算机网络工程组织

1.2.1 组织方式与组织机构

1. 组织方式

网络工程的组织方式大致有以下两种。

① 政府机关统一实施的工程,一般指定主管领导和具体负责人,并成立相应的工程管理机构,自上而下组织实施。

② 公司承建的具体工程,一般采用项目经理制,由项目经理招聘人员,制订方案,系统集成,从头至尾负责工程的组织实施。

2. 组织机构

政府行为的网络工程,其组织机构是比较严密的,一般包括以下 3 层机构。

① 领导小组:指导系统总体组开展工作,审批总体组的各类报告,协调各部门的工作,协助拟制业务需求,项目鉴定验收。

② 总体组(总承组):制订系统需求分析、项目总体方案和系统工程实施报告;指定系统的使用、管理等各类标准,设计系统安全性和可靠性方案,对项目的实施进行宏观管理和控制,并进行严格的质量管理。

③ 技术开发小组:根据系统总体组制订的软件建设任务,开发软件系统,在开发工程中撰写各种软件工程规范所需的文档。

1.2.2 网络工程监理

所谓网络工程监理,是指在网络建设过程中,给用户提供建设前期咨询、网络方案论证、系统集成商的确定和网络质量控制等一系列的服务,帮助用户建设一个性价比最优的网络系统。

网络工程监理的主要内容包括以下几方面。

(1)帮助用户做好需求分析

深入了解企业的各个方面,与企业各级人员共同探讨,提出切实的系统需求。

(2)帮助用户选择系统集成商

好的系统集成商应具备以下条件:

- 持有《计算机信息系统集成资质证书》;
- 有较强的经济实力和技术实力;
- 有丰富的系统集成经验;
- 有完备的服务体系;
- 有良好的信誉。

(3)帮助用户控制工程进度

工程监理人员帮助用户掌握工程进度,按期分段对工程验收,保证工程按期、高质量地完成。

(4)严把工程质量关

工程监理人员应该在以下环节严把质量关:

① 系统集成方案是否合理，所选设备质量是否合格，能否达到企业要求；

② 基础建设是否完成，结构化布线是否合理；

③ 信息系统硬件平台环境是否合理，可扩充性如何，软件平台是否统一合理；

④ 应用软件能否实现相应功能，是否便于使用、管理和维护；

⑤ 培训教材以及时间、内容是否合适。

（5）帮助用户做好各项测试工作

工程监理人员应严格遵循相关标准，对信息系统进行包括布线、网络等各方面的测试工作。

1.3　网络互连设备

网络互连设备用来将网络的各个部件连接在一起，依连接性质的不同可以分为物理上的互连能力和协议上的互连能力。

① 物理上的互连能力指所支持的物理接口，能连接的物理介质类型。

② 协议上的互连能力指工作在不同协议类型的网络之间，实现不同协议数据包的转换。通常对设备互连能力考虑得较多的都是协议上的互连能力。

网络工程中使用得较多的几种互连设备是中继器、集线器、网桥/交换机、路由器和网关等，本书侧重介绍集线器、交换机和路由器等主流设备。各种网络互连设备的协议互连能力用开放系统互连（OSI）参考模型描述，如图1-1所示。

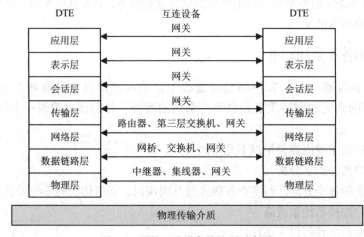

图1-1　网络互连设备协议层示意图

1.3.1　中继器

中继器的主要功能是对接收到的信号进行再生放大，以延伸网络的传输距离，提供物理层的互连。中继器的功能细分为以下几点：

① 过滤电磁干扰（MEI）和射频干扰（RFI）引起的信号干扰或噪声；

② 放大和修整进入的信号，使重新传输更精确；

③ 对信号重定时；

④ 在所有网段上复制信号。

1.3.2 集线器

集线器（Hub）是双绞线以太网对网络进行集中管理的最小单元。集线器是一个共享设备，其实质是一个多端口的中继器。正是因为集线器只是一个信号放大和中转的设备，所以它不具备自动转发和自动寻址能力，即不具备交换功能。所有传到 Hub 的数据均被广播到与之相连的各个端口，遵循 CSMA/CD 控制方式，因此所有 Hub 的端口同属一个冲突域。

Hub 在 OSI 参考模型中处于物理层，是局域网（LAN）的接入层设备。它不具备协议翻译功能，而只是分配和共享带宽。连接到 Hub 的每台工作站共享 Hub 的实际带宽。例如，使用一台 N 个接口的 10Base-T Hub 组网，每一个接口所分配的频带宽度是 $10/N$ Mbit/s。

Hub 主要用于共享式以太网的组建，是解决从服务器直接到桌面的最佳、最经济的方案。在交换网络中，Hub 直接与交换机相连，将交换机端口的数据送到桌面。使用 Hub 组网灵活，它可以直接构成星型拓扑结构也可以成为树型拓扑结构的一部分，对与各端口相连的工作站进行集中管理，不让出问题的工作站影响整个网络的正常运行，并且用户的加入和退出也很自由。

1. 集线器类型

依据总线带宽的不同，Hub 分为 10Mbit/s、100Mbit/s 和 10/100Mbit/s 自适应 3 种；若按照配置形式的不同可分为独立型、模块型和可堆叠型 Hub；根据管理方式可分为智能型 Hub（带有 CPU，支持简单网络管理协议）和非智能型 Hub（不支持网络管理，容易形成数据阻塞）两种；按照安装时的场合，又可以分为机架式和桌面式的 Hub。目前使用的 Hub 基本上是以上 4 种分类的组合。Hub 根据端口数目的不同，主要有 8 口、16 口和 24 口之分。

2. 级联（Uplink）和堆叠（Stack）

10Base-T Hub 虽然可以借助层层级联的方式来扩充网络，但其缺点是每级联一层，带宽会相对降低。例如，假设第一层 Hub 的带宽为 10Mbit/s，则第二层 Hub 的带宽降低到 5Mbit/s（使用了两个端口），而第三层 Hub 的带宽又是第二层带宽再除以使用的端口数。因此，集联的层数越多，其带宽也降低得越快。为了解决这个问题，网络厂商设计了"堆叠式"的 Hub，用 SCSI 电缆将 Hub 背部的堆叠模块连通，这样做使各台 Hub 均处在同一管理层次（即它们的带宽均一致）。在不减低带宽的前提下，这种 Hub 的设计是提高网络速度的一种方法。堆叠式集线器除了更适合网络的扩充之外，也相对降低了端口成本，另外，它放置的位置集中，非常方便管理。

不仅 Hub 使用堆叠方式，为了提高性能，降低端口价格，许多交换机也支持堆叠方式。堆叠方式有两种，即菊花链式堆叠和星型堆叠，如图 1-2 所示。

(a) 菊花链堆叠方式　　　　　　　　(b) 星型堆叠方式

图 1-2 集线器的堆叠方式

1.3.3　网桥

网桥也叫桥接器，是连接两个局域网的存储转发设备，工作在 OSI 参考模型的数据链路层。

网桥可以截获所有的网络信息，并读取每一个帧的目标地址（MAC 地址），以确定帧是否应该转发到某一个网段。当网桥运行时，网桥将检查流经它的帧的地址，并建立已知目标的地址表。如果网桥得知帧的目标地址和帧的源地址在同一个网段上时，那么由于没有必要转发这个帧，网桥就会删除这个帧。如果网桥得知帧的目标地址在另一个网段上，那么它就只向这个网段传输这个帧。如果网桥不知道目标网段，那么网桥就会把帧传输到所有网段。

网桥最主要的优点是，它可以限制传输到某些网段的通信量，这一优点被用在 10Base5 以太网中，用来给工作节点数目较多的网络分段。转换式网桥还能够将以太网的数据帧转换成令牌环网的数据帧，实现以太网和令牌环网的互连。

网桥有本地网桥和远程网桥两种基本类型。这两种类型的网桥目前都有了更好的替代产品，即用于局域网的交换机和用于广域网的路由器。

1.3.4　交换机

交换机是局域网里面最风靡的设备，它将局域网的性能由最初的 10 兆共享提升了无数个级别，新型的吉比特以太网更是建立在强大的交换技术之上。交换机在转发数据时，根据事先存储的 MAC 地址表选择目标主机转发数据，所以交换机各端口的带宽是独立的，即 10 兆交换机的每一个端口带宽都是 10Mbit/s。交换机初始工作时都有一个获得所连主机 MAC 地址的过程，这一过程目前都是由交换机自动完成的，也称为交换机的自学习过程。

交换机有很多类型，包括从低端的交换式 Hub 到高端的可网管的多层交换机等各种系列，采用的交换技术有直通交换、存储转发和无碎片直通方式等各种类型。

1. 交换技术简介

（1）直通方式（Cut Through）

直通方式不需要对数据帧做差错校验和附加处理，因此时延最小，转发速度最快，但不能过滤出错的帧。其工作原理如下：

① 端口在接收帧的 14 个字节后，交换模块便取出帧的目的地址，并送交端口查询模块；

② 端口查询模块从地址映射表中查出帧所要转发的正确端口号，并通知交换模块。交换模块将帧发送到正确的端口线路上。

（2）存储转发方式（Store and Forward）

由于存储转发方式需要对帧进行差错校验以及其他的附加服务，如速率匹配、协议转换等，因此必须设置缓冲器将数据帧完整地接收下来，为此而产生了延迟。因此，该交换方式是最慢的一种，其工作原理如下：

① 端口将 1 518 字节的数据帧完整地接收下来并存储在共享缓冲器中，等待进行差错校验；

② 对帧进行差错校验，当帧校验序列正确时，将帧交给交换模块；校验出错时，将帧丢弃，并由信源机和信宿机负责检错重发；

③ 交换模块取出帧的头部，交给端口查询模块进行地址转换；

④ 端口查询模块查出帧所要转发的正确端口号，并通知交换模块；

⑤ 交换模块将处理过的帧送还共享缓冲器，并发送到正确的端口线路上。

（3）无碎片直通方式（Fragment Free Cut Through）

该交换方式结合了直通方式和存储转发方式的优点，既有一定的错误检错能力，又能以较高的速率转发帧。其方法是先保存帧的前 64 个字节，如果是不健全的帧或有冲突的帧，就立即舍弃，因为从帧的头 64 个字节就可以判断出包的好坏，所以在交换的等待延迟和错误校验之间达到最好的折中选择；如果是坏包，大部分能在帧的头 64 个字节中检测出来，所以能取得交换延迟和错误校验之间的最佳平衡。在以太网中，当冲突发生时，双方立即停止发送数据帧，这样网络中就留有残缺帧，即所谓的碎片。为了不让碎片在网络中传输，无碎片直通方式采用最小帧长 64 个字节作为存储长度，并利用其进行差错校验，如果正确就继续发送。

使用何种交换技术的交换机，取决于网络需要，如果单纯要求高速度，则直通式交换是最佳选择；如果网络要求低误码率和稳定可靠，则应当选择存储转发式交换机。

2. 冲突域和广播域

（1）冲突域

由于采用 CSMA/CD 访问控制技术，共享以太网上的一台主机发送数据时，将导致与同时也向共享总线或共享设备上发送数据的主机争用线路而发生冲突，潜在共享线路的所有主机范围构成一个冲突域。例如，连接在同轴电缆上的所有主机，连接在共享 Hub 上的主机等都构成一个冲突域。

冲突域的存在既是以太网的基础，又是以太网的缺陷。CSMA/CD 访问技术使得以太网易于实现，并且在规模不大的网络中非常有效。但在大规模的网络中，处于同一个冲突域中的主机数目越多，则每个主机分得的带宽就越窄，网络性能就越低下；距离越长，则信号同步越困难，发生冲突、导致网络传输错误的可能性就越大。

因此，在一个冲突域中的主机数目过多时，通常要进行分段，如图 1-3 所示。分段的方法是使用网桥、交换机和路由器等存储转发设备隔离冲突域。

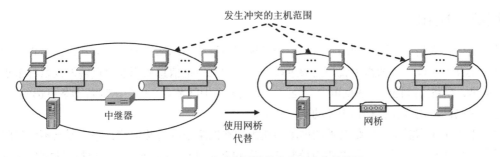

图 1-3　一个冲突域分段为几个冲突域的图

（2）广播域

广播域指的是能接收到广播数据包的主机范围。广播数据包通常采用广播地址发送，即主机位全为 1 的地址。很多原因都会导致网络中产生大量的广播数据包，如视频点播服务、有故障的网卡以及路由更新等。由于 IP 广播发生在网络层，所以工作在第二层的交换机对广播数据包无能为力。大量的无用广播数据包即广播风暴会消耗大量的带宽，使网络效率急剧降低直至瘫痪。

因此必须对广播域加以隔离，通常一个广播域内的主机数在 100 台到 150 台之间，降低了广播风暴的影响范围。能隔离广播域的设备是工作在网络层的路由器，它能够将收集到的广播数据包丢弃，而不影响到其他网络，如图 1-4 所示。

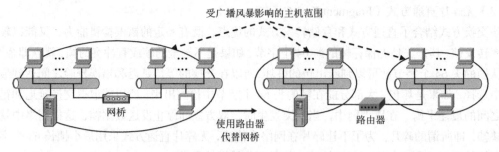

图 1-4　广播数据包被隔离的例子

（3）各种网络设备隔离冲突域和广播域的能力

图 1-5 中列举了 4 种常见的网络设备对冲突域和广播域的隔离情况。

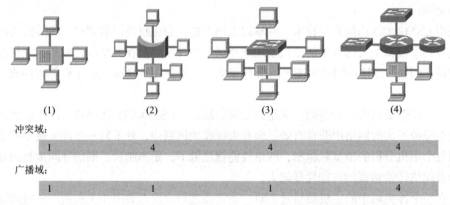

冲突域：			
1	4	4	4

广播域：			
1	1	1	4

图 1-5　集线器（1）、网桥（2）、交换机（3）、路由器（4）4 种设备对冲突域和广播域的划分

1.3.5　路由器

　　路由器的使命是为不同的网络类型、不同的地理位置或不同网段的源节点和目的节点之间提供最优化的互通手段。所谓路由就是指通过相互连接的网络把信息从当前节点转发到目标节点的活动。但是，在路由过程中，信息至少会经过一个或多个中间节点，也会出现若干条可选的路径，选择效率最高的可用路径就是路由器的基本任务。

　　事实上由于应用需求对网络技术的推动和路由器在网络中的特殊地位，路由器已不仅仅限于在广域网上提供最短、最优、最高带宽路径查找和包转发功能；它还能提供包括包过滤（Packet Filtering）、组播（Multi-Broadcasting）、服务质量（Quality of Service，QoS）和数据加密等高级网络数据控制功能。此外，路由器还肩负着流量控制、拥塞控制和计费等网络管理中非常重要的职能。

　　路由器主要由路由引擎、转发引擎、路由表、网络适配器和路由器端口 5 个部分组成，如图 1-6 所示。路由器通常连接两个或多个由 IP 子网或点到点协议标识的逻辑端口，因此一般拥有两个物理端口，至少拥有一个物理端口。转发引擎负责把从一个网络端口接收来的数据包转发到另一个网络端口去。路由的查找、寻径和转发主要依靠一张被称作路由表的数据结构来完成。IP、寻径算法包括对路由表的查找，构成了转发引擎中最主要的部分。由于每个通过路由器并需要其转发的数据包都要对路由表进行查找，所以路由表的查找效率如何往往决定了整个路由器的性能。路由引擎则包括了高层协议，特别是路由协议，它负责对路由表的更新。由于路由引擎不涉及通过路由器的数据通路，所以它可以使用通用 CPU 实现。

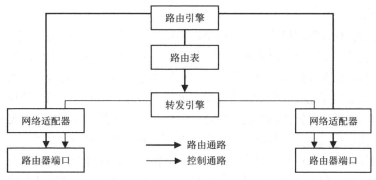

图 1-6　路由器逻辑结构图

路由表通常由以下 5 项构成。

① 网络地址：可以到达的目标网络地址，不管经过多少跳数，这个网络地址肯定是可达的，一旦该目的网络不可达，路由表就会更新。

② 子网掩码：对应于第一项目标网络的子网掩码。

③ 网关：将数据转发到目标网络的出口。

④ 跳数：到目的网络要经过的路由器的数目。

⑤ 连接方式：只有两种，与路由器端口直接相连的网络称为直连（Direct Link），不与该路由器直接相连的网络都称为远程连接（Remote Link）。

路由器连接示意图如图 1-7 所示。

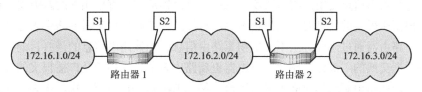

图 1-7　路由器连接示意图

图 1-7 中，路由器 1 的路由表可描述如下。

网 络 地 址	子 网 掩 码	网　　关	跳　　数	连 接 方 式
172. 16. 1. 0	255. 255. 255. 0	S1	0	Direct
172. 16. 2. 0	255. 255. 255. 0	S2	0	Direct
172. 16. 3. 0	255. 255. 255. 0	S2	1	Remote

路由器 2 的路由表可描述如下。

网 络 地 址	子 网 掩 码	网　　关	跳　　数	连 接 方 式
172. 16. 1. 0	255. 255. 255. 0	S1	1	Remote
172. 16. 2. 0	255. 255. 255. 0	S1	0	Direct
172. 16. 3. 0	255. 255. 255. 0	S2	0	Direct

互连中的网络可能会经常处于变化中，路由表必须适应这种变化以维持网络畅通。依据路由表更新的方式和路由协议的作用机理，路由器又被分为静态路由和动态路由。

1. 静态路由

静态路由是指由网络管理员手工配置的路由信息。当网络的拓扑结构或链路的状态发生变化时，网络管理员需要手工去修改路由表中相关的静态路由信息。静态路由信息在默认情况下是私有的，即它不会传递给其他的路由器。但是，也可以通过对路由器进行设置使之成为共享的。

静态路由一般适用于比较简单的网络环境，因为在这样的环境中，网络管理员易于清楚地了解网络的拓扑结构，便于设置正确的路由信息。例如，拨号链路只在需要时才拨通，因此不能为动态路由表提供路由信息的变更情况，在这种情况下，就应该使用静态路由。

静态路由的好处在于可以减少路由器之间的数据传输量，这对于带宽较紧张，线路冗余度低的网络尤其适合。使用静态路由的另外一个好处在于其安全保密性。使用动态路由时，需要路由器之间频繁地交换各自的路由表，而通过对路由表的分析可以揭示网络的拓扑结构和网络地址等信息，因此，出于安全方面的考虑也可以采用静态路由。在大型和复杂的网络环境中，往往不宜采用静态路由。

2. 动态路由

在大型网络中如果采用静态路由配置，则当网络的拓扑结构和链路状态发生变化时，需要大范围地调整路由器中的静态路由信息，这一工作的难度和复杂程度是可想而知的。因此，网络管理员通常会给路由器配置动态路由协议。常用的动态路由协议包括路由信息协议（RIP）、开放式最短路径优先路由协议（OSPF）和边界网关协议（BGP）等，它们分别具有不同的性能和应用范围。

配置了动态路由协议的路由器能够自动地建立起自己的路由表，并且能够根据情况的变化适时地进行调整。动态路由机制的运作依赖路由器的两个基本功能：路由表的可维护性和用于路由器之间适时进行路由信息交换的路由协议。每一个路由器从与之直接相邻的路由器那里获得对方的路由表，根据所得到的信息对自己的路由表进行加工，然后将加工后的路由表记录再传送给相邻的路由器。路由器通过这种方法不断地积累路由信息，交换路由信息的最终目的在于通过路由表找到一条数据交换的"最佳"路径。路由器更新路由表信息采用的是广播报文的方式，会耗去一定的带宽，因此路由更新的时间不能太频繁。例如 RIP 每 30s 更新一次路由表。在路由更新之间的一段时间差内，所出现的网络故障是不能被发现的，因此，路由表的信息也有一定的误差。

1.3.6　网关

网关的概念比较宽泛，指的是一种能使两种不同类型的网络系统或软件进行通信的接口，可以是软件也可以是硬件。网关和路由器有时候被看做同一种设备，但网关的功能更全面，因为它可以在 OSI 参考模型的任一层进行互连。

最传统的网关的功能是将一种协议转换为另一种具有不同结构成分的协议，这种网关在 OSI 参考模型的网络层运作，如将为 IBM 大型机开发的 SNA 协议转换成 TCP/IP。现在工作于应用层的网关很多，如电子邮件网关可以将电子邮件消息从一种格式转换成另一种格式，语音网关实现网络 IP 电话等。

1.4　网络应用模型

网络应用模型是指以实现大型组织内部和组织之间的信息共享和协同工作为主要需求而形成的网络计算方式。目前有 4 种主要的网络模型：对等网（P2P）模式、文件服务器（FS）模式、客户机/服务器（C/S）模式和浏览器/服务器（B/S）模式。

1.4.1　客户机与服务器概念

网络中能够对信息进行处理的设备被称为主机，仅仅用来显示或输入数据的设备称为终端。通常主机的类型包括 PC、小型机、中型机和大型机等。主机之间在相互通信和处理信息的时候，提供服务的一方称为服务器，获取服务的一方称为客户机。

1.4.2　对等网模式

1. 对等式网络结构系统构成

在对等网络模型中，通常使用的拓扑结构是总线型或星型，网络中不需要专门的服务器，也不需要网络操作系统，每台计算机都可以提供服务，每台计算机也都可以获取服务，只要这些计算机之间支持相同的网络协议即可。对等网模式（Peer-to-Peer，PtoP 或 P2P）如图 1-8 所示。

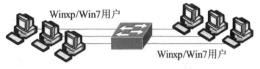

图 1-8　对等网模式

2. 使用场合

"对等网"非常适用于小型办公室、实验室、游戏厅和家庭等小规模网络，通常对网络计算机工作站的要求很低。因此，当用户的计算机数量不多，并仅以共享资源为主要目的时，建议采用这种网络结构。

3. 对等网络结构的特点

（1）优点

● 各连入网络的计算机地位平等，使用方便，且主机上的资源可以直接共享；

● 容易利用现有流行软件中内置的网络功能，因此安装与维护都很方便，不用另外开发或购置专门的网络服务软件；

● 价格低廉，能被广泛应用；

● 不需要专门的服务器，节约投资。

（2）缺点

● 无集中管理，对用户的身份基本无验证机制，安全性能较差；

● 文件管理分散，因此数据和资源分散，数据的保密性差。

4. 新型的 P2P 技术

新型的 P2P 技术的定义是：不依赖服务器，直接通过在点到点系统之间的直接交换实现计算机资源和服务的共享。在这个定义中，所谓的资源和服务包括文件的信息、处理周期、高速缓存储器和磁盘存储。虽然并不是所有的 P2P 产品都已经具备了这么多的功能，但是这些产品在特点、能力和安全机制等方面都已经有了很大的提高。

这种模型基于动态索引的服务器地址，当客户连接到网络的时候，服务器扫描客户的特定存储区，并把相关的数据索引加到服务器中。在这种模型中，查找具体数据的用户可以从头到尾地搜索整个服务器，然后与其他客户直接连接，获得对数据的直接访问。尽管 P2P 模式已经体现了一些独特的优势，但还需要进一步解决安全性、管理和标准等方面的一系列问题。P2P 已经彻底统治了当今的互联网，其中 50%～90%的总流量都来自 P2P 文件传输或视频点播。目前，Internet 上流行的 Bit Torrent（简称 BT）下载就是这种模式被应用的实例，如图 1-9 所示。

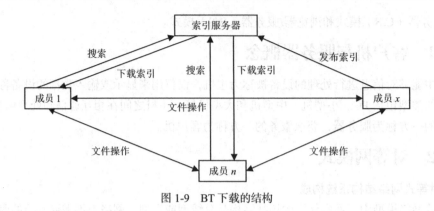

图 1-9　BT 下载的结构

1.4.3　文件服务器模式

文件服务器模式又称为"专用服务器模式"，局域网的兴起就是以这种系统结构为基本工作方式的，它是早期局域网的主流系统结构之一。在这种网络中一般都至少有一台比其他工作站功能强大许多的计算机，它上面安装有网络操作系统，因此，称它为专用的文件服务器，所有的其他工作站的管理工作都以此服务器为中心。也就是说，当所有的工作站进行注册、登录和资源访问时，均需要通过该文件服务器的传递及控制。

1. 专用服务器系统的结构

将若干台计算机工作站与一台或多台文件服务器通过通信线路连接起来，组成一个网络系统，就称为"文件服务器"系统。

图 1-10 说明了文件服务器系统结构的网络配置。文件服务器控制着用户的注册登录和数据、

打印机等客户机需要访问的共享资源的权限，因此服务器不仅仅是一台具有高性能处理器、速度更快的计算机，它还需要更多的存储空间，以容纳客户机需要共享的全部数据和软件资源。文件服务器是专门负责控制

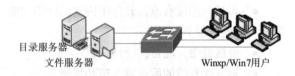

目录服务器
文件服务器
Winxp/Win7用户

图 1-10　文件服务器结构模式

用户登录、发送文件和信息的计算机，因此，它的配置和性能应该尽可能地被优化，通常它不在网络中兼作工作站。

2. 计算机的配置要求

这种模式的网络对工作站计算机的要求不高，适合普通的办公型网络和教学网络。当前计算机硬件都能较轻松满足组网要求，实现文件及打印共享成为基本要求，更高性能的网络提供 C/S 和 B/S 模式。

3. 适用的网络操作系统

目前，Windows Server、NetWare 和 Linux 等都可以用作文件服务结构的操作系统。在专用服务器网络中，一台文件服务器能服务多少个工作站完全取决于网络操作系统的性能。其中，Windows Server 目前是文件服务器操作系统的首选，其方便的图形化操作界面和与 Windows 桌面操作系统良好的兼容性使得它成为目前局域网操作系统的首选。在采用了域管理方式的 Windows Server 网络中，主域控制器（PDC）控制着网络上所有用户的登录，只有合法用户才能登录到网络，获得 PDC 分配的资源访问权限。

1.4.4   客户机/服务器模式

20 世纪 90 年代以来流行的客户机/服务器（Client/Server，C/S）应用模型是一种集中管理与开放式、协作式处理并存的网络工作模式，如图 1-11 所示。其中，集中管理是指网络操作系统对网络和网络用户的集中控制和管理；协作处理是指客户机、服务器的协同工作、共享处理能力；而开放式是指系统是放开的，如需要可以随时添加新的客户机和服务器。C/S类型的信息系统通常由计算机平台、网络平

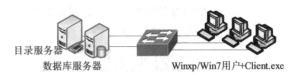

目录服务器
数据库服务器   Winxp/Win7用户+Client.exe

图 1-11   C/S 应用模式

台和数据库平台组成。这里的 C/S 结构是指将应用划分为前端和后端，前端即客户机部分，通常客户机程序运行在计算机或工作站上；后端即服务器部分，通常服务器程序可以运行在计算机直到大型计算机组成的各种计算机上。

从传统的文件服务器系统转入 C/S 模式结构是近十几年来信息技术的重要发展。在 C/S 结构中，除了专门的"文件服务器"外，还需要加装若干个数据库服务器。客户端是一台普通 PC，它安装了用户开发的客户端应用程序（Client.exe），负责事务处理，与服务器交换数据，可以使用命令或图形界面。服务端在不断地倾听着客户端发送的连接请求，根据连接命令传输相关数据到客户端进行处理，处理结果在客户端显示，被修改的数据返回给服务端更新。服务端则负责整个后台的数据处理，使用包括 SQL 语句和 Transact-SQL 语句的处理命令实现数据库的创建、插入、删除和更新等操作。目前，流行的各种网络操作系统，如 UNIX/Linux、Windows Server、NetWare 和 OS/2 等操作系统都支持 C/S 系统架构。

C/S 系统结构具有以下优缺点。

1. 优点

（1）集中式管理与分布式管理并存

集中式管理的特点与"文件服务器"结构类似，由其中的 PDC 和数据库服务器承担主要的数据存取操作；而应用程序的任务则分别由各客户机和服务器共同承担，执行效率高。

（2）性价比高

由于 C/S 结构的开放式设计思想，计算机档次可高可低，不受特定硬件的限制，能够实现多元化的组网方案，这样不仅可以降低成本，还可以经常保持最新的网络技术。因此，C/S 结构是性能价格比较高的一种网络应用模式。

（3）系统可扩充性好

当系统规模扩大时，可以不重新设计整个系统，只需在基础架构上添加服务器或客户机，即可提高整个系统的性能，可以更有效地充分利用现有系统资源。

（4）安全性好

由于数据库在 C/S 体系中实际上是集中管理，用户安全性由 PDC 保证，因而数据安全性较高。

（5）用户界面良好

客户机上运行的是基于图形交互界面开发的应用程序。

2. 缺点

（1）管理较为困难

C/S 结构仍部分包含分散式信息处理，所以比集中式方法更为复杂，尤其对分布式资源的管理比较困难。

（2）客户端的资源浪费

由于系统升级和功能的增加，越来越多的模块被添加到客户端程序中，而单个用户可能只使用这些功能中很小的一个部分，但不得不安装整个客户端软件，降低了客户端系统的效率。

（3）系统兼容性较差

尽管 C/S 结构可以跨平台运行，但能够重用的部分仅限于服务器端，客户端程序在每一种系统下都要重新开发，重复工作量较大。

1.4.5 浏览器/服务器模式

浏览器/服务器（B/S）网络结构是 C/S 发展的最新模式。随着 Internet/Intranet 的广泛使用，计算机"网络化"和"信息化"是当今企事业单位发展的总趋势。由于企事业单位的经营、生产和运作方式的改变，网络技术迅速普及并飞速发展，随之而来的是 Web 技术的出现和发展。因此，C/S 网络结构已经发展成为最新的 B/S 模式。

B/S 结构的客户端采用了人们普遍使用的浏览器，因此，它是一个简单的、低廉的，以 Web 技术为基础的"瘦"型系统。其服务器端除了原有的服务器外，另外增添了高效的 Web 服务器。基于 B/S 模式的网络信息系统，通常采用三层或更多层的结构，即"客户机浏览器→Web 服务器→数据库服务器"，如图 1-12 所示。

B/S 模式以 Web 服务器为系统的中心，所有事务处理逻辑都由中间件（Middleware）来完成，客户端只负责数据的表示，这种数据表示的格式通常是 HTML + CSS 或 Applet（客户端小应用）。B/S 的这种三层结构带来了软件配置上极大的灵活性，功能层和数据层分别位于 Web 服务器和数据库服务器中，使用过程中可以随时根据需要添加中间件的功能模块，添加或调整服务器的配置，以便适应新的应用和网络规模的扩大。

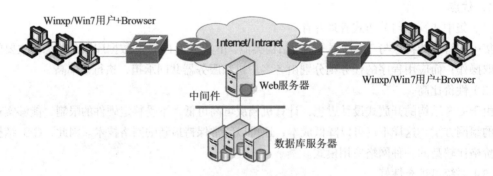

图 1-12 B/S 应用模式

在 B/S 结构中，中间件是最重要的部件。IDC 对中间件的定义是：中间件是一种独立的系统软件或服务程序，分布式应用软件借助它在不同的技术之间共享资源。中间件被部署在操作系统、网络和数据库之上，应用软件的下层，总的作用是为处于自己上层的应用软件提供运行与开发的环境，帮助用户灵活、高效地开发和集成复杂的应用软件。中间件可分为两大类：一类是底层中间件，用于支撑单个应用系统或解决单一类问题，包括交易中间件（TPM）、应用服务器（WAS）、消息中间件（MOM）、数据访问中间件（UDA）等；另一类是高层中间件，更多用于系统整合，包括企业应用集成中间件（EAI Suites）、工作流中间件（Workflow）、门户中间件（Portal）等，它们通常会与多个应用系统打交道，在系统中的层次较高，并大多基于底层中间件运行。

B/S 结构除了具有 C/S 结构的全部优点外，还具有下列优点。

① 成本低。B/S 模式对客户端的硬件基本上没有特殊要求，只要安装浏览器即可，必要的时候可能还需要一些插件。

② 易于更新和改动。新增加的业务逻辑和硬件大部分都是服务端的，对整个网络或客户端没有任何影响，保留了绝大部分投资。

③ 使用方便，培训工作简化。使用 B/S 应用软件就是上网，由于表示层的功能非常丰富，用户很容易就能熟悉软件的操作。

④ 开发工作简化。用户开发服务端程序可以使用的技术更多，如 ASP、PHP、JSP 等，它们的共同特点就在于无需考虑通信和协议的具体细节，只要专心实现功能和数据的表示即可。

⑤ 真正的平台无关性。由于任何系统都支持 Internet 浏览器，所以任何系统都可以建立客户端的连接。

B/S 模式所面临的最大问题就是安全问题，即 Internet 所带来的一系列安全性问题。

1.5 网络工程技术的新发展

人们在津津乐道当前网络发展带来的巨大成就时，也在不断地开拓创新。人们正在将技术的触角不断向前延伸，建设万兆带宽的城域网，分享 IPv6 的海量地址，享受无线网络无处不在的便利。所有这一切，都给未来的网络带来无穷遐想。

1.5.1 40G/100G 以太网

40G/100G 以太网也称为下一代超高速以太网技术，其技术标准由 IEEE 802.3ba 支持，2010年 6 月获得批准。相比传统以太网技术，40G/100G 以太网标准有以下特性：

① 仅支持全双工通信和点到点链路；

② 仍维持 802.3 以太网 MAC 层的帧格式，保持兼容性；

③ 保持目前 802.3 标准中的最小和最大帧长度；

④ 支持更低的不大于 10～12 的误码率；

⑤ 主要使用光纤作为传输介质，提供对光传输网络（Optical Transport Network，OTN）的良好支持，大量使用支持 DWDM 的接口设备；

⑥ 最高支持 100Gbit/s 的 MAC 数据传输速率；

⑦ 分别为 40Gbit/s 和 100Gbit/s 提供物理层的操作规范。

近年来，由于多屏播放、视频点播和互联网高速数据业务的迅猛增长，ISP 带宽的需求正以几何级数方式增长，传输网络目前急需 10G 以上的超宽带技术解决带宽缺乏的问题，而 100G 已经被证明是目前极具性价比优势的骨干网升级技术。另外，核心路由器 100G 接口的传输需求也将逐渐增加，进一步驱动了传输网向 100G 的转换进程。大型企业的园区网核心交换平台，也将成为 100G 交换机庞大的潜在市场。当然，100G 还可以进一步延伸到互联网核心节点、教育机构、搜索引擎、大型网站、高性能计算等领域，其中有不少用户都在积极测试和部署 100G 平台。未来城域网骨干上也可能使用 100G 系统，而实际部署的进程则主要由运营商的需求决定。如图 1-13 所示，100G 最早于 2010 年在骨干网络开始应用，2013 年以前将逐步扩大应用规模，2013 年后将形成 10G、40G、100G 业务长期共存的局面。

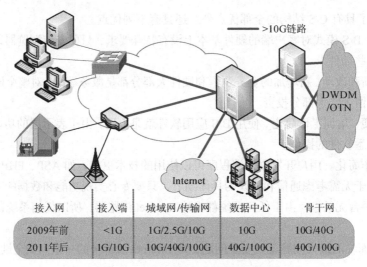

接入网	接入端	城域网/传输网	数据中心	骨干网
2009年前	<1G	1G/2.5G/10G	10G	10G/40G
2011年后	1G/10G	10G/40G/100G	40G/100G	40G/100G

图 1-13 40G/100G 以太网的应用前景

1.5.2 物联网

1999 年美国麻省理工学院（MIT）首次提出物联网的概念，国际电信联盟（ITU）在 2005 年的年度报告中对它的含义进行了扩展。物联网的英文名称是"The Internet of things"。顾名思义，"物联网就是物—物相连的互联网"。这有两层意思：第一，物联网的核心和基础仍然是互联网，是在互联网基础上的延伸和扩展的网络；第二，其用户端延伸和扩展到了任何物品与物品之间，进行信息交换和通信。因此，物联网的定义是通过射频识别（Radio Frequency Identification，RFID）、红外感应器、全球定位系统、激光扫描器等信息传感设备，按约定的协议，把任何物品与互联网相连接，进行信息交换和通信，以实现对物品的智能化识别、定位、跟踪、监控和管理的一种网络。

从技术架构上来看，物联网可分为三层：感知层、网络层和应用层，如图 1-14 所示。感知层是物联网识别物体、采集信息的来源，它由各种传感器以及传感器网关构成，包括二维码标签、RFID 标签和读写器、摄像头、GPS 等感知终端。网络层由各种私有网络、互联网、有线和无线通信网、网络管理系统和高性能计算平台等组成，相当于人的神经中枢和大脑，负责传递和处理感知层获取的信息。应用层是物联网和用户（包括人、组织和其他系统）的接口，它与行业需求结合，实现物联网的智能应用。

在物联网应用中有三项关键技术。

1. 传感器技术

传感器是获取信息的关键器件，用来把模拟信号转换成数字信号，计算机才能处理。目前传感器技术已渗透到科学和国民经济的各个领域，在工农生产、科学研究及改善人民生活等方面，起着越来越重要的作用。

2. RFID 技术

RFID 技术利用射频信号通过空间电磁耦合实现无接触信息传递，并通过所传递的信息实现物体识别。RFID 可看作一种设备标识技术，也是物联网感知层的一个关键技术。由于具有无需接触、自动化程度高、耐用可靠、识别速度快、适应各种工作环境、可实现高速和多标签同时识别等优势，RFID 在自动识别、物品物流管理等领域有着广阔的应用前景，如物流和供应链管理、门禁安防系统、道路自动收费、航空行李处理、文档追踪、图书管理、电子支付、生产制造和装配、汽车监控等。

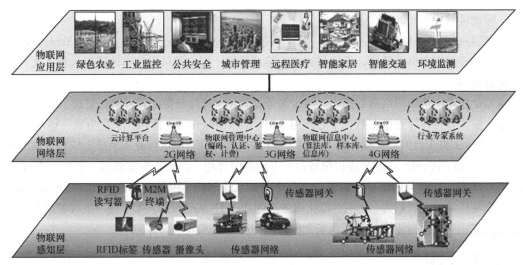

图 1-14 物联网结构图

3. 二维码

二维码（2-dimensional Bar Code）是用某种特定的几何图形按一定规律在二维平面上分布的黑白相间的图形，记录数据符号信息；在代码编制上巧妙地利用构成计算机内部逻辑基础的 "0"、"1" 比特流的概念，使用若干个与二进制相对应的几何形体来表示文字数值信息，通过图像输入设备或光电扫描设备自动识读以实现信息自动处理。二维码能够在横向和纵向两个方位同时表达信息，因此能在很小的面积内表达大量的信息，正在成为物联网的一个核心应用之一。

物联网用途广泛，遍及智能交通、智慧城市、环境保护、政府工作、公共安全、平安家居、智能消防、工业监测、老人护理、个人健康等多个领域。预计物联网是继计算机、互联网与移动通信网之后的又一次信息产业浪潮。国内典型的物联网应用包括上海浦东国际机场防入侵系统、济南园博园的 ZigBee 路灯控制系统以及苏州高铁物联网技术应用中心等项目。有专家预测 10 年内物联网就可能大规模普及，这一技术将会发展成为一个上万亿元规模的高科技市场。

1.5.3　虚拟化计算

虚拟化是表示计算机资源的逻辑组（或子集）的过程，这样就可以用从原始配置中获益的方式访问它们。这种资源的新虚拟视图并不受实现、地理位置或底层资源的物理配置的限制。虚拟化的技术方案有桌面虚拟化、存储虚拟化、网络虚拟化、服务器虚拟化 4 种。虚拟化技术有以下优势。

① 提高现有资源的利用程度。通过服务器整合将共用的基础架构资源聚合在池中，打破原有的 "一台服务器一个应用程序" 模式。

② 通过缩减物理基础架构和提高服务器/管理员比率，降低数据中心成本。由于服务器及相关 IT 硬件更少，因此减少了占地空间，也减少了电力和制冷需求。采用更出色的管理工具可以提高服务器/管理员比率，因此人员需求也得以减少。

③ 提高硬件和应用程序的可用性，进而提高业务连续性。可安全地备份和迁移整个虚拟环境而不会出现服务中断。消除计划内停机，并可从计划外故障中立即恢复。

④ 实现了运营灵活性。由于采用动态资源管理、加快了服务器部署并改进了桌面和应用程序

部署，因此可响应市场的变化。

⑤ 提高桌面的可管理性和安全性。几乎可在所有标准台式机、笔记本电脑或 Tablet PC 上部署、管理和监视安全桌面环境，无论是否能连接到网络，用户都可以在本地或以远程方式对这种环境进行访问。

虚拟化技术能帮助园区网数据中心减少服务器数量、优化资源配置并简化管理。例如从 2009 年开始，浙江省科技厅开始在数据中心使用 VMware vSphere 4.0 虚拟化解决方案。该厅在 2 台 Dell PC Server 和 3 台刀片式服务器上部署了 50 多个虚拟机，用作新业务系统上线和日常的业务系统测试，通过 vCenter 对整个虚拟服务器群进行集中管理，将服务器虚拟为一个共享的 IT 资源池，实现动态、自动且始终运行的服务，整个业务系统保持了可靠性和连续性。随着新一轮 IT 技术及全球环境的发展趋势，利用虚拟化服务实现动态 IT 基础设施环境，进一步改善现有的架构和管理模式，实现面向服务的、绿色安全的数据中心是未来发展的方向。

1.5.4 云计算

云计算（Cloud Computing）将计算任务分布在大量计算机构成的资源池上，使各种应用系统能够按需获取计算力、存储空间和信息服务。云计算也是分布式计算技术的一种，它透过网络将庞大的计算处理程序自动分拆成无数个较小的子程序，再交由许多分布在 Internet 上不同位置的廉价计算资源所组成的庞大系统经搜寻、计算分析之后将处理结果回传给用户。透过这项技术，网络服务提供者可以在数秒之内，处理数以千万计甚至亿计的信息，达到和"超级计算机"具有同样强大效能的网络服务。在云计算的模式中，用户所需的应用程序并不运行在用户的个人电脑、手机等终端设备上，而是运行在互联网上大规模的服务器集群中。用户所处理的数据也并不存储在本地，而是保存在互联网上的数据中心里。提供云计算服务的企业负责管理和维护这些数据中心的正常运转，保证足够强的计算能力和足够大的存储空间可供用户使用。

如图 1-15 所示，云计算主要有三种类型：IaaS、PaaS 和 SaaS，分别代表基础架构即服务、平台即服务和软件即服务。

1. SaaS

提供给用户的服务是运营商运行在云计算基础设施上的应用程序，用户可以在各种设备上通过客户端界面访问，如浏览器。用户不需要管理或控制任何云计算基础设施，包括网络、服务器、操作系统、存储等。

2. PaaS

提供给用户的服务是把用户采用提供的开发语言和工具（例如 Java、python、.Net 等）开发的或收购的应用程序部署到供应商的云计算基础设施上去。用户不需要管理或控制底层的云基础设施，包括网络、服务器、操作系统、存储等，但能控制部署的应用程序，也可能控制运行应用程序的托管环境配置。

3. IaaS

提供给用户的服务是对所有设施的利用，包括处理、存储、网络和其他基本的计算资源，用户能够部署和运行任意软件，包括操作系统和应用程序。用户不管理或控制任何云计算基础设施，但能控制操作系统的选择、存储空间、部署的应用，也有可能获得有限制的网络组件（例如防火墙、负载均衡器等）的控制。

最简单的云计算技术在网络服务中已经随处可见，例如搜索引擎、网络信箱等，使用者只要输入简单指令即能得到大量信息。目前，Google 提供的网络搜索功能本身，就是一种典型的云计算，其他 Google 服务，诸如 Gmail、Google Docs、Google Picasa Web 等，都属于云计算范畴。亚马逊的 EC2 网格也是一个著名的云计算实例。《纽约时报》仅使用 100 个亚马逊的 EC2 实例和一个 Hadoop 应用程序就以不到 24 小时的时间编排完成了全部的 1 100 万篇文章，并且生成了另外 1.5TB 数据，累计耗费 240 美元而已。

IBM 北亚太地区总经理认为，互联网基础架构发展有三大步骤：第一步，在降低成本的同时，需要建立一个比较灵活有效的安全的企业应用基础；第二步，虚拟化、优化和自动化可以提高效率，降低成本；最后，会利用私有云提供一个伸缩的新的服务，快速开发新的应用，为云计算提供多租户和共享服务能力。

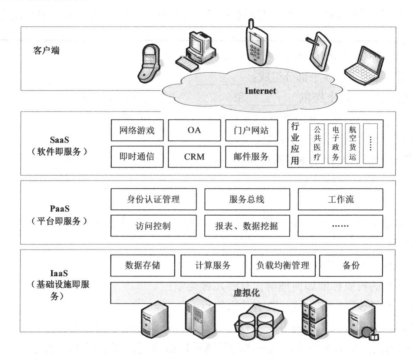

图 1-15　云计算结构图

习　题

一、填空题

1. 网络工程的整个建设阶段分为＿＿＿＿、＿＿＿＿、＿＿＿＿和＿＿＿＿。

2. 系统集成的定义是这样的：根据一个复杂的＿＿＿＿或＿＿＿＿的要求把多种产品和技术验明并连接入一个＿＿＿＿的过程。整个系统集成包括＿＿＿＿、＿＿＿＿和＿＿＿＿。

3. 网络工程监理是指在网络建设过程中，给用户提供建设＿＿＿＿、＿＿＿＿、＿＿＿＿和＿＿＿＿等一系列的服务，帮助用户建设一个性价比最优的网络系统。

4. OSI/RM 网络体系结构的 7 层模型分别是＿＿＿＿、＿＿＿＿、＿＿＿＿、＿＿＿＿、＿＿＿＿、＿＿＿＿和＿＿＿＿。

5. 在网络各层的互连设备中，中继器工作在_____层，集线器工作在_____层，网桥工作在_____层，交换机既可以工作在_____层次，也可以工作在_____层，路由器工作在_____层。

6. 中继器的主要功能是对接收到的信号进行_____，以延伸网络的_____，提供物理层的互连。

7. 集线器是_____以太网对网络进行集中管理的_____单元，遵循_____控制方式。集线器是一个_____设备，其实质是一个多端口的_____，使用一台 16 个接口的 10Base-T Hub 组网，每一个接口所分配的频带宽度是_____Mbit/s。集线器的类型有_____和_____。

8. 交换机可以非常良好地代替集线器和网桥，是现在局域网中最经常采用的设备。它的交换技术包括_____、_____和_____3 种类型。在这 3 种方式中不需要进行差错检测的是_____，转发帧速度最慢的是_____。

9. 路由器主要由下面 5 个部分组成：_____、_____、_____、_____和_____。路由器的功能是在广域网上提供_____和_____；同时，它还能提供包括_____、_____、_____和_____等高级网络数据控制功能；此外，路由器还肩负着_____、_____和_____等网络管理中非常重要的职能。

10. 从技术架构上来看，物联网可分为三层：_____、_____和_____。

11. 云计算主要有三种类型：_____、_____和_____，分别代表基础架构即服务、平台即服务和软件即服务。

12. 40/100G 以太网也称为下一代超高速以太网技术，其技术标准由_____支持。

二、问答题

1. 网络工程一般包含哪些要素？
2. 系统集成的资质标准如何理解，有哪几种类型？
3. 交换机有哪 3 种工作方式，各有什么特点？
4. 集线器的级联方式和堆叠方式各有什么特点，分别应用于何种场合？
5. C/S 应用模式和 B/S 应用模式各指的是哪种网络应用，试举例加以说明。
6. 请简述 40G/100G 以太网与传统以太网技术的兼容性？
7. 请问物联网的实现依赖于哪三大关键技术？
8. 请解释云计算和虚拟化技术的关系。
9. 请调研 P2P 视频点播技术的应用状况。
10. 请简要叙述虚拟化技术在建立企业数据中心网络时有何优势？

三、案例

1. 在如题图 1-1 所示的网络拓扑结构中有 3 个路由器，分别给出它们的路由表。

2. 现在需要为一个拥有 80 台计算机的网吧选购集线器（交换机），假设每台计算机都必须平均分配干线带宽，从级联和堆叠方案二者选其一，说明理由。

3. 假设某公司分支机构计划开通按需拨号方式连入总部数据中心，作为管理员应如何设计拨号路由器的路由方式？

4. 使用局域网计算机通过局域网内的缺省网关接入 Internet，互联网上的 DNS 服务器、国内 Internet 主机（如 www.whitehouse.gov）和国际 Internet 主机（如 www.whitehouse.gov），查看返回结果中的 time 值和 TTL 值，试分析其中的差别和含义。

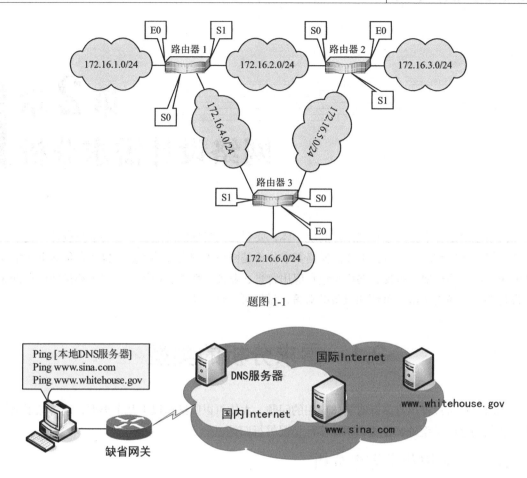

题图 1-1

题图 1-2

5. 某网站（http://www.iotworld.com.cn/）有丰富的物联网技术产业应用报告，请访问该网站，并写一篇约 2 000 字的论文，给出自己的见解。

6. 调查 IBM、Cisco、Google、Amozon 等著名公司在云计算技术方面的贡献，谈谈自己的看法。

第2章
网络设计需求分析

网络建设是合乎目的性和规律性的统一体，要想在网络建设的过程中始终掌控设计尺度，就必须做好充分细致的需求分析工作。网络需求分析是网络工程设计的起点，也是自顶向下网络设计的第一步，不仅要了解现有网络建设在应用背景、业务、性能、通信量、安全和扩展性等方面的设计要求，还要了解不可预知风险的对策，做好可行性分析。

2.1　需求分析的类型

需求分析阶段提出许多针对具体应用的问题，大体可以归纳出以下几个类型，读者除了掌握本书提供的这些类型外，也可以根据实际情况另行归纳。

2.1.1　应用背景需求分析

应用背景需求分析要概括当前网络应用的技术背景，评估同行同类型网络项目的运行状况方向和先进性，为本次网络项目建设勾画一个美好蓝图，指明本次网络信息化的意义。

应用背景需求分析要回答以下为什么要实施网络集成的问题。

① 国外同行业的信息化程度以及取得哪些成效。

② 国内同行业的信息化趋势如何。

③ 本企业信息化的目的是什么。

④ 本企业拟采用的信息化步骤如何。

2.1.2　业务需求

业务需求分析的目标是明确企业的业务类型、应用系统软件种类，以及它们对网络功能指标（如带宽、服务质量）的要求。

业务需求是企业建网中首要的环节，是进行网络规划与设计的基本依据。那种就网络建网络，缺乏企业业务需求分析的网络规划是盲目的，会为网络建设埋下各种隐患。

通过业务需求分析要为以下方面提供决策依据。

① 需实现或改进的企业网络功能有哪些。

② 需要集成的企业应用有哪些。

③ 是否需要电子邮件服务。

④ 是否需要 Web 服务。

⑤ 需要什么样的 Internet 带宽，有没有选定 ISP。

⑥ 需要什么样的视频服务，点播还是视频会议，是局部区域还是全网部署。

⑦ 需要运行什么样的信息系统，数据量多大，是否需要单独的存储设计。

⑧ 需要使用专线还是 VPN 来实现远程连接。

⑨ 是否需要在核心层设计冗余。

⑩ 是否需要为互联网设计双线出口。

2.1.3　管理需求

网络的管理是企业建网不可或缺的方面，网络是否按照设计目标提供稳定的服务主要依靠有效的网络管理。高效的管理策略能提高网络的运营效率，建网之初就应该重视这些策略。

网络管理包括以下两个方面：

① 人为制订的管理规定和策略，用于规范工作人员操作网络的行为；

② 网络管理员利用网络设备和网管软件提供的功能对网络进行的操作。

通常所说的网管主要是指第二点，它在网络规模较小、结构简单时，可以很好地完成网管功能。第一点随着现代企业网络规模的日益扩大，逐渐显示出它的重要性，尤其是网管策略的制订对网管的有效实施和保证网络高效运行是至关重要的。

网络管理的需求分析要回答以下类似的问题。

① 是否需要对网络进行远程管理。

② 谁来负责网络管理。

③ 需要哪些管理功能，如是否需要计费，是否要为网络建立域，选择什么样的域模式。

④ 选择哪个供应商的网管软件，是否有详细的评估。

⑤ 选择哪个供应商的网络设备，其可管理性如何。

⑥ 是否需要跟踪和分析处理网络运行信息。

⑦ 将网管控制台配置在何处。

⑧ 是否采用了易于管理的设备和布线方式。

2.1.4　安全性需求

随着企业网络规模的扩大和开放程度的增加，尤其是实施了 Intranet/Extranet 后，网络安全的问题日益突出。网络在为企业做出贡献的同时，也为工业间谍和各种黑客提供了更加方便的入侵手段和途径。早期一些没有考虑安全性的网络不但蒙受了巨额经济损失，而且使企业形象遭到严重的破坏。

企业安全性需求分析要明确以下几点：

① 企业的敏感性数据的安全级别及其分布情况；

② 网络用户的安全级别及其权限；

③ 可能存在的安全漏洞，这些漏洞对本系统的影响程度如何；

④ 网络设备的安全功能要求；

⑤ 网络系统软件的安全评估；

⑥ 应用系统安全要求；

⑦ 采用什么样的杀毒软件；

⑧ 采用什么样的防火墙技术方案；

⑨ 安全软件系统的评估；

⑩ 网络遵循的安全规范和达到的安全级别。

2.1.5　通信量需求

通信量需求是从网络应用出发，对当前技术条件下可以提供的网络带宽做出评估。通常情况下，网络建设者都希望自己的网络速度越快越好，但事实上高性能的网络意味着高投入。对于企业投入的有限资金，应该以追求最大效益为目标，因此在确定通信流量的时候，应该综合评估性价比最好的方案。

通信量需求提出以下问题以供参考。

① 企业应用主要是满足一般的文件共享还是多媒体视频服务，一般的文件共享或打印共享只需要 1Mbit/s 带宽就够了，而多媒体视频则需要 10Mbit/s 以上的带宽。表 2-1 列举了常见应用对网络带宽的要求，仅供参考。

表 2-1　　　　　　　　　　　　常见应用对网络带宽的要求

应用类型	基本带宽需求	备注
PC 连接	14.4kbit/s～56kbit/s	远程连接、FTP、HTTP、E-mail
文件服务	100kbit/s 以上	局域网内文件共享、C/S 应用、B/S 应用、在线游戏等绝大部分纯文本应用
压缩音视频	256kbit/s 以上	MP3、rm、flv 等流媒体传输
非压缩视频	2Mbit/s 以上	Vod 视频点播、视频会议等

② 需不需要 QoS，有没有对带宽有特殊要求的时延敏感和丢包敏感的业务。

③ 多媒体业务流量有多少，主要有哪些访问对象。

④ 哪些用户经常对网络访问有特殊的要求？例如行政人员经常要访问 OA 服务器，销售人员经常要访问 ERP 数据库等。

⑤ 哪些用户需要频繁访问 Internet，哪些用户只是偶尔使用 Internet？例如客户服务人员经常要收发 E-mail。

⑥ 哪些服务器有较大的连接数，并发数最大是多少，可接受的连接延迟有多大。

⑦ 哪些网络设备能提供合适的带宽且性价比较高。

⑧ 带宽超过 1Gbit/s 的时候有没有光纤计划。

⑨ 服务器和网络应用是否能够支持负载均衡。

2.1.6　网络扩展性需求

网络的扩展性有两层含义，第一是指新的部门能够简单地接入现有网络；第二是指新的应用能够无缝地在现有网络上运行。可见，在规划网络时，不但要分析网络当前的技术指标，而且还要估计网络未来的增长，以满足新的需求，保证网络建设的连续性，保护企业的现有投资，充分利用现有的计算机资源和通信资源。

扩展性分析要明确以下几点。

① 企业需求的新增长点有哪些？

② 已有的网络设备和计算机资源有哪些？

③ 哪些设备需要淘汰，哪些设备还可以保留？

④ 网络节点和布线的预留比率是多少？

⑤ 哪些设备便于网络扩展？

⑥ 是否使用了有利于升级改造的存储子系统？

⑦ 网络操作系统的升级性能如何？

2.1.7　网络环境需求

网络环境需求是对企业的地理环境和人文布局进行实地勘察以确定网络规模、地理分划，以便在拓扑结构设计和结构化综合布线设计中做出决策。

网络环境需求分析需要明确下列几点：

① 园区内的建筑群位置；

② 建筑物内的弱电井位置、配电房位置等；

③ 各部门办公区的分布情况；

④ 各工作区内的信息点数目和布线规模。

2.2　如何获得需求

2.2.1　获得需求信息的方法

1. 实地考察

实地考察是工程设计人员获得第一手资料最直接的方法，也是必需的步骤。实地考察有助于工程设计人员正确判别企业规模和布线环境，可以与企业负责人和最终用户直接交流。

2. 用户访谈

用户访谈要求工程设计人员与招标单位的负责人通过面谈、电话交谈和电子邮件等方式以一问一答的形式获得需求信息。最好的方法是事先由对方给出一份初步的意见书，然后双方再针对意见书中的条款进行磋商。

访谈过程中要注意以下几点：

① 明确对方需要网络做什么，并根据已有的经验给出参考意见。有时候对方并不一定是网络建设的行业人士，在交流的时候要有耐心，对使用的技术能给出通俗的解释；

② 做好笔录，将重要的信息记录下来以便日后整理；

③ 访问对象侧重于主要负责人和主要用户。

3. 问卷调查

问卷调查通常对数量较多的最终用户提出，询问其对将要建设的网络应用的要求。问卷调查的方式可以分为无记名问卷调查和记名问卷调查。一般都使用无记名问卷调查；记名问卷调查通常认为了解用户的身份对建设网络是必需的。下面是一份对用户使用 Internet 情况的无记名问卷调查表，用来明确本公司员工使用 Internet 的水平。

Internet 使用情况调查表（选择 1 项或多项或填写自己的意见）

1. 你上网的时间通常在下面哪个时间段？
  □上班前 □午休期间 □下班后
2. 你上网经常做些什么？
  □浏览网站 □收发电子邮件 □网络游戏 其他：_____
3. 你经常浏览的网站有哪些？
  □新浪网 □网易 □武汉热线 其他：_____
4. 请问你制做网页的能力如何？
  □完全不会 □一般 □熟练
5. 你使用搜索引擎吗？
  □经常，主要有 _____ _____
  □较少用，主要有 _____
  □从未用过，也未听说过
6. 你认为 BBS 的用途是什么？
  □获得信息 □发布信息 □求助 □交朋识友
7. 请你回答使用电子邮件的频率是多少？
  □每天 □3 天内 □一星期 □一个月或更长

下面是针对用户对所关心的网络建设问题的记名问卷调查表。

网络建设情况问卷调查表

为适应本公司网络信息化需求，特对大家所关心的各种网络应用问题进行调查，希望各位调查者认真填写信息，网络中心将对调查结果进行统计并公开，并在未来的工作中加以改进和提高。

调查方：网络中心 调查人姓名：_____ 职务：_____

1. 你主要使用哪些网络应用？
  □文件传输 □网络打印 □财务管理 □访问 Internet
2. 你认为哪些网络带宽比较满意？
  □文件传输 □网络打印 □财务管理 □访问 Internet
3. 请对你会使用的软件打"√"，或不会使用的软件打"×"：

Windows 2000/XP	Hotmail
Office 2000/XP	WPS 2004
Dreamweaver	Realpne
Project 2002	AutoCAD

4. 请问你认为本公司网络还需要改进和提高的方面有哪些？
  _____
  _____

4. 向同行咨询

将获得的需求分析中不涉及商业机密的部分发布到专门讨论网络相关技术的论坛或新闻组中，请同行点评制订的设计说明书，通常会收到许多中肯的建议。

2.2.2　归纳整理需求信息

通过各种途径获取的需求信息通常是零散的、无序的，而且并非所有需求信息都是必要的或当前可以实现的，只有对当前系统总体设计有帮助的需求信息才应该保留下来，其他的仅作为参考或以后升级使用。

1. 将需求信息用规范的语言表述出来

访谈形式的需求信息，经常包含一些口头语言，专业性不强，必须对语言进行重新组织，使用业内的专业语言结构进行描述，这种书面描述最后会成为需求分析文档的一部分，并最终影响整个系统的设计。

什么样的描述才是专业性较强而又通俗易懂的，难以找到一个明确的做法，但举个例子对比一下就可以了。例如某公司负责人告知："我们公司的网络要能够上网，内部能收发电子邮件"，至少可以从中得到这样的两条信息："××公司需要接入 Internet"，"××公司需要建立企业内部 E-mail 服务"。更细致的信息则是去描述 Internet 的接入带宽是多少，选择哪个 ISP，提供 E-mail 的服务器的可选配置是什么等。

2. 对需求信息列表

使用表格的方式将需求信息列表，便于信息的归纳和分析。常用的表格有两种，一种是在表格单元中填入内容，另一种是直接填入"√"或"×"，如表 2-2、表 2-3 所示。

表 2-2　　　　　　　　　　　　　　用户应用需求表

现有应用程序	版本	应用程序的位置所在（本地或服务器）	使用频率（小时/天）	评价
OA	2.0	中心机房 OA 服务器	24	良好
SQLServer	7.0	中心机房 OA 服务器	24	一般
Office	2003	用户工作电脑	8	良好
现有操作系统	版本			评价
Windows Server	2000	中心机房 OA 服务器	24	一般
未来的应用程序	目标		预计的开销	评价
Windows Server 2008	构建集群	中心机房	2 万元	计划内
金蝶 K/3	财务管理	中心机房	5 万元	备选

表 2-3　　　　　　　　　　　　　　用户信息点调查表

部　门	楼　层	办公室编号	信息点数	应用类型
财务部	2	201	8	数据
			4	语音
		202	8	数据
			2	语音
人事部	2	203	8	数据
			2	语音

续表

部　　门	楼　　层	办公室编号	信 息 点 数	应 用 类 型
开发部	4	401	16	数据
			2	语音
秘书处	3	302	8	数据
			8	语音
保卫部	1	101	4	数据
			2	语音

　　需求信息也可以用图表来表示。图表带有一定的分析功能，常用的有柱图、直方图、折线图和饼图。图 2-1 所示为使用直方图统计整个 Internet 应用调查情况的分析，评估 Internet 各项服务应用频率的高低。

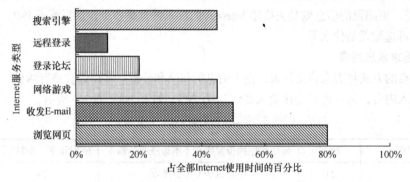

图 2-1　Internet 使用率分析图

2.2.3　撰写需求文档

　　撰写需求文档的时候要注意对需求信息进行有条理的组织，文档的大标题、小标题之间的序号应该很明确。例如一号标题用什么字体、字号，二号标题用什么字体、字号，撰写清晰的需求文档体现了一个系统设计人员的素质。

2.3　可行性论证

　　需求分析所取得的资料经过整理后得到需求分析文档，但这种需求分析文档还需要经过论证后才能最终确定下来。参与论证的人员除了需求分析工作的负责人外，还要邀请其他部门的负责人，以及招标方的领导和专家。

　　可行性论证是就工程的背景、意义、目的、目标，工程的功能、范围、需求，可选择的技术方案、设计要点、建设进度、工程组织、监理和经费等方面做出可行性验证，指出工程建设中选择软硬件的依据，降低项目建设的总体风险。

　　可行性论证的意义主要包括以下几条：

　　① 提供正确选择软硬件系统的依据；

　　② 验证可行性，减少项目建设的总体风险；

③ 产生应用系统原型，积累必要的经验；

④ 加强客户、系统集成商和设备供应商之间的合作关系；

⑤ 降低后期实施的难度，提高客户服务水平和满意度。

可行性论证报告是对需求说明书的重要补充。在编写可行性论证报告时，主要对下列项目逐条说明。

1. **系统建设的目的**

① 系统建设的预期效益论证；

② 系统建设目的的切实可行性论证；

③ 系统建设目的的前瞻性论证。

2. **技术可行性**

① 对可选的技术方案进行比较；

② 讨论预选方案的技术特点是否符合业务需求；

③ 未来几年内技术领域的变化；

④ 引用本公司近几年积累的成功案例加以验证。

3. **应用可行性**

① 网络物理基础架构的可行性论证；

② C/S 应用模式的论证；

③ B/S 应用模式的论证；

④ 对所采用开发技术的论证；

⑤ 对所选择的数据库服务器的论证。

4. **人员、资金可行性**

① 人员结构构成是否合理；

② 人员安排是否到位；

③ 工程预算合理性论证；

④ 资金配置的合理性论证。

5. **设备可行性**

① 设备基本性能论证；

② 设备互操作性论证；

③ 设备供应商的行业影响力论证。

6. **安全可行性**

① 物理安全性论证；

② 数据安全性论证；

③ 防火墙安全性论证；

④ 隐私保护方式论证。

2.4　工程招标与投标

为了保证网络工程的建设质量，网络建设方应该以公开招标的方式确定承建商。参与投标的承建商拿出各自的标书参与投标，其中标书的主要内容就来自于需求分析报告和可行性论证报告。

工程招投标是一个规范的网络工程必需的环节。

2.4.1　工程招标流程简介

《中华人民共和国招标投标法》规定了招标投标活动的具体程序和步骤，制订了招标、投标、开标、评标和中标各阶段的行为规则，下面从招标方的角度进行概述。

① 招标方聘请监理部门工作人员，根据需求分析阶段提交的网络系统集成方案，编制网络工程标底。

② 做好招标工作的前期准备，编制招标文件。

③ 发布招标通告或邀请函，负责对有关网络工程问题进行咨询。

④ 接受投标单位递送的标书。

⑤ 对投标单位资格、企业资质等进行审查，审查内容包括企业注册资金、网络系统集成工程案例、技术人员配置、各种网络代理资格属实情况和各种网络资质证书的属实情况。

⑥ 邀请计算机专家、网络专家组成评标委员会。

⑦ 开标，公开招标各方资料，准备评标。

⑧ 评标，邀请具有评标资质的专家参与评标，对参评方各项条件公平打分，选择得分最高的系统集成商。

⑨ 中标，公告中标方，并与中标方签订正式工程合同。

2.4.2　工程招标

计算机网络工程招标的目的，是为了以公开、公平、公正的原则和方式，从众多系统集成商中，选择一个有合格资质、并能为用户提供最佳性价比的集成商。招标可以实现以下目的。

① 中标集成商为工程所购买的所有硬件、软件产品都是符合要求的正牌优质产品。

② 中标集成商按照国家/国际标准对招标投标文件确定的整个网络工程进行施工，并按时完工。

③ 中标集成商为工程提供的所有产品以及全部施工和服务的价格都是合理的、比较低的。

④ 中标集成商为网络工程提供完善的售后服务。

1．编制招标文件

根据招标投标法和计算机网络工程的特点以及实际需要编制招标文件。招标文件包括网络工程建设的目的、目标、原则，具体的技术要求，对投票人资格审查的标准、投票报价要求和评标标准等所有实质性要求和条件，拟订合同的主要条款。

招标文件中应该确定以下几项内容。

① 工程建设的目的、目标和原则。

由于网络技术发展迅速，网络设备更新换代很快，建什么网，建网的目的、目标是什么，建网应遵循什么原则，都要经过很好的调研才能确定。

② 网络类型和网络拓扑结构。

只有做好需求分析，明确建网要解决哪些问题，才能正确地选择网络技术和网络拓扑结构。

③ 确定设备选型和 Internet 接入方式选择的原则。

④ 确定系统集成商的资质等级、工程期限、付款方式等。

2．招标

招标应该按招标投标法进行。能够采用公开招标的项目，必须公开招标，发布招标公告，说明招标人的名称和地址，招标项目的性质、数量、实施地点和时间，以及获取招标文件的办法等事项。

采用邀请招标方法的，应当向 3 个以上具备承担网络工程项目能力、资信良好的特定的法人或者其他组织发出招标邀请书。在招标公告或者招标邀请书中，要求潜在投标人提供有关计算机信息系统集成资质等级证明文件和业绩情况，并对潜在投标人进行资格审查。

2.4.3　工程投标

投标人在索取、购买标书后，应该仔细阅读标书的投标要求及投标须知。在同意并遵循招标文件的各项规定和要求的前提下，提出自己的投标文件。投标文件应该对招标文件的所有标识做出明确的响应，符合招标文件的所有条款、条件和规定。投标人应该对招标项目提出合理的投标报价。过高的价格一般不会被接受，低于成本报价将被作为废标。投标人的各种商务文件、技术文件等应依据招标文件要求备齐，缺少任何必要的文件都将不能中标。

一般的商务文件包括资格证明文件（营业执照、税务登记证、企业代码以及行业主管部门颁发的资质等级证书、授权书、代理协议书等）、资信证明文件（包括业绩、已履行的合同等）。技术文件一般包括工程投标方案及说明等。投标文件中还应有售后服务承诺、优惠措施等。投标文件还应按招标人的要求进行密封、装订，按指定的时间、地点和方式递交，否则投标文件将不被接受。投标文件应以先进的方案、优质的产品或服务、合理报价、良好的售后服务等为成功中标打下基础。

1. 编制投标文件

计算机网络工程是根据用户需要，按照国家/国际标准，将各种相关硬件、软件组合成为有实用价值的、具有良好性价比的计算机网络系统的全过程。它能够最大限度地提高系统的有机构成、系统的效率、系统的完整性和系统的灵活性，简化系统的复杂性，并最终为用户提供一套切实可行的完整的解决方案。在编写计算机网络工程投标书时要重点体现所选方案的先进性、成熟性和可靠性，同时，要为用户考虑将来的扩展和升级。

网络工程投标书主要内容包括以下几方面：

① 投标公司自我介绍；

② 投标方案论证、介绍；

③ 投标报价（明细和汇总）；

④ 项目班子；

⑤ 培训与售后服务承诺；

⑥ 资格文件等。

2. 工程标书目录

（1）标书内容

① 参评方案一览表；

② 参评方案价格表；

③ 系统集成方案；

④ 设备配置及参数一览表；

⑤ 公司有关计算机设备及备件报价一览表；

⑥ 从业人员及其技术资格一览表；

⑦ 公司情况一览表；

⑧ 公司经营业绩一览表；

⑨ 中标后服务计划；

⑩ 资格证明文件及参评方案方认为需要加以说明的其他内容；

⑪ 文档资料清单；

⑫ 参评方案保证金。

（2）系统集成方案书目录举例

图 2-2 所示为某系统集成方案标书的目录。

图 2-2　系统集成方案标书（目录）

3. 投标

（1）递交投标文件

投标时，必须在要求提交投标文件的截止时间前，将投标文件送达投标地点，并按要求携带相关的资格文件的原件或复印件，如营业执照、计算机信息系统集成资质等级证书、认证工程师的认证和授权委托书等。

（2）评标

评标委员会主要依据以下条件来确定中标人。

① 投标人是否能够最大限度地满足招标文件中规定的网络工程各项综合评价标准。

② 投标人是否能够满足招标文件对网络工程的实质性要求，并且投标价格较低（但不能低于成本价）。

因此，价格并不是网络工程中标的唯一因素，性价比更为重要。另外，评标时可能要进行答辩，参加网络工程投标时要做相应准备。

（3）中标

经评标委员会确定网络工程的中标人后，网络工程的招标人会向中标人发出网络工程中标通知书，同时将中标结果通知所有未中标的投标人。中标通知书对网络工程的招标人和中标人具有法律效力。中标通知书发出后，网络工程的招标人如果改变中标结果，或者中标人放弃中标的网络工程，都要承担相关法律责任。

（4）签订合同

网络工程的招标人和中标人应当在中标通知书发出之日起的 30 日内，按照网络工程招标文件和中标人的网络工程投标文件订立书面合同。招标人和中标人不能再订立背离合同实质性内容的其他协议。招标文件要求网络工程中标人提交履约保证金的，中标人应当提交。

网络工程的中标人应当按照合同约定履行义务，按时保质保量完成中标的网络工程。中标人不能向他人转让中标的网络工程，也不能将网络工程分解为若干项目分别向他人转让。中标人按照合同约定或者经招标人同意，可将网络工程中部分非主体、非关键性工作分包给他人完成。接受网络工程分包的人应当具备相应的资格条件，并不得再次分包。网络工程中标人应当就分包项目向网络工程招标人负责，接受分包的人就分包项目承担连带责任。

习　题

一、填空题

1. 网络建设是合乎_____和_____的统一体，要想在网络建设的过程中始终把握设计尺度，需求分析是_____的主要工作。

2. 需求分析的类型分为_____、_____、_____、_____、_____和_____。

3. 投标的步骤分为_____、_____、_____和_____。

4. 招标的过程中能够公开招标的项目要尽量地公开招标，需要向_____个具备承担网络工程项目能力、资信良好的特定的法人或者其他组织发出招标邀请书。

5. 企业应用主要是满足一般的文件共享还有多媒体视频服务，一般的文件共享或打印共享只需要_____带宽就够了，而多媒体视频则需要_____以上的带宽。

6. 简单地说，网络的扩展性有两层含义：_____；_____。

7. 编制投标文件应遵循国家/国际的规范，其重点应该体现所选方案的_____、_____和_____，同时，要为用户考虑将来的_____和_____。

8. 获取需求信息的方法有_____、_____、_____和_____。

9. 可行性论证是就工程的背景、意义、目的、目标，工程的功能、范围、需求，可选择的技术方案、设计要点、建设进度、工程组织、监理和经费等方面做出_____，指出工程建设中选择_____的依据，降低项目建设的_____。

10. 网络管理包括两个方面：_____和_____。

二、选择题

1. 评标委员会主要依据（　　）来选择中标人。

A. 低廉的价格　　　　　　　　　B. 有无回扣

C. 施工的质量　　　　　　　　　D. 最大限度地满足工程标准和低廉的价格

2. 下列选项中（　　）不是标书的内容。

A. 参评方案一览表　　　　　　　B. 中标后对方应支付价格表

C. 系统集成方案　　　　　　　　D. 设备配置及参数一览表

3. 网络工程的招标人和中标人应当在中标通知书发出之日起的（　　）日内，按照网络工程招标文件和中标人的网络工程投标文件订阅书面合同。

A. 15　　　　　　B. 25　　　　　　C. 30　　　　　　D. 60

4. 通信量需求应该是从（　　）出发。

A. 单位网络应用量的要求　　　　B. 可以获得的最高带宽

C. 花费最少　　　　　　　　　　D. 网络带宽的价格

5. 在下列对可行性论证的分析中，错误的是（　　）。

A. 可行性论证通常被安排在需求分析后期进行

B. 可行性论证有利于减少项目建设的总体风险

C. 可行性论证没有必要，直接开始网络逻辑设计就行了

D. 加强客户、系统集成商和设备供应商之间的合作关系，可行性论证报告是对需求说明书的重要补充

6. 对通过各种途径获取的需求信息的整理方法，下列选项中（　　）是不正确的。

A. 将需求信息用规范的语言表述出来

B. 对所有的信息进行重新组织并保留

C. 撰写需求文档

D. 对需求信息进行统计列表

7. 下列对于工程投标的描述中，不正确的是（　　）。

A. 投标文件不一定要严格遵循招标文件中的各项规定

B. 投标人应该对招标项目提出合理的投标报价

C. 投标人的各种商务文件、技术文件等应依据招标文件要求备齐

D. 投标文件还应按招标人的要求进行密封、装订，按指定的时间、地点和方式递交

三、简答题

1. 进行充分的需求分析有何实际意义？

2. 需求分析工作的类型主要有哪些？

3. 获得需求信息的方法有哪些？

4. 可行性验证有什么重要意义？

5. 什么是投标和招标？

6. 网络工程标书有哪些基本项目？

四、案例

1. 实地访问一家本地的企事业单位，对他们的网络使用情况进行调查，回答下列问题。

（1）LAN 采用的主要技术是什么，还有其他哪些技术？

（2）服务器是什么品牌的，都有什么样的配置，提供哪些服务？

（3）Internet 连接共享是如何实现的，对员工上网有限制吗？

（4）Internet 主要做什么，是一般的浏览信息、收发电子邮件、娱乐，还是专门的电子商务平台、OA 平台等？

（5）还有没有其他的 WAN 连接？

（6）网络中有没有防火墙，如果有，采用什么样的过滤策略？

（7）根据你掌握的情况绘制一份网络拓扑结构图。

2. 描述出网吧的业务需求，重点阐述交换机容量、宽带接入、服务器等方面。

3. 描述出一个普通大学校园网的业务需求和安全需求。

第3章
网络逻辑设计

网络设计是一项复杂而严肃的创作，要严格遵循稳定性、可靠性、可用性和扩展性的要求。本章重点介绍网络逻辑设计原理，包括逻辑拓扑结构设计、地址分配、广域网设计、路由协议的选择等基本知识。

逻辑拓扑结构设计中占据重要地位的是分层结构设计思想，既适用于大型网络的设计，同时也适用于中小型网络的设计，尤其是在树型结构层次分明的以太网中更是如此，具有高度的灵活性和可扩展性。如果再将分层结构中的某一部分看做组件独立设计，则更为灵活。

IP 地址分配中将介绍一些地址分配的原则，其中尤其是按部门分配 IP 地址是许多设计工作中的首选。地址分配应该遵循的一个重要原则是便于聚合，但在小规模的网络中路由聚合不是很重要，虚拟局域网（VLAN）划分网段显得更加灵活。

广域网设计的关键是要合理利用带宽，同时还要考虑 QoS 需求，提高用户体验质量。

3.1　网络设计的目标

网络设计的目标包括以下几方面。

1. 最大效益下最低的运作成本

满足需求只是网络设计的最低要求。最终设计方案应帮助企业节约投资，用最少的钱办最好的事，寻求性价比的最佳结合点。

2. 不断增强的整体性能

网络在投入运行过程中，价值是一个不断提升的过程，应该在设计方案中考虑到未来升级的需要，选择升级性能较好的技术。

3. 易于操作和使用

对网络设备、操作系统和管理软件等的选择应考虑到易操作性，便于管理和维护，尽可能选择兼容性好的产品。

4. 增强安全性

网络设计过程中应该考虑基于内网和外网的数据机密性，以及用户身份和权限控制等安全机制，提供最大的安全性。

5. 适应性

良好的网络基础结构应该能胜任各种流行的网络应用，如企业计算机集成制造系统（CIMS）、企业资源计划（ERP）、客户关系管理（CRM）、办公自动化（OA）、电子商务、电子政务、网络教学等。

为了实现上述目标，在网络设计中应遵循以下原则：

① 最小的运行成本；

② 最少的安装花费；

③ 最高的性能；

④ 最大的适应性；

⑤ 最大的安全性；

⑥ 最大的可靠性；

⑦ 最短的故障时间。

3.2　拓扑结构设计

优良的拓扑结构是网络稳定可靠运行的基础。随着网络技术的发展，网络结构越来越统一。设计网络的拓扑结构时，局域网多数采用树型结构，广域网多数采用网状结构。

3.2.1　常见的网络拓扑结构

网络拓扑结构是指忽略了网络通信线路的距离远近和粗细程度，忽略通信节点大小和类型后仅仅用点和直线来描述的图形结构，常见的网络拓扑结构如图 3-1 所示。

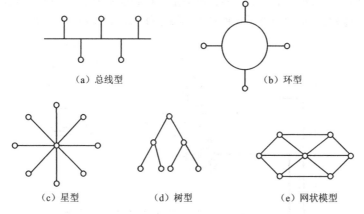

(a) 总线型　　　　　　　(b) 环型

(c) 星型　　　　(d) 树型　　　　(e) 网状模型

图 3-1　常见的网络拓扑结构

1. 总线型

在总线型拓扑结构中，所有节点都连接到一条主干线路，数据的传输任务都是由主干线路完成的。因此，总线就是总线拓扑结构的核心层。

2. 环型

环型结构和总线型结构类似，数据的传输任务都是由环路干线完成的。因此环就是环型拓扑结构的核心层。

3. 星型和树型

星型网络必有一个中心节点，所有数据都要通过中心节点交换，因此中心节点是星型网络的核心层。

树型结构是星型结构的扩展，顶层节点负荷较重，属于核心层，但如果设计合理，可以将一部分负荷分配给下一层节点，因此树型结构多出了一个汇聚层。

4. 网状模型

网状模型没有明确的负载较重的节点，线路选择的自由度很高，流量分布也较均衡，网络的连通性也很好。但很少有完全规划的网状模型网络，因为成本不合算。通常情况下部分网状模型应用在局域网冗余设计和广域网拓扑设计中。

3.2.2 估算网络中的通信量

估算网络中的通信量主要有两个方面：第一，根据业务需求和业务规模估算通信量的大小；第二，根据流量汇聚原理确定链路和节点的容量。

1. 估算通信量应该注意的问题

估算网络中的通信量应注意以下几点：

① 必须以满足当前业务需要为最低标准；

② 必须考虑到未来若干年内的业务增长需求；

③ 能对选择何种网络技术提供指导；

④ 能对冲突域和广播域的划分提供指导；

⑤ 能对选择何种物理介质和网络设备提供指导。

2. 上行链路和下行链路

上行链路指的是从工作站流向核心网络设备的链路，下行链路指的是从核心网络设备流向工作站的链路，如图 3-2 所示。上行链路的容量衡量了核心设备和干线链路的容量，影响骨干网技术的选择。下行链路的容量则给出了某种骨干网技术能满足的客户端应用的能力。

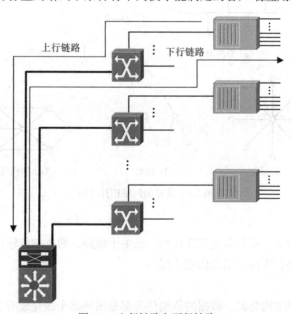

图 3-2　上行链路和下行链路

由于树型结构是局域网中最通用的结构，现在就通过对树型拓扑结构的流量分析来估计网络设备的上行带宽和下行带宽。

例 3-1：假设核心层交换机所使用的连接数为 8，而每个端口下连交换机的带宽是 100Mbit/s，

也使用了 8 个端口，在交换机满负荷工作概率为 60% 的条件下，按照交换机的特点，干线容量的计算方式为

$$8 \times 100\text{Mbit/s} \times 60\% = 480\text{Mbit/s}$$

核心交换机的容量为

$$8 \times 480\text{Mbit/s} \times 60\% = 2\,304\text{Mbit/s}$$

由此可以得出对主干线路的技术要求：

① 最佳选择是以光纤作为传输介质，最大可以提供 1 000Mbit/s 带宽；

② 廉价的选择是以全双工工作的 6 类 UTP 双绞线，还必须使用交换机的 Trunking 技术（参见第 5 章）；

③ 核心层交换机的背板容量至少在 2.3Gbit/s 以上才不会造成网络瓶颈。

例 3-2：假设与汇聚层交换机连接的是一组堆叠集线器，提供到 40 个桌面的连接，则在网络的利用率为 60% 的概率下，每个桌面可以获得的带宽计算方式为

$$100\text{Mbit/s} \div 40 \div 60\% = 4.1\text{Mbit/s}$$

这样的带宽足够满足局域网内的任何非多媒体应用，也可以满足压缩视频传输，但对于非压缩视频就略显不足。

3. 收敛比

由于交换机背板容量有限，数据报文在转发过程中输入总流量和输出流量或上行链路总容量和下行链路总容量并非完全一致，导致交换机不能实现线速无丢包转发。为避免拥塞导致网络性能下降，需进行合理的流量收敛设计，一般要关注链路收敛比（Convergence Ratio）和设备收敛比。链路收敛比指上下行链路在不同网络边界的输入带宽和输出带宽之比。设备收敛比指设备输入带宽和输出带宽之比。

收敛比的取值越小，表明网络转发性能越好。一般局域网设计中，收敛比为 20：1 即可，但在数据中心等高性能环境中，则要求收敛比较小，一般不应超过 10：1。而在多媒体业务环境中收敛比要求更高，通常要达到 2：1 甚至是 1：1。

例 3-3：核心交换机与汇聚层交换机之间上行链路的收敛比计算如下。

（1）如果汇聚层与核心交换机使用 100Mbit/s 链路：$100\text{Mbit/s} \times 8 \div 100\text{Mbit/s} = 8：1$，网络会出现拥塞丢包。

（2）如果汇聚层与核心交换机使用 1 000Mbit/s 链路：$100\text{Mbit/s} \times 8 \div 1\,000\text{Mbit/s} = 0.8：1$，网络不会拥塞丢包。

3.2.3 分层设计方法

大型网络的设计通常采用分层设计思想，将网络的逻辑结构化整为零，自顶向下分层讨论设计与实现的细节问题。Cisco 公司将大型网络的拓扑结构划分为 3 个层次，即核心层、汇聚层和接入层。网络的拓扑结构设计就从这 3 个层次入手，其分层结构图如图 3-3 所示。

分层结构的设计目标有以下 3 点：

① 核心层处理高速数据流，其主要任务是数据包的线速转发；

② 汇聚层负责网段的逻辑分割，定义广播域和组播域，聚合路由路径，收敛数据流量，为干线链路执行路由策略和访问控制；

③ 接入层将流量馈入网络，提供相关边缘服务。

按照分层结构设计网络拓扑结构时，应遵守以下 3 条基本原则：

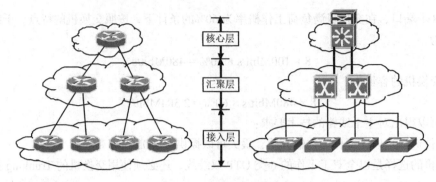

图 3-3　分层结构图

① 网络中因拓扑结构改变而受影响的区域应被限制到最小程度；

② 路由器应传输尽量少的信息；

③ 流量控制策略应实施在距离数据源最近的设备上，避免引入核心层。

分层结构具有以下特点。

① 分层拓扑结构的优点：流量从接入层流向核心层时，被收敛在高速的链接上；流量从核心层流向接入层时，被发散到低速链接上，如图 3-4 所示，因此接入层路由器可以采用较小的设备，它们交换数据包需要较少的时间，具备了更强的执行网络策略的处理能力。

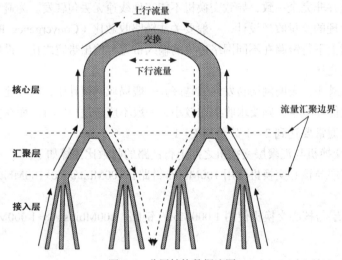

图 3-4　分层结构数据流图

② 分层拓扑结构的缺点：分层拓扑结构固有的缺点是在物理层内隐含（或导致）单个故障点，即某个设备或某个失败的链接会导致网络遭受严重的破坏。克服单个故障点的方法是采用冗余手段，但这会导致网络的复杂性的增加。

1. 核心层

网络核心层的主要工作是高速交换数据包，核心层的设计应该注意以下两点。

① 尽量避免在核心层执行网络策略。所谓策略就是一些设备支持的标准或系统管理员制订的规划。例如，一般路由器根据最终目的地址发送数据包，但在某些情况下，希望路由器基于源地址、流量类型或其他标准做出转发动作，这些基于某一标准或由系统管理员配置的规则和动作被称为基于策略的路由。网络策略的执行一般由汇聚层设备完成，在某些情况下，策略也可以放

在接入层与汇聚层的边界上执行。

牢记核心层的任务是交换数据包，应尽量避免增加核心层设备配置的复杂程度，因为一旦核心层执行策略出错将导致整个网络瘫痪。

② 核心层的所有设备应具有充分的可到达性。可到达性是指核心层设备具有足够的路由信息来智能地交换发往网络中任意目的地的数据包。

在具体的设计中，当网络很小时，核心层设备可以直接与接入层设备连接，分层结构中的汇聚层就被压缩掉了。显然，这样设计的网络易于配置和管理，但是其扩展性不好，容错能力差。

③ 在没有汇聚层的网络中，核心层必须包含部分汇聚层功能，比如逻辑分割和策略路由功能。

2. 汇聚层

汇聚层将大量低速的链接（与接入层设备的链接）通过少量宽带的连接接入核心层，以实现通信量的收敛，提高网络中聚合点的效率，同时减少核心层设备路由路径的数量。汇聚层的主要设计目标包括以下两项。

（1）隔离拓扑结构的变化

隔离核心层和接入层，因为网络拓扑的变化多发生在接入层（如添加主机、重新分段、工作区调整等），增加汇聚层可以将接入层的拓扑结构变化对核心层的影响程度降到最低。

（2）通过路由聚合控制路由表的大小

较小的路由表意味着占用较少的内存，较少的寻址时间，较快的数据转发速度。

路由聚合的示意图如图 3-5 所示。

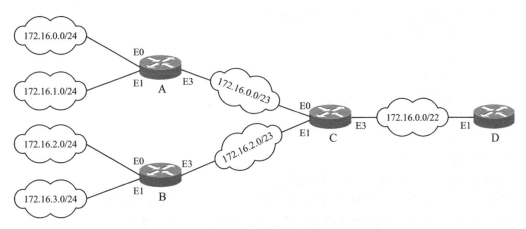

图 3-5　路由聚合示意图

路由聚合计算方法如下。

① 将网络地址转换成二进制数，即

172. 16. 0. 0→10101100. 00010000. 00000000. 00000000

172. 16. 1. 0→10101100. 00010000. 00000001. 00000000

172. 16. 2. 0→10101100. 00010000. 00000010. 00000000

172. 16. 3. 0→10101100. 00010000. 00000011. 00000000

② 比较地址高位，高位相同的位数为 23 位。

③ 写出聚合后新的掩码位为 23 位，聚合后的网络号为保留下来的高 23 位，即分别为172.16.0.0 和 172.16.2.0。

图 3-5 中，路由聚合发生在路由器 A、B、C，从聚合的结果可以看出以下两点。

第一，新路由表大大减小。

路由器 C 的路由表如下所示。

目 标 网 络	掩 码	端 口	跳 数	连 接 方 式
172. 16. 0. 0	255. 255. 254. 0	E0	0	直连
172. 16. 2. 0	255. 255. 254. 0	E1	0	直连
172. 16. 0. 0	255. 255. 252. 0	E3	0	直连

如果不采用路由聚合，则为了能够到达目标网络 172.16.0.0/24，172.16.1.0/24，172.16.2.0/24 和 172.16.3.0/24，则至少要为路由器 C 再增加 4 条路由表项。

同样的道理，路由器 D 只需要添加一个路由表项即可把数据发送到任何一个网络。

第二，路由收敛速度加快。

路由聚合后，路由器 C 没有直接到目标网络 172.16.0.0/24，172.16.1.0/24，172.16.2.0/24 和 172.16.3.0/24 的路由，所以这 4 个网络拓扑结构的改变对路由器 C 没有影响，从而加快了路由器 C 的收敛速度。

（3）划分逻辑区域，执行路由策略优化流量转发

汇聚层收集接入层的流量，转发到上连的核心层。通过应用策略路由，在汇聚层可以规划不同逻辑子网的流量，执行访问控制，优化核心层的输入流量。在冗余核心结构中，汇聚层还可以通过路由策略实现核心层设备间的流量负载均衡。

实现汇聚层设计目标的方法有：

① 路由聚合；

② 使核心层与汇聚层的连接最小化；

③ 执行路由策略，优化网络流量。

3. 接入层

接入层的设计目标如下。

（1）将流量馈入网络

为确保将接入层流量馈入网络，要做到：

① 接入层路由器所接收的链接数不要超出其与汇聚层之间允许的链接数；

② 如果不是转发到局域网外主机的流量，就不要通过接入层的设备进行转发；

③ 不要将接入层设备作为两个汇聚层路由器之间的连接点，即不要将一个接入层路由器同时连接两个汇聚层路由器；

④ 接入层设备应具有低成本和高端口密度的特性。

（2）控制访问

由于接入层是用户进入网络的入口，所以也是黑客入侵的门户。接入层通常用包过滤策略提供基本的安全性，保护局域网段免受网络内外的攻击。

4. 绘制网络拓扑图

好的网络拓扑结构图能恰当地表现设计者的意图，是网络设计者经验的结晶，也是网络设计人员素质的重要体现。绘制网络拓扑图要注意以下几点：

① 选择合适的图符来表示设备；

②线对不能交叉、串接，非线对尽量避免交叉；
③终接处及芯线避免断线、短路；
④主要的设备名称和商家名称要加以注明；
⑤不同连接介质要使用不同的线型和颜色加以注明；
⑥标明制图日期和制图人。

绘制网络拓扑图可以使用Microsoft公司的Visio 2007/2010软件，该软件支持6种类型的网络图绘制，包括活动目录结构、基本网络、LDAP网络图、逻辑网络图、Novell网络图和Cisco设备网络图。

5. 80/20规则

80/20规则是传统以太网设计必须要遵循的一个原则。它表明一个网段数据流量的80%是在该网段内的本地通信，只有20%的数据流量是发往其他网段的，如图3-6所示。

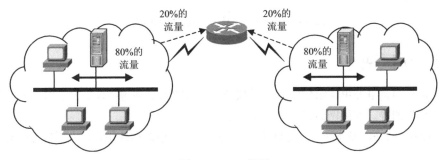

图3-6　80/20规则

80/20规则是最优化使用网络主干和昂贵的广域网链路的一种行之有效的方法。通常的做法是把最利于某个区域访问的数据服务器置于该区域，以提供更多更快的访问机会，或各区域均设置相同功能的数据服务器，只有当广域网链路不太繁忙的时候再更新相关数据信息。合理地应用80/20规则能够均衡网络流量，减轻干线负载，充分利用广域网链路。

80/20规则在一些网络中可能失效，例如一个公司的远程研究所人员可能经常要通过广域网访问公司的数据服务器，就有可能使得大量的数据传输（80%）都要被发送到广域网链路上，而只有20%的数据传输是在本地。采用VLAN技术的虚拟交换网中更是如此，采用高速交换技术的第三层交换机所划分的逻辑网段在物理区域上的分布是交错的，使得各个逻辑网段之间的通信绝大部分要通过高速交换来实现，核心交换机的性能至关重要。

3.3　网络组件设计

为了有步骤地实施网络，通常将一个完整的网络划分为逻辑上功能独立的组件，这些组件主要有园区网、广域网和远程连接。网络组件划定了网络的功能范围，进一步深化了分层设计的思想，同时又为地址分配和安全控制提供了依据。如图3-7所示，在一个功能完备的综合网络拓扑中，典型的网络组件包括：园区网、广域网、远程接入、Internet接入、服务子网、多媒体子网、安全子网、无线子网等。

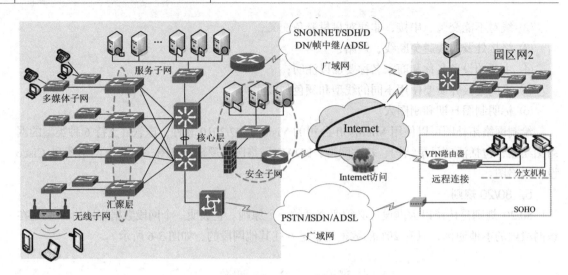

图 3-7 综合网络拓扑——典型的网络组件

3.3.1 园区网

园区网是指为企事业单位组建的办公局域网。典型的园区网包括校园网、社区网、住宅小区网、企事业单位网等。园区网的设计有以下特点。

① 园区网是网络的基本单元，是网络建设的起点，它连接本地用户，为用户连网提供了本地接入设施。

② 园区网较适合于采用三层结构设计，通常规模较小的园区网只包括核心层和接入层，汇聚层被划入了核心层，尤其是在交换网络中是如此考虑的。

③ 园区网对线路成本考虑得较少，对设备性能考虑得较多，追求较高的带宽和良好的扩展性。

④ 园区网的结构比较规整，有很多成熟的技术，如以太网、快速以太网、FDDI，也有许多新兴的技术如吉比特以太网、ATM 网、WLAN。

1. 以太网

（1）粗缆以太网

粗缆以太网（10Base5）采用 RG-11 同轴电缆为传输介质，是最早的以太网（Ethernet）产品，现在基本上被淘汰。10Base5 的含义是：带宽为 10Mbit/s，基带信号，最大传输距离为 500m。网络中常使用的接口是 15 针的 AUX 接口，连接工作站的设备称为收发器（Transceiver）。如果使用中继器，可以将网络距离扩展到 2 500m。粗缆以太网的缺点是成本较高，安装工序复杂且容易出故障。

（2）细缆以太网

细缆以太网（10Base2）使用的是 RG-58 型细缆和 BNC 接口，相对于 10Base5 而言是一种廉价的同轴电缆组网方案。10Base2 的每个网段只允许 30 个节点，且单个网段的长度为 185m，使用中继器可以延伸到 925m。细缆以太网仍然可以用于许多要求不高的场合中，如家庭组网、寝室组网、单独办公室网等，无需购买集线器等价格较高的设备，整个方案实施起来比 10BaseT 更便宜，且扩展性能良好，添加新的节点非常方便。

（3）双绞线以太网

10Base-T 中的"T"指的是传输介质为双绞线（Twisted-Pair）电缆。IEEE 的 10Base-T 标准

使用星型拓扑结构，并使用 8 针的 RJ-45 接口（又称为水晶头）。10Mbit/s 带宽是在半双工模式下规定的，在全双工模式下，理论带宽可以翻一倍，达到 20Mbit/s。10Base-T 网络稳定且易于维护和升级，是目前局域网主要的组网方式。10Base-T 网络的主要互连设备是共享式 Hub，所有工作站都接入 Hub，单个工作站故障不会导致整个网络的瘫痪，稳定性优于两种总线结构的同轴电缆以太网。

使用 Hub 和双绞线以太网的结构分为：单 Hub 结构、多 Hub 级联结构和 Hub 堆叠结构。

① 单 Hub 结构适用于小规模的工作组网络，可以连接的工作站数目依据 Hub 端口数而定。所有连接在 Hub 上的工作站属于同一个冲突域。

② 当网络中的节点数目较多时就需要使用多个 Hub 级联，多个 Hub 级联还可以延长传输距离，同样遵循 5-4-3 规则，最多可以实现 4 级连接，将传输距离从 100m 延长到 500m。级联的 Hub 同样属于一个冲突域，所以主机数目过多会导致冲突加剧，网络效率急剧下降。

③ 级联 Hub 结构中，每一级获得带宽的比率不一样，越到后面冲突的机会越大，有效带宽越低。在有些不需要扩展距离的场合，如机房、网吧可以使用堆叠方式，这样每个节点获得带宽的机会是均等的。

（4）5-4-3 规则

使用中继器或 Hub 连接的多个以太网段在逻辑上仍然属于一个冲突域，为了提高网络效率，就对连接的网段数目和各网段的主机数做了明确规定，即 5-4-3 规则，如图 3-8 所示。

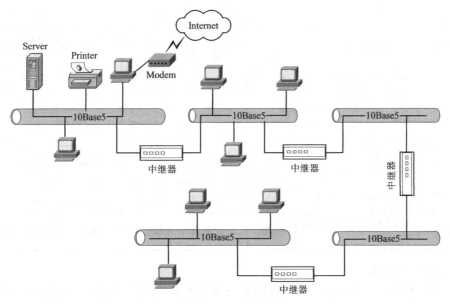

图 3-8　中继器的 5-4-3 互连规则

① 最多只能由 5 个网段相连；

② 中继设备最多只能有 4 个；

③ 其中只能在第 1,2,5 三个网段上连接主机。

2. 快速以太网

快速以太网（Fast Ethernet）指速度较快，能提供 100Mbit/s 标准带宽的以太网，不再使用同轴电缆，而是使用 5 类或超 5 类双绞线或光缆作为传输介质，拓扑结构上以星型和树型为主。互连设备主要采用 Hub 和交换机，具有与 10Mbit/s 以太网完全兼容的特性，因此可以在园区网的核心层采用。快速以太网的技术标准主要有 100Base-TX，100Base-FX 和 100Base-T4。

（1）100 Base-TX

100 Base-TX 使用两对 5 类无屏蔽双绞线（UTP）传输数据，其中一对（第 1,2 号线）用于数据发送，另一对（第 3,6 号线）用于数据接收。100 Base-TX 使用的编码技术是 4B/5B，在物理编码子层（PCS）和物理介质接入（PMA）子层中做出了规范。

当数据终端设备（DTE）进行数据发送时，100Base-TX 物理层从介质无关接口（MII）处收到并行的 4 位二进制信号，然后将它转换成 5 位并行的二进制信号。4B/5B 编码的数据转换率是 125MHz，这个频率在 UTP 介质上产生的干扰效应过大，所以还要对发送编码进行扰码平滑处理，然后再进行多电平传输 MLT-3 编码，使线路的频率降低到 31.25MHz。

（2）100 Base-FX

100 Base-FX 使用两根光缆进行数据传输，其中一根用于数据发送，另一根用于数据接收。100Base-FX 也使用 4B/5B 编码技术，编码和数据发送过程与 100Base-TX 很相似。

（3）100 Base-T4

100 Base-T4 使用 4 对 3 类 UTP 传输数据，其中 3 对（第 1,2/4,5/7,8）用于数据发送，另一对（第 3,6）用于在冲突时检测网络活动，接收数据时，第 3,6/4,5/7,8 用于接收。100Base-T4 使用 8B/6T 编码技术，可以在 3 类 UTP 上以 100Mbit/s 的速率传输数据。

各种以太网的标准与技术参数如表 3-1 所示。

表 3-1　　　　　　　　　各种以太网的标准与技术参数

以太网标准	传 输 介 质	拓扑结构	最多的段数	每段最多站数	每段最大长度	IEEE规范	速度（Mbit/s）
10Base5	50Ω 粗同轴电缆	总线型	5	100	500m	802.3	10
10Base2	50Ω 细同轴电缆	总线型	5	30	185m	802.3a	10
10Base-T	2 对 100Ω3 类双绞线或 3 类以上	星型	1 024	Hub 端口数	100m	802.3i	10
100Base-TX	2 对 100Ω5 类双绞线或 5 类以上或 1 类 STP	星型	不确定	不确定	100m	802.3u	100
100Base-FX	2 股多模或单模光纤	星型	不确定	不确定	2 000/10 000m	802.3i	100
100Base-T4	4 对 100Ω3 类双绞线或 3 类以上	星型	不确定	不确定	100m	802.3u	100

3. 吉比特以太网

吉比特以太网是 10/100Base-T 以太网的向上兼容技术，它除了能提供 1Gbit/s（1 000Mbit/s）的带宽并支持全双工连接外，还具备以下特点。

① 吉比特以太网使用传统的 CSMA/CD 介质访问控制协议。因此它和传统的以太网、快速以太网有良好的兼容性，容易互相配合在一起工作，网络的升级也很容易。

② 保护原有网络的投资。吉比特以太网可以保留现有以太网络的应用程序、操作系统和网络层协议。原有的网络管理软件也同样适用于吉比特以太网。

③ 吉比特以太网可用于多种传输介质，如双绞线、多模和单模光纤。在双绞线（5 类 UTP）上的通信距离为 25m～100m；在多模光纤介质上的通信距离为 260m～550m；在单模光纤介质上的通信距离为 3km。

④ 低成本的升级费用。吉比特以太网以当前快速以太网成本的 2～3 倍的花费，却能提供 10

倍于后者的性能，对用户和网管人员也无需做新的培训。

⑤ 支持服务质量（QoS）和第三层交换。吉比特以太网可采用资源预留协议（RSVP），为特定带宽应用提供预留带宽；支持 IEEE 802.1p 标准，提供服务优先级支持；同时较好地遵从 IEEE 802.1q 标准，对第三层交换支持较好。

⑥ 吉比特以太网以及新的 10G 以太网为局域网（含园区网）和城域网提供了高性价比的宽带传输交换，将以太网地位进行了重新定义。

吉比特以太网标准如表 3-2 所示。

表 3-2　　　　　　　　　　　　　　　　　吉比特以太网标准

标　准	传输介质	传输距离	IEEE 规范	应 用 场 合
1 000Base-T	5 类 UTP/超 5 类 UTP	25m～100m	IEEE 802.3ab	服务器、图形工作站
1 000Base-CX	150ΩSTP	25m	IEEE 802.3z	罕见
1 000Base-SX	62.5μm 短波多模光纤	260m	IEEE 802.3z	建筑物内主干
1 000Base-SX	50μm 短波多模光纤	525m	IEEE 802.3z	建筑物内主干
1 000Base-LX	62.5μm 长波多模光纤	550m	IEEE 802.3z	建筑物内主干或集中建筑群骨干
	50μm 长波多模光纤	550m	IEEE 802.3z	建筑物内主干或集中建筑群骨干
	8μm～10μm 长波单模光纤	3 000m	IEEE 802.3z	园区/校园网骨干

4. 10G 以太网

10G 以太网标准 IEEE 802.3ae 在 2002 年 7 月通过。传统以太网访问控制方式采用 CSMA/CD 机制，即带冲突检测的载波侦听多路访问。但 10G 以太网接口基本应用在点到点线路，不再共享带宽。冲突检测，载波侦听和多路访问已不再重要。千兆以太网与传统低速以太网最大的相似之处在于采用相同的以太网帧结构。10G 以太网技术与千兆以太网类似，仍然保留了以太网帧结构，通过不同的编码方式或波分复用提供 10Gbit/s 传输速度。所以就其本质而言，10G 以太网仍是以太网的一种类型。

IEEE802.3ae 中对 10G 以太网的规定中包括一系列的 PMD 类型：10GBase-X、10GBase-R 和 10GBase-W。10GBase-X 使用一种特紧凑包装，含有 1 个较简单的 WDM 器件、4 个接收器和 4 个在 1 300nm 波长附近以大约 25nm 为间隔工作的激光器，每一对发送器/接收器在 3.125Gbit/s 速度（数据流速度为 2.5Gbit/s）下工作。10GBase-R 是一种使用 64B/66B 编码（不是在千兆以太网中所用的 8B/10B）的串行接口，数据流为 10Gbit/s，因而产生的时钟速率为 10.3Gbit/s。10GBase-W 是广域网接口，与 SONET OC-192 兼容，其时钟为 9.953Gbit/s，数据流为 9.585Gbit/s。由于 10G 以太网的这种物理层特性，使得不同局域网骨干很容易通过高速广域网实现互联。

10G 以太网传输速率高，它只支持光纤介质，由于使用了新的物理层协议，传输距离要远大于前期以太网中使用的光纤技术。它支持三种波长的信号：850nm、1 310nm 和 1 550nm，最大传输距离可以达到 10km。

5. 光纤分布式数据接口

光纤分布式数据接口（FDDI）网络出自美国一些大型机公司，1990 年由美国国家标准局（ANSI）的 X3T9.5 委员会正式颁布。FDDI 支持长达 2km 的多模光纤，传输速率高达 100Mbit/s。因此，在早期的 10Mbit/s 以太网时代，它的推出有无穷魅力，被应用到各种环境中，如园区网骨干、广域网骨干等。

FDDI 的传输距离比以太网和令牌环网都远，每一个 FDDI 环可连接 500 个网络节点，工作站间的距离可达 2km，整个网络范围可包括 100km。FDDI 网络由于采用的是双环结构，所以主干线路还有较强的冗余性，这一点也是 10Mbit/s 以太网所不具备的特性。FDDI 的网络结构图如图 3-9 所示。

FDDI 的主要优点是：

① 带宽高（相对于 10Mbit/s 以太网而言）、传输量大，信道利用率高达 80% 以上，相当于接近 75Mbit/s ～ 85Mbit/s 数据流量；

② 适合长距离的传输，具有极佳的容错能力与稳定性，既适合作为园区网骨干，也适合作为广域网骨干。

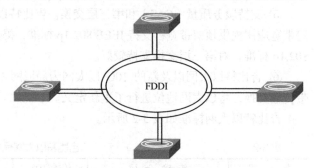

图 3-9　FDDI 网络结构图

6. ATM 网

（1）ATM 网络技术概述

异步传输方式（Asynchronous Transfer Mode，ATM）是建立在电路交换和分组交换基础上的一种新的交换技术，ATM 兼有电路交换的可靠性、实时性和分组交换的高效性、灵活性，通常作为高性能局域网骨干和广域网骨干。

（2）ATM 网络服务类型

ATM 网络的服务类型有两种定义方式，早期的标准是 ITU-T 给出的，但后来 ATM 论坛又给出了一种新的定义，由于后者更贴近于具体应用，所以更为普遍。

① ITU-T 规定的服务类型。ITU-T 最初规定了 ATM 网络可向用户提供 4 种类别（Class）的服务，从 A 类到 D 类，如表 3-3 所示。服务类别的划分依据是：比特率是否为可变的；源站和目的站的定时是否需要同步；是面向连接还是无连接。

表 3-3　　　　　　　　　　　　　　ATM 网络向用户提供的 4 类服务

服 务 类 别	A 类	B 类	C 类	D 类
比特率	恒定	可变		
是否需要同步	需要		不需要	
连接方式	面向连接			无连接
应用举例	64kbit/s 语音	变比特率视频/图像	面向连接数据	无连接数据

后来，ATM 论坛又定义了一个新的服务类别，即 X 类。X 类是面向连接的，但其通信量的类型和对定时的需求则由用户来定义。

② ATM 论坛规定的服务类型。ATM 论坛依据各种服务的通信量特性和 QoS 等定量参数，提出了将 ATM 的服务按照比特率的特点划分为以下 5 个种类（Category）。

● 恒定比特率（Constant Bit Rate，CBR）。这种服务是由用户提出所需的数据率，而吞吐量、时延和时延偏差均能满足要求。CBR 用铜线或光纤的传送比特流进行仿真，比特从线路的一端输入而从另一端输出。提出 CBR 是为了从当前的电话系统（在电话的主干网上都使用同步的比特传输）平滑地向未来的 B-ISDN 过渡。CBR 还适用于实时的影像传输系统。

● 实时可变比特率（real-time Variable Bit Rate，rt-VBR）。可变比特率（VBR）是指在正常情况下的平均数据率和出现突发数据时的最大数据率。rt-VBR 主要用于实时电视会议，这时，屏幕上的画面时而相对静止时而变化很快。当采用 MPEG 标准对视频信号进行压缩时，传输的比特率的变化就很大。rt-VBR 就是为了这种需要而提出的。这时，信元时延的平均值和最大偏差都必须受到严格的控制。

- 非实时可变比特率（non-real-time Variable Bit Rate，nrt-VBR）。这种服务由于是非实时的，因此对信元时延偏差的要求可以松一些。属于这类的应用有多媒体电子邮件和存储在媒体上的影像信息等。

- 不指明比特率（Unspecified Bit Rate，UBR）。这种服务用来支持"尽最大努力服务"的非实时应用。用户随时可发送数据，但服务质量（QoS）不能保证，网络对通信量也没有反馈机制。网络在发生阻塞时可将 UBR 信元丢弃。

- 可用比特率（Available Bit Rate，ABR）。这种服务是对 UBR 的改进。在传输突发性的数据时，ABR 不仅将信元丢失率（CLR）降低到可接受的程度，而且对网络的可用资源也提供了更加有效的利用。我们知道，当使用恒定比特率传送突发性数据时，若按峰值负荷选择线路带宽，则在轻载时线路的容量将会浪费很多；若按轻载选择线路带宽，则在重载时又可能出现阻塞。ABR 的设计目的是使数据业务（不是实时业务）能够充分利用其他高优先级业务（CBR 和 VBR）剩下的可用带宽，并试图在所有的 ABR 用户之间以公平合理的方式动态地共享网络的可用带宽。因此，ABR 可提高网络的利用率而不会影响 CBR 和 VBR 连接的服务质量。当网络处于轻载时，ABR 用户可以按照峰值信元速率（PCR）来发送数据，因而提高了网络的效率。ABR 服务根据网络的当前负荷情况依靠反馈控制机制调整源端点的发送速率。ABR 用户则按照这种反馈调整自己的发送速率，因而可获得较小的信元丢失率（这点是 ABR 和 VBR 的主要区别）和较公平的网络资源共享。当网络处于重载时，若 ABR 用户不能按照反馈机制降低信元的发送速率，则该 ABR 用户将遭受到明显的信元丢失。ABR 用户指明的通信量参数是峰值信元速率（PCR）、容许的信元时延偏差（CDVT）和最小信元速率（MCR）。MCR 是 ABR 服务必须给用户提供的最小带宽。若 MCR 为零，则对 ABR 用户就没有保证任何的带宽。即使是这样，只要信道中还有剩余的带宽，ABR 的源端点也还是可以发送数据的。

（3）ATM 局域网仿真技术

ATM 网络被引入园区网源于它的高带宽和低延迟，能承载各种多媒体应用，但在园区网中实施 ATM 的确不经济。尽管如此，在吉比特以太网出现以前，还是有很多高性能的局域网使用 ATM 作为骨干网，而在工作组级仍然使用传统的局域网技术。为了使 ATM 与传统局域网技术互连，必须提供与局域网相兼容的技术。

ATM 论坛的 LAN 仿真规范 1.0 定义了一种标准的、与协议无关的方法，它使连接在局域网上的设备能够在 ATM 主干网上进行通信，还规定了连接在局域网上的客户机如何能够与连接在 ATM 上的服务器进行互操作而不会影响到已有的应用软件。

在 ATM 的 LANE 技术中，每一个仿真 LAN 就是一个 VLAN，反之亦然。VLAN 简化了网络管理，让管理员能基于相同业务、组织关系和安全策略划分逻辑网段。同时，每一个 VLAN 的主机 IP 地址都属于同一个子网，简化了网络地址的管理。VLAN 也能通过减少冗余的广播或多重广播来提高网络效率。LANE 标准还在发展中，新的 LANE 2.0 中还定义了 QoS，并且与 LANE 1.0 兼容。

7. VLAN

（1）什么是 VLAN

VLAN 由 IEEE 802.1Q 标准支持。在新型的交换式局域网技术中，VLAN 是一种得到较快发展的技术。此种技术的核心是通过路由和交换设备，在网络的物理拓扑结构中建立一个逻辑网络，以使得网络中任意几个 LAN 段或单站能够组合成一个逻辑上的局域网。支持 VLAN 的交换设备给用户提供了非常好的网络分段能力，极低的报文转发延迟以及很高的传输带宽。这种交换设备通常是第三层交换机或路由交换机。

一个 VLAN 可以看成是一组客户工作站的集合，这些工作站不必处于同一个物理网络中，它们可以不受地理位置的限制而像处于同一个局域网中那样进行通信和信息交换。例如在图 3-10 中，将整个网络划分为 3 个 VLAN，分别为销售部、人力资源部和工程部，每一个 VLAN 都包含了分布在不同楼层的工作站，处在同一个 VLAN 之下的工作站可以通过交换机支持的 Trunk 链路互相访问，而处在不同 VLAN 下的工作站之间不能访问。因此一个 VLAN 就是一个逻辑网段（子网），也是一个广播域。

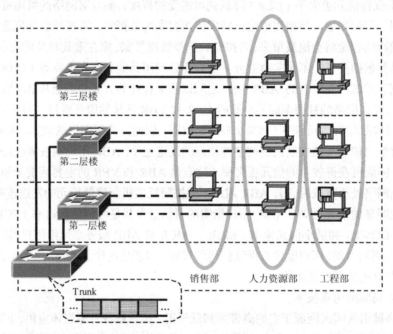

图 3-10 VLAN 例图

VLAN 技术主要有以下 3 个优点。

① 分段。一个 VLAN 就是一个网段，也是一个广播域，打破了传统的交换机只有一个广播域的限制，按端口划分 VLAN 还可以将交换机的每一个端口都划分为不同的广播域。

② 管理灵活。网络管理员能借助 VLAN 技术轻松管理整个网络，例如一旦工作组的办公位置改变，只需要修改交换机的 VLAN 设置，就可以轻松地将某台计算机加入工作组，实现对组内资源的访问，而不用更改路由信息和 IP 配置。

③ 安全性。VLAN 有更好的安全性，因为它能隔离逻辑网段之间的用户访问，控制广播域的大小和位置，甚至能绑定某台设备的 MAC 地址。

（2）VLAN 的划分方法

① 基于端口划分 VLAN。这是最早的 VLAN 类型，也是最简单的 VLAN，可以将局域网交换机中的几个端口指定成一个 VLAN。基于端口规则的 VLAN 就是一个群组。这类 VLAN 的最大特点是可以有效地隔离广播报文，这也是设计这类 VLAN 的出发点。

这类 VLAN 的缺点在于：VLAN 的定义依赖于交换机的物理端口，所以无法保证网络站点在整个网络中方便地移动;另外,在跨交换机设置 VLAN 时(即使用了多个交换机),难于保证 VLAN 配置的一致性。

② 基于 MAC 地址划分 VLAN。基于 MAC 地址的 VLAN 就是根据局域网内工作站的 MAC 地址(即网卡物理地址)划分 VLAN。在实际实现时,还是根据不同 VLAN 中的 MAC 地址对应的局域网交换机端口,实现 VLAN 广播域的划分。

基于 MAC 地址的 VLAN 与基于端口规则的 VLAN 相比移动起来更灵活,由于是采用全球唯一 MAC 地址(每一块网卡都有专门的机构给予它唯一的地址)的以太网,所以无论计算机移动到任何位置,只要它的网卡不变,就能通过它原来的 VLAN 上网,便于网络的安全控制和管理。采集每块网卡的 MAC 地址的工作较繁琐。

③ 基于网络地址划分 VLAN。基于网络地址的 VLAN 是按照交换机连接的网络站点的网络层地址(例如 IP 地址或者 IPX 地址)划分 VLAN,从而确定交换机端口所属的广播域。

基于网络地址划分 VLAN 与利用路由器划分子网所达到的效果类似,不同之处在于:利用网络地址划分 VLAN,可以允许网络站点方便地移动而不需要更改任何配置。所以,从划分广播域、限制广播报文的角度看,按照网络地址划分的 VLAN 可以取代子网划分,实现园区内的广播隔离。但是,不同 VLAN 之间的互通还是要通过"路由"功能实现。

基于网络地址的 VLAN 可以定义的方法有:

● 利用 IP 网络地址和 IP 子网掩码;

● 利用 IPX 网络编号封装类型。

④ 基于用户定义规则划分 VLAN。从以上几种 VLAN 划分方式不难看出,这些 VLAN 划分方式各有优缺点。基于用户定义规则的 VLAN 可以使用上面提到的任一种划分 VLAN 的方法,并可以把不同的方法融合成一种新的策略来划分 VLAN。同时,随着管理软件的发展,VLAN 的划分逐渐趋向于动态化。

(3) VLAN 的实现方法

VLAN 的基础结构仍然是交换式以太网,但要实现 VLAN 技术还要解决下列问题:

● 提供能够将所连接的客户站进行逻辑分段的高性能交换设备;

● 进行 VLAN 间通信的第三层路由解决方案;

● 同已安装的 LAN 系统的兼容性和互操作性;

● 如何在整个网络范围内定义各 VLAN 中的成员,即 VLAN 划分方法;

● 如何在多个交换设备之间传递 VLAN 成员信息;

● 如何在交换设备上配置 VLAN。

(4) VLAN 的 Trunk 协议

交换机要传输多个 VLAN 的通信,需要用专门的协议封装或者加上 VLAN ID,以便接收设备能够区分数据帧所属的 VLAN。Trunk 协议可以使交换机识别来自不同 VLAN 的帧,允许 VLAN 帧使用时分复用的方式占用 Trunk 链路,跨越交换机通信。这样的 Trunk 协议主要有两种,即 IEEE 802.1q 和 Cisco 专用的 ISL 协议。

① 交换机间链路(Inter-Switch Link,ISL)协议是一种 Cisco 专用的 Trunk 协议,用于连接多个交换机,当数据帧在交换机之间传递时负责保持 VLAN 信息。在一个 ISL Trunk 端口中,所有接收到的数据包都被使用 ISL 头部封装,并且所有被传输和发送的包都带有一个 ISL 头,未被 ISL 封装的本地帧将被丢弃。但 ISL 协议只用在 Cisco 产品中。

② IEEE 802.1q 也被称为虚拟桥接局域网标准,用于不同的厂家生产的交换机之间。一个

IEEE 802.1q Trunk 端口同时支持加标签和未加标签的数据帧。一个 IEEE 802.1q Trunk 端口被指派了一个缺省的端口 Vlan ID（PVID），并且所有的未加标签的数据帧在该端口的缺省 PVID 上传输。

（5）VTP

VTP 可以将核心交换机上的 VLAN 定义自动地分发给网络中的其他交换机直到传遍整个网络。因此，VTP 在划分 VLAN 时很有用，可以简化网络管理。VTP 可以以如下 3 种模式在交换机上运行。

① 客户模式：在该模式下，交换机监听并传播自己所属的域内的 VTP 公告，它将基于这些公告来改变自己的配置。

② 服务器模式：在该模式下，交换机可以增加、删除和修改 VLAN 信息，并在自己管辖的区域内广播，导致域内的 VTP 客户更新自己的 VLAN 信息。

③ 透明模式：在该模式下，VTP 信息将被转发，但这些公告中包含的 VLAN 配置将会被忽略。

（6）设计 VLAN 间的路由

Trunk 技术只是解决了相同 VLAN 之间通过同一干线链路互通的问题，并未解决不同 VLAN 之间跨网段相互访问的问题，它只有借助于以下路由方案才能得以解决。

① 核心路由器 + VLAN 交换机。使用 VLAN 交换机构建一个尽量大范围的网络，并在各个交换机上设置好 VLAN。这些被划分的每一个 VLAN 在逻辑上被分配到不同的子网，并使用核心路由器上与交换机相连的 Trunk 端口作为缺省网关，这样的路由器都支持逻辑上划分为多个子接口。在核心路由器上可以通过配置一些动态的路由协议如 RIP、EIGRP、OSPF 等为不同的 VLAN 建立直连路由，但路由器的带宽会成为网络的瓶颈。

② 第三层交换机 + VLAN 交换机。第三层交换机具有比路由器更高的转发速率、更低的时延和更大的带宽，成为目前 VLAN 使用的主流转发设备。

新的 VLAN 还可以结合虚拟专用网（VPN）技术，为远程用户提供服务，成为广域网的重要组成部分。

8. 典型拓扑设计举例

以上讲述的都是在园区网设计中需要掌握的知识，下面再看一些实例。

（1）10Mbit/s、100Mbit/s 共享式应用

① 技术特点：

- 采用 10Base5，10Base2 和 10Base-T 技术或这几种方式的组合；
- 整个网络为一个冲突域，网络效率随节点的增加而急剧下降；
- 能提供的带宽为 100kbit/s～1Mbit/s。

图 3-11 所示为 10Mbit/s 以太网设计方案。

② 应用范围：

- 适合于 100 个节点以内的企事业单位、小型网吧、宿舍和家庭网络；
- 能够基本满足局域网的各种应用，如文件传输、网络打印、共享 Internet 等；
- 因为网络升级保留投资的需要，遗留下来的部分网络设备再利用；
- 位于大型企业网的汇聚层，提供高速以太网到桌面的连接。

③ 升级方案：

- 使用路由器分段可以隔离冲突域和广播域且可以提供一定的安全性，无需购买专门的路由器，直接使用 Windows 2000 服务器的路由服务即可，需安装双网卡；

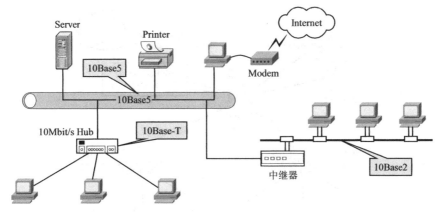

图 3-11　10Mbit/s 以太网设计方案

● 添加 10Mbit/s 交换机或 100Mbit/s 集线器替换中央集线器改造成混合式以太网，可以将网络带宽提高数倍。

图 3-12 所示为 10Mbit/s 以太网的升级方案。

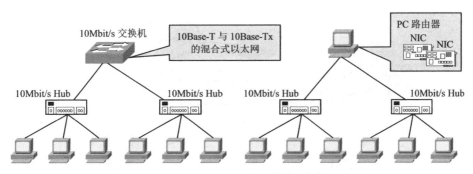

图 3-12　10Mbit/s 以太网的升级方案

（2）10Mbit/s、100Mbit/s 交换式应用

① 技术特点：

● 采用 10/100Base-Tx 技术；

● 带宽在 300kbit/s 以上；

● 从核心层到汇聚层均使用交换机作为主要互连设备；

● 整个网络属于同一广播域，仍然会受到广播风暴的影响。

图 3-13 所示为 100Mbit/s 交换式以太网方案。

② 应用范围：

● 适合于 300 个节点以内的中小企事业单位、小型网吧和机房；

● 能够满足局域网的各种应用，如文件传输、网络打印、共享 Internet、多媒体业务和视频传输等；

● 位于大型企业网的汇聚层，提供高速以太网到桌面的连接。

③ 升级方案：

● 使用吉比特以太网作为骨干网，提供更大的主干带宽；

● 使用 VLAN 技术划分逻辑段，提高安全性，减小广播风暴的影响；

● 使用 ATM 作为主干网，增强多媒体业务能力。

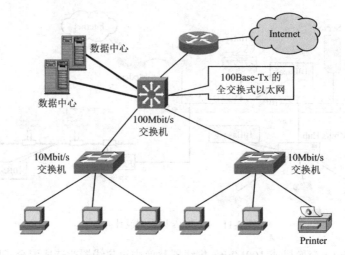

图 3-13　100Mbit/s 交换式以太网方案

ATM 主干网如图 3-14 所示。

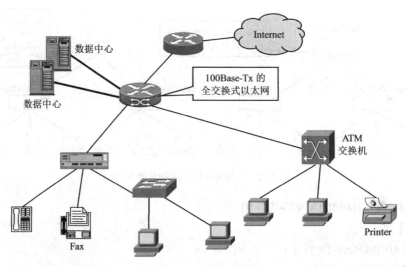

图 3-14　ATM 主干网

（3）1 000Mbit/s 交换式骨干网

① 技术特点：

● 遵循的技术标准为 1 000Base-Tx、1 000Base-Fx；

● 使用光纤作为主要传输介质，传输距离广，线路质量高；

● 提供高达 1Gbit/s 的主干带宽，如果核心交换机支持链路聚合技术，还可以将骨干网带宽提高到 nGbit/s。核心层交换机通常具有第三层交换功能，支持 RIPv2 等路由协议，能在 VLAN 之间转发数据包。

图 3-15 所示为 1 000Mbit/s 交换式骨干网。

② 应用范围：

● 作为快速以太网的核心层设计技术，提供高速主干线路；

● 作为城域网骨干和高速以太网接入的主干网。

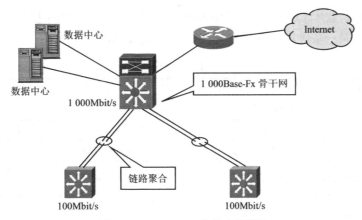

图 3-15   1 000Mbit/s 交换式骨干网

③ 升级方案：

向 10Gbit/s 以太网技术过渡，在核心层骨干链路和数据中心使用 10Gbit/s 以上的高速链路。

3.3.2   多媒体子网

音视频内容在当前网络业务中爆炸性增长，多媒体流量形成了目前宽带互联网的主要需求。由于多媒体信息具有带宽波动大、时延敏感和错误敏感等苛刻要求，针对多媒体信息传输的网络设计就面临着巨大的挑战。常见的多媒体业务包括语音电话（VoIP）、视频点播（VOD）、视频会议、视频监控等业务。多媒体网络设计应遵循以下原则。

① 为不同类型的多媒体应用精确评估流量需求。

多媒体流量主要由音频数据产生的流量和视频数据产生的流量构成。VOIP 带宽需求在 64kbit/s 以内，mp3 带宽需求在 128kbit/s 左右。视频流量与节目内容、编码压缩算法、帧率、分辨率等因素都有关系。普通 352×288 分辨率，25 帧/秒的视频节目如果使用 MPEG-2/4 压缩编码方式，1Mbit/s 码率以上才能达到较清晰的画质，而使用最新的 H.264 压缩编码方式，可以将压缩效率提高 30%～40%，但也不能低于 600kbit/s。目前在 Internet 上流行的 flv 视频格式保持在 256kbit/s 左右，在画质方面有很大的牺牲，但正在转向支持 H.264 编码的 f4v 格式。视频码率还与节目内容有关，镜头变换剧烈的节目（比如动作片）容易导致较高的码率，而相对舒缓的风景片的码率要低很多，如果一段节目中这两种内容分布很不均匀，就会导致较大的码率波动。

② 音视频业务对时延和丢包的容忍度非常低，因此设备上应选用具有线速转发能力的交换机和路由器。

③ 划分逻辑子网，利用策略路由优化多媒体流量，预留带宽，防止流量影响扩散；

④ 在网络设备上使用组播技术减小干线流量，防止干线过载。

⑤ 使用 P2P 技术降低服务器负载。

⑥ 多媒体网络设计应具备一定的网络质量观，一般质量观要求保证端到端的 QoS，更高的质量观是实现端到端的用户体验最大化。

3.3.3   无线局域网

无线局域网（Wireless Local-Area Network，WLAN）是计算机网络与无线通信技术相结合的产物。WLAN 使用特殊频段的无线电磁波作为传输媒介，为网络提供无处不在的传输服务，此类技术包括卫星通信、蓝牙（Bluetooth）、HomeRF、WiFi，其中又以 WiFi 技术为主流。WiFi 技术也称为无线保真，是一系列 IEEE 802.11 标准的商业认证，如表 3-4 所示。

表 3-4　　　　　　　　　　　　　　WiFi 系列标准

项目	802.11b	802.11a	802.11g	802.11n
批准时间	1999 年 7 月	1999 年 7 月	2003 年 6 月	2009 年
最大速率	11Mbit/s	54Mbit/s	54Mbit/s	300Mbit/s
调制方式	DSSS	OFDM	OFDM 和 DSSS	OFDM/MIMO
工作频段	2.4～2.483 5GHz	5.725～5.850GHz	2.4～2.483 5GHz	2.4～2.483 5GHz 5.725～5.850 GHz
信道频宽	20MHz	20MHz	20MHz	20 + 40MHz
适配速率	1/2/5.5/11Mbit/s	6/9/12/18/24/36/48/54Mbit/s	CCK: 1/2/5.5/11Mbit/s OFDM: 6/9/12/18/24/36/48/54Mbit/s	270/243/216/162/108/81/54/27Mbit/s

WLAN 可以设计为两种拓扑结构，即自组织型网络（也就是对等网络，即人们常称的 Ad-Hoc 网络）和基础结构型网络（Infrastructure Network）。

1. 自组织型 WLAN

自组织型 WLAN 是一种 P2P 模型的网络，它的建立是为了满足暂时的服务需求。自组织网络由一组有无线接口卡的无线终端组成。这些无线终端以相同的工作组名、扩展服务集标识号（ESSID）和密码等对等的方式相互直连，在 WLAN 的覆盖范围之内，进行点对点或点对多点之间的通信，如图 3-16 所示。

组建自组织型 WLAN 不需要增添任何网络基础设施，各移动节点不仅要支持普通 WiFi 协议，还要支持节点间的自组织路由协议，才能构建灵活可靠的拓扑网络。这种高可靠的自组织网络在军事和工商业都有巨大的应用价值。

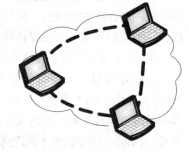

图 3-16　自组织型 WLAN

2. 基础结构型 WLAN

基础结构型 WLAN 利用了高速的有线或无线骨干传输网络。在这种拓扑结构中，移动节点在基站（Base Station，BS）的协调下接入无线信道，如图 3-17 所示。

基站的另一个作用是将移动节点与现有的有线网络连接起来。当基站执行这项任务时，它被称为访问点（AP）。基础结构网络虽然也会使用非集中式 MAC 协议，例如基于竞争的 IEEE 802.11 协议可以用于基础结构的拓扑结构中，但大多数基础结构网络都使用集中式 MAC 协议，如轮询机制。由于大多数的协议过程都由接入点执行，移动节点只需要执行一小部分的功能，所以其复杂性大大降低。

基础结构型网络设计需遵循以下步骤。

（1）勘察现场

现场勘察可用于 AP 安装的位置、取电位置、到核心交换机的走线路由等。

（2）AP 容量计算

AP 容量计算主要从设备性能、用户分布和目标覆盖区域等方面出发，估算出满足业务量所需的 AP 数量。主要包括以下因素。

① 并发用户数：工程设计一般每 AP 最大接入用户数不宜超过 16 个。

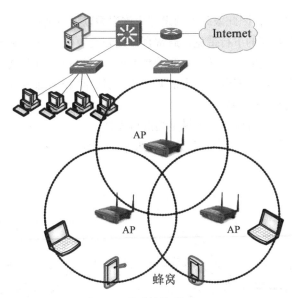

图 3-17　基础结构型 WLAN

② 吞吐量要求：在设计中应充分考虑各类数据业务特点和带宽的需求，可结合并发用户数进行估算，单台 AP 按有效带宽 20M 计算。

③ 频率干扰：在无法避免干扰的情况下，按 50% 的 AP 吞吐量进行容量估算

④ 目标覆盖区域：根据用户分布确定目标覆盖区域，调整所需 AP 数量。AP 覆盖范围半径不宜超过 100m。

（3）制订方案

① 室内方案：当 AP 在室内安装符合环境和技术要求时，优先使用室内方案。

② 室外方案：当 AP 无法满足室内安装条件时，可使用室外安装覆盖室内的方案。

③ 漫游方案：当单个 AP 无法覆盖全部工作区时，要考虑使用多 AP 形成的蜂窝拓扑实现全网覆盖。

④ 地址分配方案：所有接入点都应获得动态分配的可路由地址。

（4）附加安全性

WLAN 信号暴露在外，容易导致信息泄密，安全性设计也是无线网络设计的一个重要方面。WLAN 可以使用的安全性措施如下。

① 使用服务集标识 SSID 和密码实现基本的访问控制。

② 使用加密技术对传输的数据加密，这样的加密技术标准包括 WEP、WPA、WPA2、802.11i、WAPI。其中，WPA2、802.11i、WAPI 的安全性最高。

③ 使用入侵检测系统（IDS）。入侵检测系统（IDS）可以监视分析用户的活动，判断入侵事件的类型，检测非法的网络行为，对异常的网络流量进行报警等。

④ 地址分配方案：所有接入点都应获得动态分配的可路由地址。

在最近几年里，支持 WiFi 标准的手持设备的广泛普及，WLAN 已经成为医院、商店、餐厅和学校等机构不可或缺的网络服务设施。

3.3.4　服务子网

服务子网是园区网中一个举足轻重的组件，服务器存放了局域网中绝大部分的数据资源，时

刻为登录用户提供各种服务，因此服务子网设计应该遵循以下原则：

① 服务子网应该有较高的下行带宽，通常直接连到交换机的高速端口；

② 服务子网应具有一定的冗余性，重要的数据服务器和 PDC 可以考虑双归接入；

③ 服务子网应具有一定的安全性，应根据安全级别指派 IP 地址和 VLAN，重要的服务器可以单独划分子网，加装内部防火墙；

④ 服务子网可以考虑集群服务，提供更高的可靠性。

服务子网在设计时可以采取集中式和分布式两种方式实现上述目标，如图 3-18 所示。

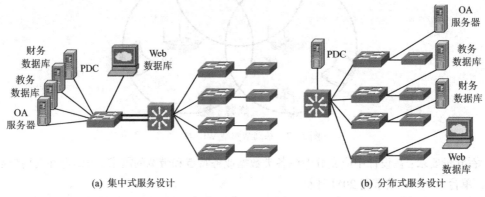

(a) 集中式服务设计　　　　　　　　　　(b) 分布式服务设计

图 3-18　服务子网的设计方式

1. 集中式服务设计

集中式服务设计将服务器集中配置在中心机房。如果服务器数目较少，可以直接连接到核心交换机。如果服务器数目较多，可以单独使用一台交换机集中，再与核心交换机连接。所有用户访问服务器都必须经过核心层交换机。

这种设计方式的优点就是管理方便，安全性能高；缺点是增加了核心层的负荷。

2. 分布式服务设计

分布式服务设计将服务器根据部门应用特点分布到各个部门（汇聚层）的机房。例如在校园网建设中，教学管理服务器配置在教务处，财务数据库服务器配置在财务处，各系部建立自己的 Web 服务器。

分布式服务设计的优点是管理和维护都很灵活，分流了核心层通信量，但数据服务间的互连互通很不方便。在核心层交换机容量不够的情况下可以采取这种方案。

3.3.5　Internet 接入

Internet 接入可以满足企业用户访问或建设 WWW、E-mail 和其他公众网络服务。在设计 Interent 连接时，要从以下几个方面综合考虑性价比最高的接入方案。

1. 接入方式

接入方式包括选择正确的 ISP 和入网方式。ISP（Internet Service Provider）是互联网服务提供商，向广大用户综合提供互联网接入业务、信息业务和增值业务的电信运营商，如中国电信、中国网通、中国教育科研网、长城宽带、赛尔宽带等。我国目前可使用的 Internet 入网方式包括 PSTN、ISDN、xDSL、DDN、专线、卫星接入、光纤接入、无线接入、Cable Modem 接入等，但具体接入方式受制于本地 ISP 服务商的服务。选择接入方式还可能与 ISP 的附加服务有关，如提供何种企业邮箱服务，虚拟主机托管或增值的内容服务等。

2. 连接可用性

连接可用性是指 Internet 连接的实时在线率，常常受到网络故障、黑客攻击、突发流量过大等因素的损害。越来越多的企业在经营活动中需要使用到 Internet 业务，为了提高 Internet 连接可用性，很多企业用户倾向于使用多宿（Multihoming）接入 Internet 方式，如图 3-19 所示。多宿接入 Internet 是指同时使用多根线路连接不同的 ISP，在这些连接线路上实现流量负载均衡。

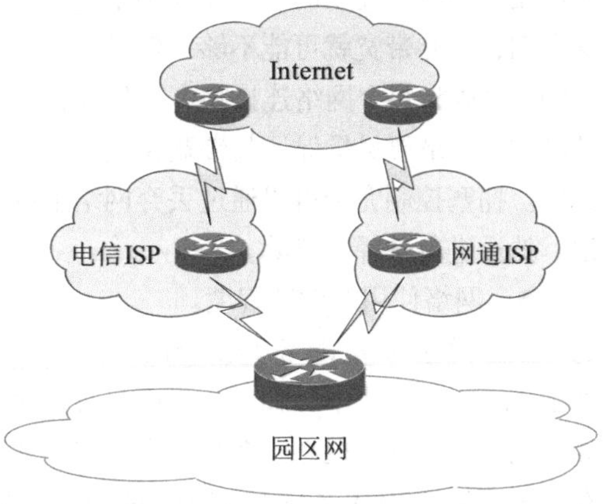

图 3-19　多宿 Internet 接入方案

3. 地址的识别和转换

个人用户连接 Internet 获取的一般是动态 IP，企业用户可以根据需要获取一定数量的固定 IP。固定 IP 数如果少于 Internet 用户数，还需要在接入设备上使用地址转换方案。

4. 安全性考虑

Internet 连接的安全性设计问题见第 5 章。

5. 可用的流量优化工具

如果要在 Internet 连接中支持多媒体业务，通常还要考虑是否提供 QoS 和组播等利于优化多媒体业务流量的工具。

3.3.6　广域网

广域网（Wide Area Network，WAN）将分布在各地的局域网互连起来，为局域网之间的数据传输提供信道。因此在一个开放式的网络中，广域网的设计也很重要。

1. 广域网设计的要点

广域网与园区网的一个显著不同点是：在广域网中的通信线路是服务商的，广域网为园区网用户提供的接入链路也是服务商的。因此，在广域网设计中要着重考虑以下几点。

① 充分分析广域网的带宽效率和带宽费用，保证 WAN 链路的可用性和可靠性。

在分析广域网的带宽时，要掌握以下要点。

● 需要什么样的带宽。

使用的广域网链路必须能够支持应用所需的高峰数据速度，保证业务数据包在任何时候都不会丢失。选择带宽和流行的广域网技术有很大关系。

● 要发送多大的数据包。

任何网络单元可以支持的最大数据包的大小称为信息输送单元（MTU）。如果要发送的数据包比 MTU 大，则会被划分成更小的数据分段。虽然这种处理不会丢失数据，但需要额外的处理时间，同时每一个新的分段都要附加新的协议头，消耗一部分带宽，所以这种方法并不可取。可取的做法有两种，一种是尽量选取数据包大小相近的广域网连接，例如帧中继的 MTU 为 4KB，大于局域网的 1 500B，所以比 x.25（MTU 在 128B 和 1 024B 之间）更适于与局域网直接连接；或在接入层制订策略，调整终端应用的数据包到合适大小，使得它们在进入汇聚层的时候不再需要进行包的分割和重组。

● 对带宽的要求是恒定还是突发的。

不管用户是否需要，物理层服务都一直提供恒定的带宽。因为带宽总是可用的，如果业务是突发的，那么这项服务在经济上来说就是不合适的。

链路层和网络层的服务是基于帧（或分组）多路复用的，用户共享核心带宽。网络设计人员假设用户数据是突发的并在设计中采用了争用的方式。换句话说，如果每个人都在同一个时刻发送数据，核心带宽就可能不够，但是，从突发的统计分布的角度来说，大部分时间的带宽都是够用的。可以将每个网络连接状态事先设置为所需带宽最小（承诺信息速率——CIR），从而保证服务品质。网络要尽量保证其带宽在绝大部分时间内都可用。除了 CIR 外，允许用户有一定的突发数据。拥塞控制完全可以通过丢弃网络上的过载数据包实现。CIR 之上的突发通信一般都会有标记，然后进行选择性删除。

● 网络使用的频繁程度。

以上讨论的 WAN 都是指与网络有永久的连接，不管是否使用，一天 24 小时都提供服务，增加了 WAN 服务成本。如果一天中只有短时间需要该项服务，则采用永久的连接就不经济了。例如，销售门店的主机总是在某一个时间段才将销售数据发送给总部服务器，校园卡工作人员总是在每天下午 5:00 才将与银行通信的专线开通清兑账目等。

在这种情况下，支持按需拨号（DDR）的 ISDN 或 Modem 拨号才是首选。因为这些服务都是基于使用时间计费的，用多长时间就付多少费用。

② 详细设计 WAN 链路，选择合适的接入技术。

③ 做好物理层设计，为不同的服务选择合适的接入设备，如 Modem、路由器、访问服务器等，尽可能选择具有多种服务方式的设备。

④ 彻底评估 WAN 潜在的安全隐患，提出解决方案。

2. 广域网技术选型

（1）X.25 分组交换网

X.25 协议是最早的广域网协议之一，是一种数据分组交换技术。X.25 协议组包含物理层、数据链路层和网络层协议，适用于低中速线路（如 9.6kbit/s，64kbit/s 或 T1 1.44Mbit/s 线路）。中国公用分组交换数据网（CHINAPAC）就是提供基于 X.25 协议的 ISP。

X.25 分组交换网的优点：

① 技术成熟，传输质量高；

② 可靠性高，具有动态路由迂回功能，网络发生故障时，只要还有一条通信路由，交换机就可选择无故障的路由传输分组；

③ 线路利用率高，通信网络资源采用统计时分复用；

④ 可以进行速率、码型、规程的转换，允许不同类型、不同速率、不同编码格式和不同通信规程的终端之间互相通信，可采用流量控制措施。

X.25 分组交换网的缺点：

① X.25 在每一个节点都要进行差错校验，所以报文传输延迟大；

② 能提供的网络接入带宽较小，通常是模拟的 56kbit/s 和数字的 64kbit/s，这样的带宽能够满足的业务只是一些低流量的文件传输、邮件传输和图文检索等。面对各种宽带业务的快速发展，X.25 在带宽方面的劣势导致它只是一个即将被淘汰的技术。

X.25 提供以下两种基本的虚电路服务。

① 交换型虚电路（SVC）。用户通信时，通过呼叫建立虚电路，通信结束后释放虚电路。交换型虚电路使用灵活，每次均可以与不同的用户建立虚电路，通信费与通信量有关。用户还可以

同时申请多条虚电路。

② 永久型虚电路（PVC）。永久型虚电路类似于固定专线，由用户申请时提出，电信部门固定做好，用户一开机即固定建立起电路，不需每次通信时临时建立和释放，适用于点对点固定连接的用户。计费方式为按月租计费。

（2）DDN

DDN 即数字数据网，它是利用光纤（数字微波和卫星）数字传输通道和数字交叉复用节点组成的数字数据传输网，可以为用户提供各种速率的高质量数字专用电路和其他新业务，以满足用户多媒体通信和组建中高速计算机通信网的需要。

DDN 业务区别于传统模拟电话专线的显著特点是：数字电路传输质量高、时延小，通信速率可根据需要选择；电路可以自动迂回，可靠性高；一线可以多用，既可以通话、传真、传输数据，还可以组建会议电视系统，开放帧中继业务，进行多媒体业务，或组建自己的虚拟专网设立网管中心，自己管理自己的网络。

DDN 可以提供的主要业务如下。

① 租用专线业务。点对点专线，一点对多点轮询、广播，多点会议。DDN 的多点业务适用于金融、证券等集团系统用户组建总部与其分支机构的业务网。利用多点会议功能可以组建会议电视系统。通信速率有 2.4kbit/s～19.2kbit/s、$N \times 64$kbit/s（$N = 1$～32）可选。

② 帧中继业务。用户以一条专线接入 DDN，可以同时与多个点建立帧中继电路。帧中继业务特别适合局域网间的互连。通信速率有 9.6kbit/s、14.4kbit/s、16kbit/s、19.2kbit/s、32kbit/s、48kbit/s、$N \times 64$kbit/s（$N = 1$～32）可选。

③ 话音/传真业务。DDN 为用户提供带信令的模拟接口，用户可以直接通话，或接到自己的内部小交换机进行电话通信，也可用于传真（三类传真）。模拟话音/传真业务占用的信道速率有 8kbit/s、16kbit/s、32kbit/s 可选。

用户入网方式有如下两种。

① 通过模拟专线（用户环路）和调制解调器入网：适用于大部分用户（尤其是光纤未到户的用户），通信速率受用户入网距离限制，最高可达 2.048Mbit/s。

② 通过光纤电路入网：适用于光纤到户的用户，通信速率可灵活选择。

DDN 的计费方式包括初装费和根据带宽与距离收取的月租费，距离越远，费用越高。DDN 目前是中小型企业互连其分支机构的最佳选择。

（3）帧中继

帧中继（Frame Relay）是一种"先进"的包交换技术，它是从分组交换技术发展起来的，是一种快速分组通信方式。帧中继很多地方和 X.25 协议相同，例如它也采用虚电路技术，并且也支持 PVC 和 SVC 两种交换方式。但帧中继对分组交换技术进行了简化，不在中继节点上施加错误检查机制，而把错误处理的任务放在接收端，因此保证了较低的时延和较高的带宽。帧中继网络能够这样做还有一个原因是它采用的传输介质是光纤，保证了数据传输极低的出错率，而 X.25 协议则使用的是传输性能较差的老式电缆。

帧中继网络具有以下特点：

① 帧中继采用了虚电路（Virtual Circuit，VC）技术，用户可以在同一物理链路中根据需要自由增加或减少 VC，而无需任何硬件和软件的投入，做到资源的更有效利用，费用也变得最为经济；

② 简化了 X.25 通信协议，时延小、传输效率高、数据吞吐量大；

③ 使用统计复用技术，传输带宽按需分配，适用于突发性业务；

④ 支持多种网络协议，可以为各种网络提供快速、稳定的连接；

⑤ 传输速率高，接入速率一般为 64kbit/s～2Mbit/s；

⑥ 降低了连网成本，使网络资源利用率高，网络费用低廉。

帧中继在全国范围内以及国际间提供了一种灵活高效的广域网解决方案。帧中继可以应用于银行、大型企业、政府部门的总部与其他地方分支机构的局域网之间的互连，远程计算机辅助设计（CAD）、计算机辅助制造（CAM）、文件传输、图像查询业务、图像监视及会议电视等。帧中继也可用于城域网的骨干，为 DDN 和 N-ISDN 接入提供支撑服务。

（4）综合业务数字网

① 综合业务数字网（Integrated Services Digital Network，ISDN）概述。

ISDN 是在 20 世纪 70 年代引入的，它可以提供音频、数据、图形和视频服务，1984 年和 1988 年，ITU-T（当时称做国际电报和电话咨询委员会，即 CCITT）使 ISDN 标准化。这些标准代表窄带 ISDN(N-ISDN)，并且在引入之初,这些标准被认为是在当时远程通信 WAN 上常用的 9.6kbit/s 传输的基础上迈出的一大步。

ISDN 是一个基于数字的远程通信标准。ISDN 用户可以从本地的电话公司获得一条"单线服务"的数字 ISDN 线路。单线服务支持终端用户在线路上连接几个设备，如传真机、计算机和数字电话等。

N-ISDN 支持两种接口，即基本速率接口（BRI）和一次群速率接口（PRI）。利用 TDMA（时分多路复用技术），BRI 可以提供 144kbit/s 的数据速率，其中包括 3 个传输通道，即 2 个 64kbit/s 的 B 通道用于数据、音频和图像传输，1 个 16kbit/s 的 D 通道用于通信信令、数据包交换和信用卡验证。PRI 可以提供大的带宽，聚集更多的通道，主要有两个标准。美国标准包括 23 个 64kbit/s 的 B 信道用于数据传输，1 个 64kbit/s 的 D 信道用于信令传输，总带宽为 1.536Mbit/s；欧洲标准包括 30 个 64kbit/s 的 B 信道用于数据传输，1 个 64kbit/s 的 D 信道用于信令传输，总带宽为 1.984Mbit/s。

② ISDN 的特点。

● 支持多种服务：ISDN 能够在同一网络上提供语音、数据和图像等多种数据的传输和处理，不仅节省了成本，而且还由于能够同时支持多种服务而延伸以前无法实现的新服务，如带语音注释的电子邮件等。

● 高速的数据传输能力：ISDN 的基本速率接口提供 144kbit/s 的传输速率，ISDN 的一次群速率接口提供 2.048Mbit/s 的传输速率，这比普通 Modem 拨号提供的 56kbit/s 传输速率要高出许多。

● 优质的语音服务：由于 ISDN 采用端到端数字连接，语音传输过程中没有采用模拟信号，完全避免了传输模拟信号所带来的干扰和失真等问题，使语音更清晰，而且由于数字通信容易加密，使得语音通信的安全性更好。

● 有呼叫识别：ISDN 提供的主叫线号码显示功能，将主叫用户号码提供给被叫用户，使得被叫用户可以建立一个拒绝接受呼叫的用户名单，对进来的主叫用户进行筛选，只有不在拒绝接受呼叫名单上的号码，才同意建立连接，增加了安全性和保密性。

● 动态带宽分配：ISDN 的基本速率接口可以最多为用户同时提供 128kbit/s 的传输速率，它能够根据用户的实际传输要求为用户动态地分配 64kbit/s 或者 128kbit/s 的传输带宽。ISDN 的一次群速率接口可以在更大的范围内根据用户实际传输要求动态分配带宽，这个功能既满足了用户高速传输的要求，又避免了对信道的浪费。

- 拨号备份：ISDN 可以替代模拟拨号线路作为路由器的拨号备份线路，在专线连接故障或过载时启用，既节省费用，又保证了较好的冗余性。
- 同时支持多个设备：一条 ISDN 线路最多可以连接 8 个设备，而且同时可以由 3 台设备通过 ISDN 线路进行通信。
- 传输可靠：ISDN 的端到端数字连接提供比模拟电话线路更加可靠的传输功能。
- 快速连通：ISDN 的呼叫接通时间大约是传统模拟电话网的十分之一，快速的连通特性，为更好的支持 IP、IPX 等网络协议提供了保证，这些协议往往要求较短的网络延迟时间。

低廉的使用费用，高速的数据传输速率和综合的服务能力使 ISDN 成为一种被广泛应用的WAN 技术，也是替代传统模拟电话网和点对点专用线路的最佳选择。

ISDN 是一种应用非常广泛的广域网连接技术，有以下用途：

- LAN 至 LAN 的连接；
- 家庭办公室和远程办公机构；
- 商业计算机系统的脱机备份和灾难恢复；
- 传输大型图像和数据文件；
- LAN 至 LAN 的视频和多媒体应用。

目前 ISDN 正在从 N-ISDN（窄带 ISDN）向 B-ISDN（宽带 ISDN）过渡，B-ISDN 使用光纤作为传输介质，可以提供的带宽高达 155Mbit/s，完全可以承载包括视频会议和在线影院在内的各种多媒体业务，因此 B-ISDN 的发展前景非常广阔。

（5）xDSL

xDSL 是 HDSL、ADSL、VDSL 等技术的统称。在 xDSL 的这几项技术中，由于 HDSL 主要支持 2Mbit/s 及以下的速率；VDSL 提供的速率虽然很高（可达 25Mbit/s 以上），但线路长度较短（25Mbit/s 时约为 1km），且部分技术尚未完全确定；故在实际使用中，非对称数字用户线（Asymmetric Digital Subscriber Line，ADSL）相比最为普遍。

ADSL 的技术标准出台于 1997 年。它在 HDSL 技术的基础上，根据网络和用户间的业务流量特点，在信号调制、数字相位均衡和回波抵消等方面采用了更为先进的器件和动态控制技术，因而具有了以下优势：

① 在一对双绞线上可为用户提供高达 8Mbit/s 的下行速率，1Mbit/s 的上行速率；

② 较充足的带宽可用于传输多种宽带数据业务，如会议电视、VOD 和 HDTV 业务等；而且，其下行速率大于上行速率，非常符合普通用户连网的实际需要；

③ ADSL 并不影响用户对普通电话的使用，由于使用了独特的信号调制技术，用户接入 ADSL的同时仍然可以进行普通电话通信。

ADSL 的调制技术，目前应用最为广泛的为离散多频音调制（DMT）和无载波调幅/调相（CAP）两种。其中，DMT 已经被 ANSI 采纳为标准，而 CAP 技术还正在进一步完善。为广大用户提供宽带接入，最终方式为光纤到户/光纤到办公室（FTTH/FTTO）。但现在直接大规模地为用户提供光纤接入，既不能保护原有资源，投资也太大，而且市场对带宽的实际需求也是一个渐进的过程。在这种情况下，现可提供的最佳宽带接入方式即为 ADSL。

但 ADSL 业务的信号在从局端发送到用户端的途中会迅速衰减，有质量保证的一般在 3km 以内（如对 0.4mm 线径的双绞线，速率为 3Mbit/s 时的传输距离约为 2.7km）。而目前市话端局的覆盖面积一般在 5km 以内，对于 5km 以外的用户必须考虑采用其他方法。

（6）HFC

HFC（Hybrid Fiber/Coax），即网络传输主干为光纤，到用户端为同轴电缆的用户网络接入方式。我国各城市的有线电视网按照电信网络的要求进行一定的升级改造，即可为用户提供 HFC 接入，实现普通电话、VOD 和远程医疗等窄带和宽带业务。

利用这种技术实现宽带接入，有线网的优势主要表现为：

① 其信号的通频带宽为 750MHz，是市话双绞线所无法比拟的；

② 能充分适应信息网络的发展，易于过渡为最终的光纤到户/光纤到桌面（FTTH/FTTD）方式；

③ 如现有有线电视网络的一个光节点（相当于 ONU）所带的用户数可由现在的数百户逐渐减少，直至最终仅带一个用户，此时 HFC 方式即过渡为最终的 FTTH/FTTO 方式；

④ 同利用 ADSL 等电信网络实现宽带接入的成本相比，它的成本很低。

（7）宽带高速专线接入

所谓宽带城域网，就是在城市范围内，以 IP 和 ATM 电信技术为基础，以光纤作为传输介质，集数据、语音、视频服务于一体的高带宽、多功能和多业务接入的多媒体通信网络。

宽带高速专线接入能够满足政府机构、金融保险、大中小学校以及公司企业等单位对高速率、高质量数据通信业务日益旺盛的需求，特别是快速发展起来的互联网用户群对宽带高速上网的需求。

3. 典型广域网设计举例

使用 DDN/FR 连接企业总部和分部的示意图如图 3-20 所示。

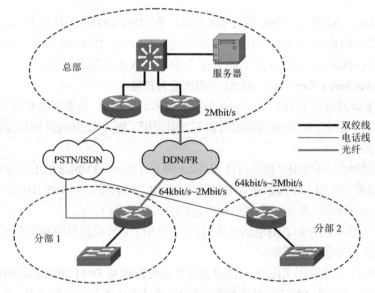

图 3-20　DDN 连接案例

技术特点如下：

- 主干线路使用 DDN 专线或帧中继线路，带宽稳定，技术成熟，安全性能较高；
- 备份线路使用 PSTN 或 ISDN，按需拨号，节约通信费用；
- DDN/FR 使用月租方式收费，收费多少与带宽大小和距离远近有关，PSTN/ISDN 都是按连接时间收费，收费多少与连接时间有关。

4. 优化广域网的性能

WAN 和 LAN 互连处很容易产生通信瓶颈。因此，在考虑 LAN 和 WAN 的连接时，要节省地利用连接设备在 WAN 有限的带宽内去满足应用需求。

构成 LAN/WAN 连接的网络设备负责管理对有限的 WAN 带宽的访问。它应该避免与应用关系不大的数据流在广域网上传输，减少常规网络协议头部在数据流中所占的比例，能对广域网带宽的利用和分配进行管理，能在信息拥塞时启用备份链路分流。

（1）用路由器软件为 WAN 预留带宽

路由器提供局域网和广域网之间的连接，且会采用一些策略丢弃不必要的 LAN 数据包，包括广播数据流量、不支持协议的数据流量和发向未知网络的信息等。路由器检查每个数据包，在 LAN/WAN 接口中，路由器能很好地控制、排队和选择优先数据流量。路由器还标记网络边界，将由于误配置、主机错误和设备故障的错误限制在其出错的区域，防止它们向整个 Intranet 扩散。

（2）利用备份线路

拨号备份线路在减少广域网成本和提供后援备份线路方面起着至关重要的作用。如果线路较为拥塞，避免过多的丢包率，可以启用拨号线路作为附加带宽。

（3）压缩

从狭窄的广域网连接中挤出带宽的一个方法就是采用数据压缩，在 Intranet 环境下，有如下两种基本压缩类型。

● 基于历史的压缩：从多个数据包中找出重复的数据模式，用更短的代码代替。发送端和接收端都有加密模式和密码词典，用来对数据包进行加密和解密。因为历史信息随着压缩数据一起传输，发送方必须保证接收方可靠地接收到数据。因此，基于历史的压缩可在可靠的数据链路上运行。

● 所有数据包压缩：在每个数据包中寻找重复模式，并用短代码替换它们。因为发送端和接收端不用保持数据间的历史，所有数据包压缩就不需要可靠的数据链路。

（4）数据优先排序

网络拥塞时，优先权高的信息不能足够快地通过 WAN，因为某些重要的通信（如终端会话）通常与批量通信（文件传输）组合在一起，占用同一个 WAN 接口。解决的方法是对数据优先级进行排序，例如给广域网传输队列中的重要信息赋予更高的优先权。通常优先权方案给每个数据包分配确定的优先权值，然后把数据包发给 4 个优先权队列之一：紧急、高级、一般和低级。接口在发送数据包时总是从优先级最高的队列中选择数据包发送，直到所有数据发送完毕。

（5）协议预留

某些更重要的任务要求得到一个确定比例的带宽。协议预留可以保证一定比例的广域网连接带宽用于特殊协议或应用。

协议预留利用不同于数据优先权排序的方案，对于特定连接的带宽分配是静态的，可以为交互式网络和面向事务处理网络应用提供高级服务。举例来说，如果管理员给 HTTP 数据流预留 10%的带宽，那么即使线路上另外有传输着高优先级的数据，也必须保证这 10%的带宽不受影响。如果 HTTP 通信下降到 10%以下，预留带宽的未用部分就可用于其他协议和应用程序。

协议预留和数据优先排序示意图如图 3-21 所示。

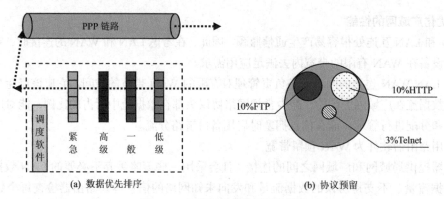

图 3-21　协议预留和数据优先排序

3.3.7　远程连接

1．远程连接的应用范围

由于新业务需求的出现导致了一种新的 WAN 连接技术，即远程接入技术，这种技术设计的复杂程度不亚于其他 WAN 网的设计，由于它有时候直接面向终端用户，所以对性能要求更高，是许多网络设计人员不断努力追求的目标。远程连接的应用范围包括以下两方面。

① 外地办事处或派驻机构：公司派驻外地的办事处经常要连接到公司服务器，获取最新的技术资料和价目表，还要将每天的业务情况和营业收入汇报给公司总部。

② SOHO（Small Office Home Office）：流行的 SOHO 一族将温馨的家作为自己的办公室，每天足不出户即可处理公司的各项事务，包括视频会议、签署文件以及汇报工作，这些都可以通过远程连接来实现。

2．远程连接的设计特点

① 通常一个远程连接点是一个小规模 LAN 或者单个用户，所以需要的 WAN 连接的带宽较小；

② 对于远程连接数目较多的互联网，在设计远程连接时，要注意这些连接的累加效应，如信道的服务费，因为远程连接点的设备费用需要较少，所以在做经费预算时，要充分考虑容易被忽略的服务费用。

远程连接的示意图如图 3-22 所示。

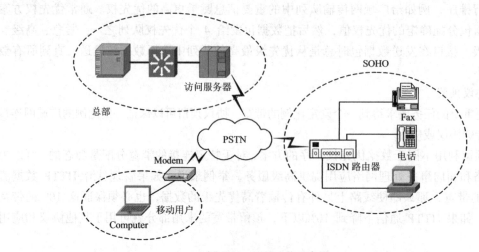

图 3-22　远程连接示意图

3. 远程连接的技术与趋势

通常采用的远程连接方案是拨号网络和专用 WAN 连接，一般带宽为 56kbit/s～128kbit/s。

用来提供远程连接的技术有：

① 模拟 Modem；

② 专线，如 DDN；

③ 综合业务数字网（ISDN）；

④ 非对称数字用户线路（xDSL）；

⑤ 无线技术，如蓝牙（Bluetooth）。

4. 建立安全的连接

（1）虚拟专用网

虚拟专用网（Virtual Private Network，VPN）是一种采用隧道技术在公共网络上建立专用逻辑通道的连接方式，被广泛应用于远程访问和企业 Intranet/Extranet 中。远程主机和本地网络之间一旦建立 VPN 连接，一些专门的加密技术会针对传输在链路上的数据包加密，好像是在公用网络（Internet）上开辟了一条安全的通信通道，使得这种连接方式既像专线连接那样安全，又省去了租用专线网络的高额费用，因此 VPN 技术几乎成为下一代 Internet 网络的标配。

VPN 连接示意图如图 3-23 所示。

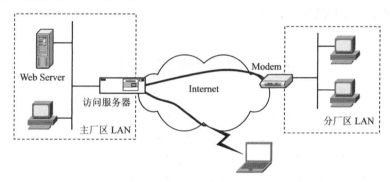

图 3-23　VPN 连接示意图

VPN 对隧道协议有明确的规范，例如工作在第二层的 PPTP、L2F、L2TP 和工作在第三层的 GRE、IPSec，尽管协议类型不同，但它们的工作原理是相同的，都是将封装了隧道协议的数据包加上第二层或第三层的报头再通过 Internet 传输，究竟封装在哪一层中取决于它工作在哪一层。下面就是 PPTP 和 IPSec 封装后的数据包。

PPTP 封装后在 Internet 上传输的报文格式如下：

IP 首部	PPTP 首部	PPP 首部	原 IP 报文	PPP 尾部

IPSec 封装后在 Internet 上传输的报文有两种，分别是传输模式和隧道模式，其中隧道模式下的报文格式如下：

外部 IP 首部	AH	ESP 首部	内部 IP 首部	TCP	数据	ESP 尾部	ESP 认证

IPSec 主要由两个协议组成，一个是 IP 认证首部（AH），另一个是加密负荷的 IP 封装（ESP）。AH 是对 IP 报文用某种认证算法进行计算，将计算后的结果作为 AH 插在 IP 首部和数据字段之间，报文被目的终端接收后，重新对 IP 报文按照认证算法进行计算，将计算后的结果与认证首部中的

内容进行比较，若相符，表示 IP 报文在传输过程中没有受到损害，否则可以认为已经被篡改。认证算法必须十分复杂，保证无法根据 IP 报文和认证首部推出认证算法及认证算法所使用的密钥。AH 只能保证 IP 报文的完整性和可靠性，但不对 IP 数据进行加密。

ESP 是将 IP 报文的数据字段内容进行加密，加密后的结果才真正作为 IP 报文的负荷进行解密，还原成原始数据字段内容。通过选择好的加密算法，ESP 可以保证 IP 报文的完整性、可靠性和保密性。

Internet 密钥交换协议（IKE）用于 IPSec 通信双方协商和建立安全联盟（SA），交换密钥。IKE 定义了通信双方进行身份认证、协商加密算法以及生成共享的会话密钥的方法。IKE 的特点在于它永远不在不安全的网络上直接传送密钥，而是通过一系列数据的交换，通信双方最终计算出共享的密钥。

（2）安全套接层

安全套接层（SSL）是一种工作在应用层的加密技术，已经成为电子商务安全交易的一种主要连接方式。HTTP 的数据包在计算机之间传输时，SSL 采用公共密钥对数据包加密，但它不能为通信信道两端的计算机提供保护。而且，SSL 只能处理 HTTP 数据包，不能为通过文件传输协议（FTP）/简单文件传输协议（SMTP）/Telnet 或者其他 TCP/IP 服务传输的数据进行加密。SSL 初级版本采用 40 位密钥，现在也可使用 128 位密钥。由于 SSL 工作在应用层，因此不依赖于特定硬件，便于直接在应用软件中集成。

3.4 IP 地址分配

IP 地址设计也是网络逻辑结构的一个重要步骤，影响到网络层寻址和路由，影响 Intranet/Extranet 的正常运行。IPv4 地址是一个结构化的地址，由网络号和主机号两部分构成，子网化的 IP 地址由网络号、子网号和主机号 3 部分构成。

根据 TCP/IP 规定，IP 地址由 32 位二进制比特组成，在使用中将这样的 32 位二进制数平均分成 4 组，每组 8 位，组与组之间用句点隔开。Internet 管理委员会按照网络可能存在的规模将网络分为 A、B、C、D、E 5 个大类。其中 A、B、C 是 3 类主要使用的地址类型，D 类是一种专门供给网络组播使用的组播地址，E 类是一种供扩展使用的实验地址。IP 地址分类如图 3-24 所示。

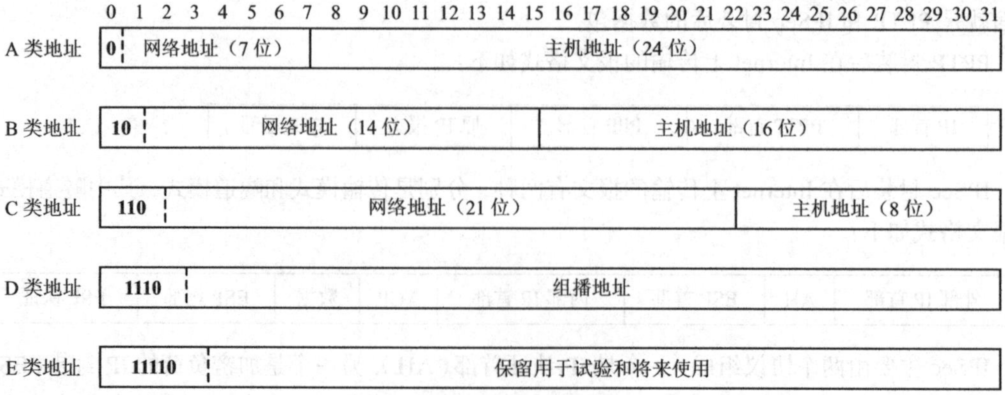

图 3-24 IP 地址分类图

　　IP 地址按类型不同，分别应用于不同规模的网络，A 类地址用于超大型网络，B 类地址用于中型网络，C 类地址用于小型网络。地址分配时并不完全拘泥于这个规则，可以多个同类地址组合使用。例如，可以为一个规模大于 C 类地址又远小于 B 类地址的网络申请若干个 C 类地址区段。

　　根据用途和安全性级别的不同，IP 地址还可以大致分为公有地址（Public Address）和私有地址（Private Address）两类。

　　公有地址由 Internet 地址管理机构（Internet Assigned Numbers Authority，IANA）负责。任何网络要想连入 Internet，必须申请公有 IP 地址。如果是不直接连入 Internet 的主机，也可以使用私有地址。私有地址只能在内部网络中使用，可以被任意公司和个人使用而不会侵权，如果要连入 Internet，只需使用 NAT 技术转换成公有地址即可。在 3 类 IP 地址中专门保留了 3 个区段作为私有地址，其地址范围如下。

A 类地址：　　10.0.0.0～10.255.255.255　　　（适用于百万个节点以上的局域网）

B 类地址：　　172.16.0.0～172.31.255.255　　（适用于 65 534 个节点以内的局域网）

C 类地址：　　192.168.0.0～192.168.255.255　（适用于 254 个节点以内的局域网）

1. 子网划分时应该注意的问题

　　① 在划分子网和进行地址分配时一定要十分谨慎，应该充分考虑未来的扩展性需求。因为一旦子网中的主机地址被用完，就会迫使设计者重新划分整个网络，这样做是很费时费力的。

　　② 在分配子网编号时，网络管理员可以决定是否为每一个子网选择一个有意义的数字。例如公司出于管理的需要，可能以前对各部门指定有一套编号，这套编号同样也可以用于子网。

　　③ 地址分配后要便于路由聚合。路由聚合的目的是减小路由表的数目，提高核心层的数据转发速度。路由聚合是子网划分的基本原则。

　　④ 由于 IP 资源短缺，可以申请一个较小的地址段，将 NAT 技术与私有地址结合使用。

2. 静态地址分配和动态地址分配

　　静态地址分配是指管理员按制订好的地址分配策略，为某些主机制订唯一的 IP 地址和掩码，并建立到主机名的映射。静态地址分配的优点是便于跟踪主机行为，统计主机信息；缺点是地址利用率低。

　　动态地址分配是指通过 DHCP 服务器自动管理一个子网地址区段，每一个登录到网络的主机自动获得 IP 地址。动态地址分配的优点是简化地址管理工作，地址利用率较高；缺点是难以跟踪主机行为。

3.4.1　子网划分

　　给定一个 C 类网络地址 192.168.0.0，掩码为 255.255.255.0，要把它分给一个拥有 6 个部门的机构，假设每个部门的工作节点（主机）数目不超过 15 个。如果按部门划分子网并分配地址，该如何去实现这个任务？

　　子网划分按以下的步骤进行。

　　① 确定 IP 地址的类型和主机位数。

　　网络地址 192.168.0.0 是一个 C 类地址，可以使用的主机数为 254 个。对于不熟练的学生，可以先将该地址转换成二进制数，再对比一下掩码就知道了。

地址（192.168.0.0）：　11000000.101 01000.000 00000.000 00000

掩码（255.255.255.0）：　1111 1111.111 1 1111.111 1 1111.000 00000

将上述两个二进制数对比，主机位是最后一个字节，除去广播地址和网络地址，共 254 个可用主机地址。

② 确定要划分的子网数目。根据给出的条件，要划分的子网数目为 6。

③ 将子网数目对 2 取对数，然后加 1，得到 N。N 即为新的子网位数，2^N>部门数，即

$$N = [\log 6] + 1 = 3$$

[log6]表示对 log6 取整。

这里之所以加 1 是因为 log6 取整的结果小于所需的子网位数，即使有的情况下（例如这里不是 6 个部门而是 8 个部门）恰好等于所需的子网位数，也是不行的。加 1 不是唯一的选择，如果希望留下更大的富余网段以备将来使用，可以加一个更大的数。

④ 将主机位的高 N 位设置为 1，加上原有的网络地址位，即可得到新的子网掩码。

网络地址也可以用 CIDR 地址表示法来表示。CIDR 地址包括标准的 4 字节（32 位）IP 地址，再加上用于网络前缀的位数值。网络前缀号代表了网络位的位数，范围为 13~27。例如，若 CIDR 地址为 172.16.0.0/24，其中的"/24"表示前 24 位用于识别网络，剩下的位数代表主机位，那么这个网络中的主机个数是 $2^8-2 = 254$。

地址（192.168.0.0）：　　　　11000000.101 01000.000 00000.000 00000

新掩码（255.255.255.224）：1111 1111.111 1 1111.111 1 1111.111 00000

⑤ 除去掩码所占的位数，剩下的位数就是可用的主机位 m，可用的主机地址数目就是 2^m-2。可写出除子网地址和子网广播地址之外的所有可用主机地址范围。

将最后一个字节的高 3 位从 001 变到 111，再加上 00000，就可以得到新的子网号。主机地址范围就是低 5 位从 00001 变到 11110，这就是全部可用的主机地址。子网号 192.168.0.0 因为与原网络地址相同，故舍弃不用。

子网划分方案如下所示。

序号	子网号	掩码	CIDR 地址	主机地址范围
1	192.168.0.32	255.255.255.224	192.168.0.32/27	192.168.0.33~192.168.0.62
2	192.168.0.64	255.255.255.224	192.168.0.64/27	192.168.0.65~192.168.0.94
3	192.168.0.96	255.255.255.224	192.168.0.96/27	192.168.0.97~192.168.0.126
4	192.168.0.128	255.255.255.224	192.168.0.128/27	192.168.0.129~192.168.0.158
5	192.168.0.160	255.255.255.224	192.168.0.160/27	192.168.0.161~192.168.0.190
6	192.168.0.192	255.255.255.224	192.168.0.192/27	192.168.0.193~192.168.0.222
7	192.168.0.224	255.255.255.224	192.168.0.224/27	192.168.0.225~192.168.0.254

3.4.2　VLSM

在前面所介绍的子网划分技术中，对掩码的指派要求整个网络中只有一个掩码，也就是每一个子网的主机位都是相同的。但这种情形通常会造成一定的地址浪费，例如 B 类地址 172.16.0.0 子网划分指定/24 的掩码时，每一个子网可用的主机数是 254，而实际上路由器在"背靠背"连接时，任意一条链路只需两个地址，但却占了一个/24 子网，多的主机地址都是浪费。实际上，其中一个/24 子网可以被划分成几个/30 的子网给"背靠背"链路使用，使得网络中有多个不同的掩码，这就是 VLSM 技术。VLSM 技术是一种可变的子网划分方法，它允许在一个网络中采用多个

子网掩码，而且随子网大小而变化。

上例中，可以将最后一个子网地址 192.168.0.224/27 拿出来结合 VLSM 技术重新划分出一些子网给路由器链路使用，则新的子网划分方案如下所示：

序号	子 网 号	掩 码	CIDR 地址	主机地址范围
1	192.168.0.32	255.255.255.224	192.168.0.32/27	192.168.0.33～192.168.0.62
2	192.168.0.64	255.255.255.224	192.168.0.64/27	192.168.0.65～192.168.0.94
3	192.168.0.96	255.255.255.224	192.168.0.96/27	192.168.0.97～192.168.0.126
4	192.168.0.128	255.255.255.224	192.168.0.128/27	192.168.0.129～192.168.0.158
5	192.168.0.160	255.255.255.224	192.168.0.160/27	192.168.0.161～192.168.0.190
6	192.168.0.192	255.255.255.224	192.168.0.192/27	192.168.0.193～192.168.0.222
7	192.168.0.224	255.255.255.252	192.168.0.224/30	192.168.0.225～192.168.0.226
8	192.168.0.228	255.255.255.252	192.168.0.224/30	192.168.0.229～192.168.0.230
9	192.168.0.232	255.255.255.252	192.168.0.224/30	192.168.0.233～192.168.0.234
10	192.168.0.236	255.255.255.252	192.168.0.224/30	192.168.0.237～192.168.0.238
11	192.168.0.240	255.255.255.252	192.168.0.224/30	192.168.0.241～192.168.0.242
12	192.168.0.244	255.255.255.252	192.168.0.224/30	192.168.0.245～192.168.0.246
13	192.168.0.248	255.255.255.252	192.168.0.224/30	192.168.0.249～192.168.0.250
14	192.168.0.252	255.255.255.252	192.168.0.224/30	192.168.0.253～192.168.0.254

3.4.3　网络地址转换

1. 网络地址转换（NAT）简介

NAT 指的是内网的私有地址转换成合法的外部 IP 地址，使得内部用户能够访问 Internet。使用 NAT 的企业只需要申请很少的 IP 地址块就可以将很大的内部网络连接到 Internet。事实上，使用 NAT 的意义不仅在于为企业节约申请 IP 地址的费用，更在于它可以有效地缓解目前的 IPv4 地址危机，以及隐藏内网实现一定的安全机制。

NAT 分析进出于边界路由器的数据包，如果是出站数据包，就把源地址转换成公开 IP 地址；如果是进站数据包，就将目的地址转换成私有 IP 地址。NAT 技术原理图如图 3-25 所示。

在图 3-25 中，地址为 193.197.80.7 的远程用户访问内网中地址为 10.0.0.1 的服务器时，根据 NAT 转换表，公网上传输的数据包源地址为 193.197.80.7，目的地址为 218.190.80.10，进入内网后目的地址被转换为 10.0.0.1；地址为 10.0.0.103 的内网工作站访问公网上的地址为 202.197.80.8 的服务器时，发送的数据包源地址为 10.0.0.103，出站时根据动态地址转换表将源地址转换为 218.190.80.101，发送到公网上传输。

图 3-25 还说明 NAT 可以有静态和动态两种工作模式。在静态模式下，NAT 地址转换表对每个内部 IP 地址都有一个匹配记录项，映射到相应的外部地址，地址映射只能在指定的匹配之间进行。当发生动态地址转换时，NAT 地址转换表是动态生成的。每一个出站数据包的地址转换表都是随机生成的，即防火墙从动态地址池中选取第一个闲置的外部地址，建立与出站数据包源地址的转换表。服务器采用静态 NAT 方案，普通工作站采用动态 NAT 方案。

2. NAT 的优点

① 节约申请公开地址的费用，提高 IP 地址利用率。目前 IANA 机构可用地址池面临枯竭。虽然中国的 ISP 们已得到其中的 3.4 亿个 IPv4 地址，但这个数字显然无法满足国内急剧增长的网

民和移动网民们的需求。一种较好的解决方案就是将私有地址和公开地址结合起来，采用 NAT overload 技术，使内部用户共享地址接入 Internet。但这也不过是一个权宜之计，解决地址短缺的最根本途径还是早日实现 IPv6。

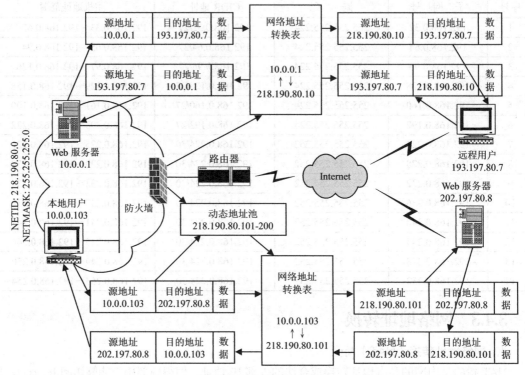

图 3-25　NAT 技术原理图

② 屏蔽内部网络，提高网络的安全性。NAT 使得内部网络结构对于外部网络完全不可见，增加了黑客进入内网的难度。但由于 NAT 隐藏了端到端地址，也会导致对非法用户的追踪更加困难。

③ 保护已有的地址分配方案，减少地址维护工作。如果已经有了一个使用非公开地址配置的内部网络，在建立了 Internet 连接后，使用 NAT 技术可以将需要访问 Internet 的数据流量转换成公开地址，而无需按照新申请的公开地址重做一遍内部 IP 地址方案。

3. NAT 的配置

NAT 是一种软件技术，通常是在支持 NAT 的路由器或防火墙上进行一些配置来实现。下面以 Cisco IOS NAT 为例，说明 NAT 如何进行配置。

（1）标记接口为内部或外部的

为了使数据包能在某一接口上得到转换，该接口必须标记出可以转换的是内部数据包还是外部数据包。到达未标记接口的所有数据包都不属于转换的对象范围。在下面的例子中，一个接口被标明为是对出站（内部到外部）数据包进行转换的接口。

```
router(config-int)#ip nat outside
```

（2）定义 NAT IP 地址池

所有的即将被转换的 IP 地址都将从指定的 NAT IP 地址池中取出。用下面的命令可以指定该 IP 地址池。

```
router(config)#ip nat pool NATAddresses 218.197.80.10 218.197.80.115
    netmask 255.255.255.0
```

（3）启用 IP 地址转换

最后一部分告诉路由器哪些地址将被转换成在全局 NAT IP 地址池中的地址。如下面的例子所示，指定的实现方法有 3 种。例子中都假设此前已经设置了一个访问列表 100 以及一个命名为 NATAddreses 的地址池。

转换内部源地址：

```
router(config)#ip nat inside source list 100 pool NATAddresses
```

转换内部目的端地址：

```
router(config)#ip nat inside destination list 100 pool NATAddresses
```

转换外部源地址：

```
router(config)#ip nat outside source list 100 pool NATAddresses
```

这 3 个例子，都采用了 list nn pool xx 的格式，它们是用来启用动态 NAT 的。要设置静态 NAT，可采用下面的格式：

```
router(config)#ip nat outside source static <global-ip-address> <local-ipdd-
address>
```

3.4.4　地址分配策略

1. 按部门/机构分配地址

对各个部门进行统一编号，根据编号顺序分配 IP 地址的优点是地址与部门编号有相关性，很容易记住地址；缺点是如果编号相邻部门之间的位置不相邻，则地址不容易聚合。

2. 按物理位置分配地址

按物理位置分配地址的原则是物理位置上相邻的子网分配相邻的地址区。由于物理位置相邻，因此通常连接到相同的路由器上，所以很容易实现路由聚合。一旦某部门的物理位置改变，聚合就无法实现了，因此按物理位置分配地址也有一定的局限性。

3. 按拓扑结构分配地址

根据分层结构设计思想，按拓扑结构分配地址可以很容易地在汇聚层形成路由聚合，因此理论上是很合理的。但由于拓扑结构通常和实际的物理布线结构有一定的差异，所以按拓扑结构分配子网在实施时并不一定容易实现。

上述 3 种方法各有优缺点，在实际应用中可以结合其中一种或几种策略综合考虑。

3.4.5　动态主机配置协议

1. 动态主机配置协议（DHCP）概述

DHCP 被用来在网络上自动进行 TCP/IP 地址的分配。这种协议也能对工作站、打印机和其他 IP 设备提供配置参数。当设备在网络上启动或初始化时，DHCP 将允许 DHCP 服务器从地址池中分配一个空闲的 IP 地址给该设备，自动连通网络。

2. 为什么要使用 DHCP

① 为每一台计算机设置一个 IP 地址是很费时费力的事情，而且如果用户水平不高，以后网络发生故障都需要管理员重新配置地址，在局域网中使用 DHCP 免去了配置 IP 地址的工作。

② 同一时间连接到网络的用户不确定，而且地址数目比用户数目少，为了提高地址的利用率，可以给用户分配动态的地址，用户断开连接后再收回地址，例如拨号上网。

③ 在 WLAN 中，用户使用笔记本电脑等移动设备拨号接入企业 Intranet，每个终端都可以通过 DHCP 服务器获得动态分配的 IP 地址。

DHCP 原理图如图 3-26 所示。

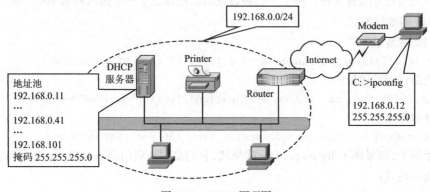

图 3-26　DHCP 原理图

3. 设计和配置 DHCP 服务

DHCP 服务由 DHCP 服务器和支持 DHCP 的客户机构成。DHCP 上配置有地址池和有效的网络掩码，地址池指的是某个子网中可用的地址区间，一旦 DHCP 接收到一个 DHCP 请求，就会将地址池中第一个未用的地址和网络掩码一起分配给申请者。管理员还可以配置客户机租用地址的时间。如果租用时间到期，地址就会被回收并重新分配。

DHCP 服务可以配置在交换机/路由器上，也可以配置在 Windows Server 或 UNIX/Linux 服务器上。

3.5　IP 路由设计

IP 路由设计包括静态路由设计和动态路由设计，静态路由协议已在第 1 章做了详细介绍，本节所指的都是动态路由协议的设计与选择。

3.5.1　路由协议类型

根据路由协议的作用范围，可以将路由协议分成两类，即域内路由协议（Interior Gateway Protocols，IGP）和域间路由协议（Exterior Gateway Protocols，EGP）。域内路由协议是指作用范围在同一个自治系统内部，而域间路由协议是指作用于不同自治系统的路由协议。IGP 包括 RIP（Routing Information Protocol）、IGRP（Interior Gateway Protocol）、EIGRP（Enhanced Interior Gateway Protocol）、OSPF（Open Shortest Path First）等，而 EGP 目前只有 BGP（Border Gateway Protocol）一种。

自治系统（Autonomous System，AS）是为了网络管理的方便，人为制订的管理区域，由网络中心统一命名。在同一个自治系统内部，网络结构独立，无论采用哪种 IGP 都不会影响其他自治系统。自治系统之间转发数据包必须通过连接两个自治系统且支持 EGP 的路由器完成。自治系统如图 3-27 所示。

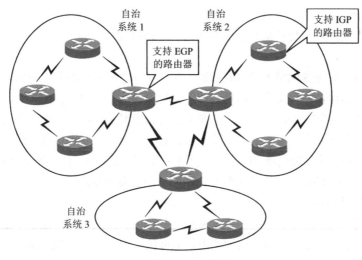

图 3-27   自治系统

3.5.2   路由协议的性能参数

要掌握路由协议的应用，必须先了解路由协议的性能，以下参数能说明路由协议的性能。

1. 可伸缩性

可伸缩性是确定 IP 路由协议选择的最基本问题之一，即路由协议将如何有效地支持大型网络或可能增长的网络。路由协议的可伸缩性是由以下因素确定的，例如它如何有效地处理路由更新以及它如何才能迅速地应对大型网络上的更改做出反应。

2. 路由更新

IP 路由协议的可伸缩性总是部分由处理路由更新的效率确定。距离矢量路由协议通过向网络中所有其他路由器定期广播它们的路由表来交换路由信息。可以通过制订一些更新策略来提高距离矢量路由协议的更新速度，影响策略制订的因素有以下几个：

① 增量更新比定期交换更好；

② 多路广播比广播更好；

③ 跳数越小越好。

3. 路由协议的稳定性

路由协议的稳定性可在网络传输期间（如链接中断或其他形式的布局更替）进行测试。路由协议对布局更替做出反应，并通过网络传播有关更替的信息。在路由协议分发信息期间，路由器将排除不一致的信息（即有一些路由器将知道更新而有一些将不知道）。这种不一致可能导致特定类型的路由问题，称为路由回路。

距离矢量路由协议对路由回路具有潜在的敏感性，因为它们不维护除路由表以外的有关网络布局的任何附加信息。链路状态路由协议维护网络上所有子网的数据库，并知道何种路由器附加到了子网上，因此，它不大可能在布局改变后立即按照错误信息动作。

距离矢量路由协议合并了下列功能以帮助避免路由回路。

（1）定义最大量度

若要在计数器溢出之前防止计数到无穷，则要确定路由无法访问后定义最大可能的量度。在RIP 的情况下，跳数为 16 表示路由是不可达的。

（2）分割范围

此原则说明了路由协议更新信息不应发回前一个路由器。

（3）路由中毒

当路由器在直接附加的网络上检测到错误，却不从其路由表删除并忘记错误时，该错误将毒害路由。这意味着将路由不可访问的消息通知给其附加的每个路由器。在 RIP 的情况中，丢失的路由将使用跳数 16 来通知。相邻路由器通过返回中毒反馈消息（此消息确认它们现在已知道子网发生了故障）确认路由中毒消息。每个接收中毒消息的路由器还要将该消息传递到直接附加的相邻路由器上。这些消息是受激更新，意思是它们被立即发送而不必等待任何定期更新计时器到期。因此，在理论上，整个路由域将迅速了解有问题的子网已发生故障。

（4）停止运行计时器

接收中毒消息的路由器不从其路由表删除相应的路由，而是将路由置于停止运行状态。路由处于停止运行状态时，路由器会继续通知路由是不可访问的（即带有无穷量度）。但是，它将忽略任何有关该路由的更新。这避免了发生以恶化量度计数到无穷为特征的路由回路的可能性。

距离矢量路由协议合并了刚才描述的这些特征，来提高它们对于路由回路的稳定性。其不利方面是该协议传播有关拓扑变化的信息较慢，也就是收敛速度较慢，这说明距离矢量路由协议的稳定性越高收敛速度就越慢。

① 距离矢量或链接状态协议都可能发生路由回路，通过良好的设计可以最小化路由回路的可能性。

② 不论网络中有多少冗余，错误的路由协议选择都有可能成为毁掉网络的罪魁祸首。

4. 收敛速度

网络收敛的定义是从网络拓扑改变到每个路由器确认该改变所消耗的时间。如果网络拓扑结构改变，如丢失或增加子网，在从第一个路由器开始更新路由信息起到全部路由器都更新了路由信息为止，需要一定的时间。在依赖多种因素（路由协议本身的操作特性是最重要的因素）的网络上，收敛速度的变化很明显。收敛速度通常与路由器的错误检测机制、路由更新机制、路由运算法则以及传输介质有关。

5. 路由量度

如果运行特定 IP 路由协议的路由器收到多个可到达目的站网络的公布路径，它将选择具有最佳量度的路径并将之放入路由表中。如果多条路径有最佳量度，则每个这种费用最低的路径放入路由表中，并且执行等量费用负担平衡。不同的路由协议使用不同的量度，即每个路由协议都可以按自己的方式决定到达目的站的最佳路径。

6. VLSM 支持

对于网络来说，若需要拥有除了足够的 IP 地址空间之外的条件，则可能需要使用 VLSM。VLSM 可有效地使用 IP 地址和子网空间。五类路由协议（如 OSPF、RIP2 版、EIGRP、IS-IS 和 BGP）支持 VLSM，因为它们包括掩码和更新。而无类协议（如 RIP1 版和 IGRP）不能支持 VLSM。这也说明了这些协议不适合大型网络的另一个原因。

3.5.3 RIP

1. RIP 的要点

① RIP 是基于距离矢量算法的路由协议，属于内部网关协议，它通过 UDP（User Datagram

Protocol）报文交换路由信息。

② RIP 已到达目的地址所经过的路由器个数（跳数）为衡量路由好坏的度量值，最大跳数为 15。

③ RIP 有 RIP-1 和 RIP-2 两个版本，RIP-2 支持明文认证和 MD5 密文认证，并支持可变长子网掩码。

④ RIP 适用于基于 IP 的中小型网络。

2．RIP 路由表的更新过程

① RIP 以 30s 为周期用 Response 报文广播自己的路由表。

② 收到邻居发送而来的 Response 报文后，RIP 计算报文中的路由项的度量值，比较其与本地路由表路由项度量值的差别，更新自己的路由表。

③ RIP 路由表的更新原则：

● 对本路由表中已有的路由项，当发送报文的网关相同时，不论度量值增大或是减少，都更新该路由项；

● 对本路由表中已有的路由项，当发送报文的网关不同时，只在度量值减少时，更新该路由项；

● 对本路由表中不存在的路由项，在度量值小于不可达（16）时，在路由表中增加该路由项。

路由器更新路由表的过程如图 3-28 所示。

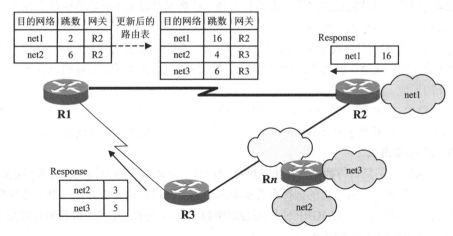

图 3-28　路由器 R1 更新路由表的过程

④ 路由表中的每一路由项都对应一老化定时器，当路由项在 180s 内没有任何更新时，定时器超时，该路由项的度量值变为不可达（16）。

⑤ 某路由项的度量值变为不可达后，以该度量值在 Response 报文中发布 4 次（120s），之后从路由表中清除。

RIP 协议一般在中小型企业网络中作为内网路由协议使用。

3.5.4　IGRP

1．IGRP 概述

IGRP 是一个基于距离矢量（Distance Vector）算法的路由协议，运行 IGRP 的路由器通过和相邻路由器之间相互交换路由信息来建立路由表。IGRP 是在 RIP 基础之上发展而来的，它比较RIP 而言，主要有以下几点改进：

① IGRP 路由的跳数不再受 16 跳的限制，同时在路由更新上引入新的特性，使得 IGRP 适用于更大的网络；

② 引入了触发更新、路由保持、水平分割和毒性路由等机制，使得 IGRP 对网络变化有着较快的响应速度，并且在拓扑结构改变后仍然能够保持稳定；

③ 在 Metric 值的范围和计算上有了很大的改进，使得路由的选择更加准确，同时使路由的选择可以适应不同的服务类型。

运行 IGRP 的路由器通过广播地址向相邻的路由器周期性地发送自己的路由表，同时它收到相邻路由器发送的路由表后，根据收到的路由表增加、删除和修改本地的路由表，以达到全局路由的一致性。

动态路由协议的基本功能是当网络中的路由发生改变时，将此改变迅速有效地传递到网络中的每一台路由器。同时，由于网络传递的不可靠、时延等各种偶然因素的存在，可能造成路由信息的反复变化，从而导致网络的不稳定。IGRP 引入了触发刷新、路由保持、水平分割和毒性路由等机制，较为有效地解决了这些问题。

① 触发刷新：当路由发生变化，立即将新发生改变的路由送出，而不必等到下一次的周期性的刷新，从而使得最新的路由信息很快地传送到网络中的各个路由器。

② 路由保持：路由保持是指当一条路径被删除之后，此路由在一定的时间内要以不可达发送，在此段时间内即使有可达路径的报文，也丢弃不理。这样做可以使不可达路由信息在不可靠传送的情况最大限度地发送出去，而不必丢失和引起网络波动。

③ 水平分割：水平分割规定不能将从某一网关送来的路由信息再送回此网关，即它如果要发送刷新报文给相邻网关 A，那么必须把路由中 A 送来的信息全部去掉，这样可以有效地避免相邻网关中环路的形成。

④ 毒性路由：毒性路由是指如果一条路由的刷新使它的路由权的增长率大于某一比率，则此路由必须删除，并使其处于 Holddown 状态。这样做可以避免在网络中形成更大的环路。

2. IGRP 的路由权

路由权（Metric）是指将数据发往指定网络的代价。路由权是路由协议在计算路由时的主要依据，所以路由权的定义对路由的选择有着重要的影响。网络结构千变万化，单纯的跳数根本无法反映实际的网络结构。所以 IGRP 使用综合路由权，使得 IGRP 对网络路径的计算更加准确。IGRP 的综合路由权包括如下内容。

① 带宽：网络的带宽，单位为 kbit/s，范围为 0～16 777 215。

② 时延：网络的时延，每单位代表 10μs，范围为 1～4 294 967 295。

③ 信道可信度：网络传输的可靠性，范围为 1～255，这里 255 代表 100%可信。

④ 信道占用率：网络的当前占用率，范围为 1～255，这里 255 代表 100%被占用。

⑤ 最大传输单元：接口的最大传输单元，单位为字节，范围为 1～65 535。

3.5.5 OSPF

开放最短路由优先协议（Open Shortest Path First，OSPF）是 IETF 组织开发的一个基于链路状态（Link-State）的自治系统内部路由协议。在 IP 网络上，它通过收集和传递自治系统的链路状态来动态地发现并传播路由。

1. OSPF 原理简介

① 所有的路由器都维持一个链路状态数据库（Link-State Database），这个数据库实际上

就是整个互联网的拓扑结构图。所谓一个路由器的"链路状态"就是指该路由器都和哪些网络或路由器相邻，以及将数据发往这些网络或路由器所需要的路由权。所有这些都由管理人员来管理。

② 由于网络中的链路状态可能经常发生变化，因此 OSPF 让每一个链路状态都带上一个 32 位的序号，序号越大状态就越新。OSPF 规定，链路状态序号增长的速率不得超过每 5s 一次。这样，全部序号空间在 600 年内不会产生重复号。

③ 只要网络拓扑发生任何变化，这种链路状态数据库就能很快地进行更新，使各个路由器能够重新计算出新的路由表。OSPF 的更新过程收敛得快是其重要优点。

④ OSPF 依靠各路由器之间的频繁交换信息来建立链路状态数据库，并维持数据库在全网范围内的一致性，即实现链路状态数据的同步更新。

⑤ OSPF 不用 UDP 而是直接使用 IP 分组传送，IP 分组首部的协议字段的值为 89。OSPF 发送的这种 IP 分组都很小，从而减少了路由信息的通信量。数据分组很小还有另一个好处是传输时不会分片，降低了传输出错的概率。

2. OSPF 的应用特性

① 适应范围：OSPF 支持各种规模的网络，最多可支持几百台路由器。

② 快速收敛：如果网络拓扑结构发生变化，OSPF 立即发送更新报文，使这一变化在自治系统中同步。

③ 无自环：由于 OSPF 通过收集到的链路状态用最小生成树算法计算路由，故从算法本身保证了不会生成自环路由。

④ 子网掩码：由于 OSPF 在描述路由时携带网络的掩码信息，所以 OSPF 不受自然掩码的限制，对 VLSM 提供很好的支持。

⑤ 区域划分：OSPF 允许自治系统的网络被划分成区域来管理，区域间传送的路由信息被进一步抽象，从而减少了占用网络的带宽。

⑥ 等值路由：OSPF 支持到同一目的地最多 3 条等值路由。

⑦ 路由分级：OSPF 使用 4 类不同的路由，按优先顺序分别是区域内路由、区域间路由、第一类外部路由和第二类外部路由。

⑧ 支持验证：OSPF 支持给予接口的报文验证以保证路由计算的安全性。

⑨ 组播发送：OSPF 在有组播发送能力的链路层上以组播地址发送协议报文，既达到了广播的作用，又最大程度地减少了对其他网络设备的干扰。

由于 OSPF 具有上述优点，它通常用于大规模 IP 网络组网，如城域网和广域网。

3.5.6　第三层交换

1. 第三层交换概述

第三层交换本质上是在传统局域网交换机的基础上添加专用的路由模块，实现局域网内快速路由的一种交换机技术。具有第三层交换功能的交换机称为第三层交换机或路由交换机，它使用专用集成电路（Application-Specific Integrated Circuits，ASIC）来完成路由计算，因此速度比较快，通常能达到线速（线速是指数据输出速率等于输入速率）。

与路由器通常处在网络接入层提供低速的 WAN 访问不同，第三层交换机通常放置在 LAN 或 WAN 的核心层，为本地客户提供高速数据交换和直连路由，它也能分割广播域提升网络性能。并且，当使用 VLAN 时，它能够在 VLAN 之间实现路由，其具体方法是：分配 VLAN 的成员将端口划分成逻辑网络，为每一个 VLAN 配置不同网段的 IP 地址，根据传输的数据包地址决定是采用第二层交换还是第三层路由。

Cisco 交换机使用 MLS（Multilayer Switching）技术实现三层交换，主流的 2948G L3、4908G L3、5000/5500 系列和 6000/6500 系列都有支持。MLS 实现第三层交换的基本步骤如下。

① 交换机检查目标 MAC 地址。如果目标地址是交换机（MLS-SE）所配置的路由器（MLS-RP）就开始第三层交换的处理；否则，这些报文在第二层被交换。

② 如果报文要进行第三层交换，交换机将会在 MLS 缓存中查找目标 IP 地址的转发表项。

③ 如果找到一个 MLS 表项，那么报文将使用这个表项中的信息重写报文，修改目标 MAC 地址，TTL 减 1，并重新计算校验和。

④ 如果没有发现 MLS 表项，那么此帧将被转发到适当的 MLS-RP；路由器路由这个报文，并将此发回 MLS-SE，供它在缓存中写入一个新的转发表项。

⑤ 按新的 MAC 地址转发此帧。

另外，Cisco 用流（Stream）来定义一组目标地址相同的传输任务，只有流中的第一个报文需要进行上述判断，生成 MLS 表项后存储在缓存中供后续报文使用，直接转发后序报文，也就是说"路由一次，处处交换"（学术上称做"虫蚀路由"或"Wormhole routing"），如图 3-29 所示。

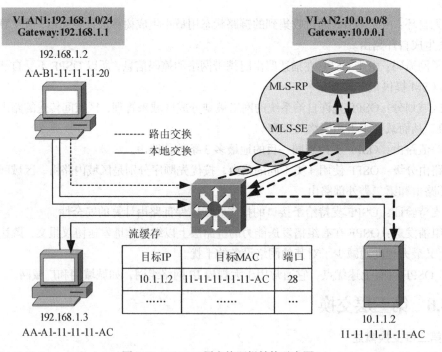

图 3-29　MLS 三层交换逻辑结构示意图

2. 第三层交换方案设计

第三层交换方案通常在核心层使用三层交换机，在汇聚层使用二层交换机，使用三层交换机作为 VTP Server，配置 VLAN 和默认网关，将与二层交换机相连的高速链路配置成 Trunk。来自不同 VLAN 的信息流在二层交换机上汇聚，通过与三层交换机相连的 Trunk 链路，在三层交换机实现路由，并转发给目的主机，如图 3-30 所示。

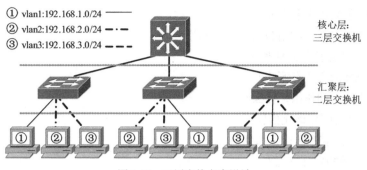

① vlan1:192.168.1.0/24 ──────
② vlan2:192.168.2.0/24 ─·─·─
③ vlan3:192.168.3.0/24 ─────

核心层:
三层交换机

汇聚层:
二层交换机

图 3-30　三层交换方案设计

习　题

一、填空题

1. 分层设计的思想是将网络拓扑结构分成＿＿＿＿、＿＿＿＿和＿＿＿＿ 3 层。

2. 在路由器中，较小的＿＿＿＿意味着占用较小的内存，较小的寻址时间，较快的数据转发速度。

3. 为了有步骤地实施网络，通常将一个完整的网络划分为逻辑上功能独立的组件，这些组件主要有 3 个：＿＿＿＿、＿＿＿＿和＿＿＿＿。

4. 10Base5 的含义是：带宽为＿＿＿＿＿＿＿，传输信号为＿＿＿＿＿＿＿，最大传输距离为＿＿＿＿。

5. IEEE 的 10Base-T 标准使用星型拓扑结构，并使用＿＿＿＿针的 RJ-45 接口（又称为水晶头）。

6. 5-4-3 规则规定，最多只能由 5 个＿＿＿＿相连，＿＿＿＿最多只能有 4 个，其中只能在＿＿＿＿ 3 个网段上连接主机。

7. 帧中继很多地方和 X.25 协议相同，例如它也采用虚电路技术，并且也支持＿＿＿＿和＿＿＿＿两种交换方式。

8. DDN 可以提供的主要业务包括＿＿＿＿、＿＿＿＿和＿＿＿＿。

9. VLAN 技术主要有 3 个优点：＿＿＿＿、＿＿＿＿和＿＿＿＿。

10. N-ISDN（窄带 ISDN）支持 BRI 和 PRI 两种接口。BRI 可以提供＿＿＿＿的数据速率，其中包括 3 个传输通道，即两个＿＿＿＿的＿＿＿＿通道用于数据、音频和图像传输，一个＿＿＿＿的＿＿＿＿通道用于通信信令、数据包交换和信用卡验证。

11. 虚拟专用网（VPN）是一种采用＿＿＿＿在公共网络上建立专用逻辑通道的连接方式，被广泛应用于远程访问和企业 Intranet/Extranet 中。

12. RIP 以＿＿＿＿s 为周期用 Response 报文广播自己的路由表。

13. IGRP 的综合路由权包括如下内容：＿＿＿＿、＿＿＿＿、＿＿＿＿、＿＿＿＿和＿＿＿＿。

二、简答题

1. 分层设计的原则是什么？

2. 核心层设计应该注意什么？

3. 汇聚层有哪 3 项设计目标？

4. 试述绘制网络拓扑结构图时的注意事项。

5. ATM 论坛规定了哪 5 种服务类型？

6. 划分 VLAN 的方式有哪些？

7. WLAN 中基站的作用是什么？

8. 广域网链路有哪些优化措施？

9. 服务子网设计应遵循什么原则？

10. 园区网有哪些设计特点？

11. 什么是 VPN，在广域网连接中有何应用？

12. 什么是 NAT 技术，为什么要使用 NAT 技术？

13. 帧中继有哪 3 项主要业务？

14. IP 地址的分配策略是什么？

15. 简述 RIP 的特点。

16. 什么是路由中毒？

17. 简要介绍一下 OSPF 的工作原理。

三、案例

1. 使用 Visio 2010 软件绘制一个本章中的任何一个网络拓扑结构图，在绘制过程中遵循拓扑结构图的绘制原则。

2. 某医药公司业务分析。

（1）该公司在厂区 1 安装有 10Base5、10Base2、10Base-T 等多种类型的网络，设备陈旧，结构混乱，按分层设计的原理解释重新设计该厂区网络的理由，并指出哪些技术严重阻扰了分层结构的原则。重新设计的网络中应该淘汰什么，保留什么？

（2）该公司还在厂区 1 的中心机房中安装有两台数据服务器，另外在各个部门分别安置了一些其他的服务器，分析这种服务网络设计的特点。如果坚持采用集中式的设计，那么应该如何做？

（3）该公司决定建立一个视频会议室，共有 20 台多媒体计算机，为其设计一个能满足多媒体视频应用的局部网络，并接入主干网。

（4）该公司还在其他城区分别有两个厂区，也有各自的园区网，现在选择一种广域网技术将这 3 个厂区的网络连接起来构成一个完整的网络。

3. 某个学校的教师很多，大部分人对如何配置 IP 地址一无所知，管理员每天都要付出大量的精力帮助他们配置丢失的 IP 地址，以便于他们能顺利访问网络。假如你是这个管理员，将采取哪些措施来解决这个问题？

4. 下面以某集团公司为例，使用变长子网掩网（Variable Length Subnet Mask，VLSM）技术划分子网。假设该公司被分配了一个 C 类地址，该公司的网络拓扑结构如题图 3-1 所示。其中部门 A 拥有主机数 20，部门 B 拥有主机数 10，部门 C 拥有主机数 20，部门 D 拥有主机数 10。分公司 A 拥有主机数 10，分公司 C 拥有主机数 10。假如分配的网络为 192.168.1.0，回答下列问题。

（1）为该网络进行子网划分，至少有 3 个不同变长的子网掩码，请列出你所求的变长子网掩码，并说出理由。

（2）列出你所分配的网络地址。

（3）为该网络分配广域网地址。

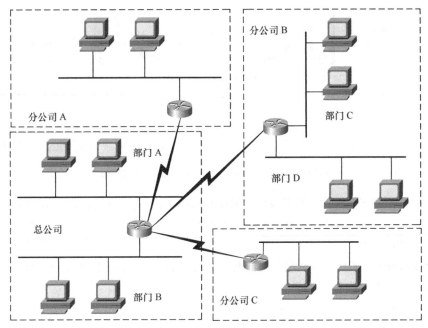

题图 3-1　某集团公司网络连接图

5. 某网络的 Internet 接入路由器连接情况如题图 3-2 所示。

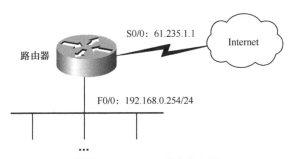

题图 3-2　Internet 接入路由器

根据题图 3-2，解释以下配置命令，简要说明该路由器的主要作用。

（1）router（config）# interface s0/0

（2）router（config-if）# ip address 61.235.1.1 255.255.255.252

（3）router（config）# ip route 0.0.0.0 0.0.0.0 s0/0

（4）router（config）# ip route 192.168.0.0 255.255.255.0 f0/0

（5）router（config）# access-list 100 deny any any eq telnet

6. 某企业采用 Windows 2000 操作系统部署企业虚拟专用网（VPN），将企业的两个异地网络通过公共 Internet 安全地互连起来。Windows 2000 操作系统当中对 IPSec 具备完善的支持，题图 3-3 给出了基于 Windows 2000 系统部署 IPSec VPN 的网络结构图。

（1）IPSec 是 IETF 以 RFC 形式公布的一组安全协议集，它包括 AH 与 ESP 两个安全机制，其中哪一个不需要加密？

（2）IPSec 的密钥管理包括密钥的确定和分发。IPSec 支持_____和_____两种密钥管理方式。试比较这两种方式的优缺点。

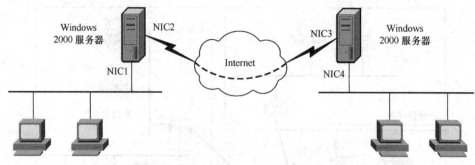

题图 3-3　基于 Windows 2000 系统部署的 IPSec

（3）如果按照题图 3-3 所示的网络结构配置 IPSecVPN，安全机制选择的是 ESP，那么 IPSec 工作在隧道模式。一般情况下，在图中所示的四个网络接口中，将哪两个接口配置为公网 IP，哪两个接口配置为内网 IP？

（4）在 Internet 上捕获并分析两个内部网络经由 Internet 通信的 IP 包，在下图中①②③空缺处填上相应的协议单元内容。

①	②	③	内部 IP 首部	TCP	数据	ESP 尾部	ESP 认证

（5）IPSec VPN 与 L2TP VPN 分别工作在 OSI/RM 模型的哪个协议层？

86

第4章
高性能网络设计

如果给一个公式，$1-(1-0.99) \times (1-0.99) = 0.999\ 9$，相信大家会觉得奇怪，它跟我们的网络设计有什么关系呢？但如果 0.99 代表一个网络设备的可用性，则（1-0.99）指的是设备的故障率，而整个公式表示的是两个相同的高可用性网络设备在冗余结构下的网络可用性。如果给一个基数10 000 小时，也就是网络安全运行 1 年多一点，当可用性为 0.99 时，网络的平均故障时间就是 100小时，也就是说 1 年内网络会有 4 天时间出现故障，但当可用性为 0.999 9 时，网络的平均故障时间就只有 1 小时。对某些业务量较大的企业如银行、证券和电子商务运营商等，能将可用性从 0.99提高到 0.999 9 的意义是非常重大的。

对设备和线路的备份设计也称为冗余设计，冗余设计并不是简单地增加一件设备或一条线路，而是功能的逻辑优化，性能的逻辑优化。冗余设计可提高系统的可用性，但会带来投资成本的急剧增大，甚至是成本的加倍，因此冗余设计对象的选择是很重要的，例如增加主干线路的数量，增加 Web 服务器的数量，增加核心交换机的数量等。硬件上的冗余还不能实现设计目的，还需要选择合适的冗余协议或备份软件，这样才能构成健壮的冗余网络。

为了应对多媒体业务在网络中的爆发式增长，不能仅仅只是将带宽从 10M 提升到 100M 甚至1 000M，而应关注网络如何提供优质的 QoS，让用户在获得高带宽的同时，也能获得高质量的业务体验。由此，网络 QoS 也是必须掌握的现代网络设计技术之一。

4.1 建立健壮的网络

建立健壮的网络主要是从网络的可用性考虑，通过对线路和设备的冗余设计实现网络的可靠运行，降低故障出现的几率。冗余设计一般只考虑对关键部件进行冗余，如核心层设备、骨干网线路和服务器等，有时也对性能稳定性较差的部件进行冗余，如广域网线路。

4.1.1 冗余设计

1. 为什么需要冗余

需要冗余的原因是网络中存在单故障点，即使是在强壮的分层结构设计的网络中也存在。这种单故障点既可能发生在线路上，也可能发生在设备上，一旦单故障点出现故障，就会使一部分网络不能正常工作。冗余技术提供备用连接以绕过那些故障点，冗余技术还提供安全的方法以防止服务丢失。但是如果缺乏恰当的规划和实施，冗余的链接和连接点会削弱网络的层次性并降低网络的稳定性。

所谓单故障点是指其故障能导致隔离用户和服务的任意设备、设备上的接口或链接。分析单故障点的位置要根据整个网络的拓扑结构来衡量，要对每一个故障点的影响程度进行评估。

（1）总线型拓扑结构的单故障点

总线型拓扑结构的单故障点主要出现在同轴电缆或中继器上，一旦出现单故障点，整个网络将会瘫痪。

（2）星型拓扑结构的单故障点

星型拓扑结构的单故障点出现在多路复用设备或共享连接设备，这些设备一旦出现故障，对网络也是致命的。

（3）树型拓扑结构的单故障点

树型拓扑结构的单故障点出现在非叶子节点以及该节点的上连线路，除非根节点出现故障，否则树型结构中的单故障点只对子树产生影响。

（4）环型拓扑结构的单故障点

与总线型拓扑结构一样，环型拓扑结构也是非常脆弱的，环路上的任何一台设备或任何一段线路都是单故障点，但采用双环结构可以提供较好的冗余。

（5）网状拓扑结构的单故障点

网状结构是最健壮的，但出现在割点或割集上的单故障点仍然可以将网络隔离为几个部分。

2．冗余设计的目标

冗余设计的目标包括以下 4 个方面。

（1）链路冗余

在主干连接（核心层设备之间及其与汇聚层设备之间的连接）具备可靠的线路冗余方式。建议采用链路聚合的冗余方式，通常情况下两条连接均提供数据传输，带宽扩大一倍并互为备份。主线路切换到备份线路的时间应小于 50ms，以充分体现采用光纤技术的优越性。这种高速的网络自愈特性应保证不会引起 IP 路由的重新计算，不会引起业务的瞬间质量恶化，更不会引起业务的中断。

（2）模块冗余

主要设备（核心层设备和汇聚层的重要设备）的所有模块和环境部件应具备 $1+1$ 或 $1:N$ 热备份的功能，切换时间越小越好。所有模块具备热插拔的功能，系统具备 99.999% 以上的可用性。热备份指的是在启用备份模块和设备时，系统不需要中断工作或断电。

Catalyst 4500 系列交换机如图 4-1 所示，它具有较强的模块冗余性，其中冗余性能最好的是 Cisco Catalyst 4507R，它为 $1+1$ 冗余超级引擎提供一分钟以内的故障恢复时间。

Cisco Catalyst 4503　Cisco Catalyst 4507R　Cisco Catalyst 4506

图 4-1　Catalyst 4500 系列交换机

（3）设备冗余

设备冗余提供由两台或两台以上设备组成一个虚拟设备的能力。当其中一个设备因故障停止工作时，另一台设备自动接替其工作，并且不引起其他节点的路由表重新计算，从而提高网络的稳定性。切换时间越小越好，以保证大部分 IP 应用不会出现超时错误。

（4）路由冗余

网络的拓扑结构设计应提供足够的路由冗余功能，在上述冗余特性仍不能解决问题时，数据流应能寻找其他路径到达目的地址。在一个足够复杂的网络环境中，网络连接发生变化时，路由表的收敛时间应小于 30s。

4.1.2　分层设计下的冗余技术

1. 核心层冗余

核心层冗余规划要综合考虑下面 3 个目标：

① 减少跳数；

② 减少可用的路径数量；

③ 增加核心层可承受的故障数量。

常见的核心层冗余技术有完全网状结构和部分网状结构两种。

（1）完全网状结构

完全网状结构如图 4-2 所示。在完全网状结构中，每个核心层路由器都与其他核心层路由器直接连接，构成了一个完全连通的网状结构，提供了最大的冗余可能性。它的特点如下。

- 多个到任意目的地的可用路径。

A←→B，B←→C，C←→D，D←→A 都是直接连通的。

- 正常情况下，到任意目的地要 2 跳。

因为 D 和 C 之间有直连的线路，所以连接在 D 上的网络与连接在 C 上的网络之间转发数据只需要通过两个路由器即可。

- 最坏情况下，最大的跳数为 4。

当对角线线路出现故障，且剩余的环状结构中 D 与 C 直连的线路出现故障，则从 D→C 或从 C→D 转发数据时都是 4 跳。

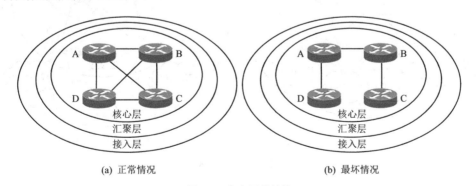

(a) 正常情况　　　　　　　　　　　　　　(b) 最坏情况

图 4-2　完全网状结构

完全网状核心层规划的优点是提供了最大的冗余度和最少的跳数；缺点是采用了完全网状结构的大型网络会产生过多的冗余路径，增加了核心层路由器选择最佳路径的计算量，加大了收敛的时间。

（2）部分网状结构

部分网状结构如图 4-3 所示，该方案是折衷了跳数、冗余和网络中的路径数量的好方案。

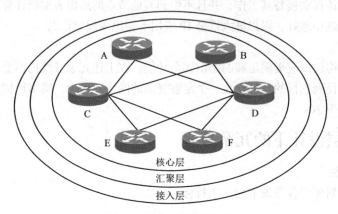

图 4-3　部分网状结构设计

正常情况下，该网络中数据传输不会超过 3 跳。当部分网状结构的网络扩大后，相应的跳数依旧比较小。部分网状结构的缺点是：某些路由协议不能很好地处理多点到多点的部分网状规划，因此在某些核心层里最好仍使用点到点的链接。

2. 汇聚层冗余

在汇聚层提供冗余的两种最普通的方法是"双归"和"到其他汇聚层设备的备份链接"。

（1）双归接入核心层

双归接入核心层如图 4-4（a）所示，汇聚层路由器 C/D 通过连接到两个核心层路由器接入核心层。

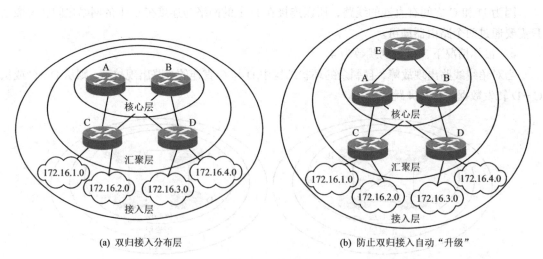

(a) 双归接入分布层　　　　　　　　　　(b) 防止双归接入自动"升级"

图 4-4　双归接入

双归接入的优点是：双归接入提供了非常好的冗余，每个汇聚层路由器到核心层都有两个链接，当一个路由器或一个链接丢失时，不会削弱路由器到任何目的地的可到达性。

双归接入的问题如下。

● 路由收敛速度慢，因为每个双归的汇聚层路由器可能增加一倍路径，因而降低了收敛速度。

● 双归路由器会自动"升级"。如果路由器 A 和 B 之间的链接断了，双归路由器 C/D 就会升级到核心层，传输路由器 A 和 B 之间的数据。防止这个问题的方法是在核心层配置一个路由器 E，如图 4-4（b）所示。

（2）到其他汇聚层设备的冗余链接

到其他汇聚层设备的冗余链接如图 4-5 所示，它是在汇聚层路由器之间安装链接来提供冗余。

该方法的优点是不会在核心层产生多余的路径，因此也不会导致核心层路由的收敛速度下降。

到其他汇聚层设备的冗余链接有以下缺点：

● 核心层路由表的大小增加了一倍，导致核心层转发数据包的速度下降；

● 路由器 C 和 D 都有可能"升级"到核心层；

● 冗余路径可能替代正常核心层路径；

● 汇聚层分支之间路由信息泄漏——分支里的路由器会通过冗余链接发布作为可到达目的地的另一分支中的目的地。

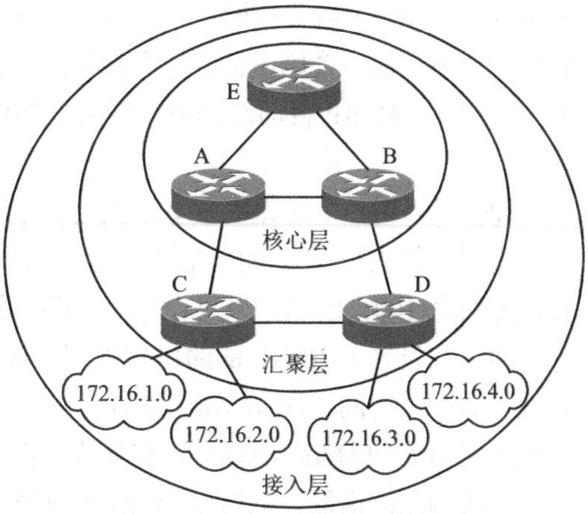

图 4-5　到其他汇聚层的冗余链接

3. 接入层冗余

接入层冗余设计也多采用双归接入方法，接入层的冗余设计并不是必需的，只有企业用户才需要。一种常用的做法是使用拨号路由备份，建立两条效率不等的广域网通信线路。接入层冗余设计并不是捆绑广域网链接，捆绑广域网链路的主要目的是提供更高的带宽。

4.1.3　拨号路由备份

1. 拨号路由备份方案简介

拨号路由备份如图 4-6 所示。

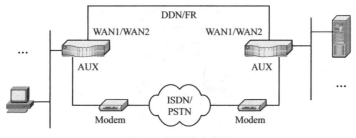

图 4-6　拨号路由备份

① 两个路由器均使用 WAN 端口接入广域网，接入链路使用带宽和性能稳定的帧中继或 DDN 专线，保证大部分的广域网业务的正常传输。

② 使用路由器 AUX 备份端口建立一条拨号线路，防止专线故障时业务中断。

③ 对路由器进行拨号备份的配置。

2. 拨号路由备份的优点

① 避免了租用两条专线的不必要投资，同时提供了一条廉价的冗余链路，保证了广域网线路的可靠性，适合中小型企业。

② 当主链路发生故障时，路由器自动启用拨号备份线路，通过 Modem 拨号实现连接。当主链路恢复正常后，路由器自动切断备份线路并启用主链路。

4.1.4　热备份路由协议

为了使主路由器与备份路由器之间能够协同工作，许多路由器生产商都提供了能够在主路由器发生故障时，自动切换到备份路由器的专用备份路由协议。热备份路由协议（Hot Standby Routing Protocol，HSRP）就是这样一个协议，它是由 Cisco 提供的。HSRP 还将两个或多个配置 HSRP 的路由器虚拟成一个路由器，这个虚拟路由器使用虚拟 IP 地址，对外提供路由服务。主路由器在发生故障时，HSRP 自动选择备份路由器提供路由服务，切换时间极短，不会引起 IP 路由的重新计算。

HSRP 利用一个优先级方案来决定哪个配置了 HSRP 的路由器成为默认的主路由器。如果一个路由器的优先级设置得比所有其他路由器的优先级高，则该路由器成为主路由器。路由器的缺省优先级是 100，所以如果只设置一个路由器的优先级高于 100，则该路由器将成为主路由器。

通过在设置了 HSRP 的路由器之间广播 HSRP 优先级，HSRP 选出当前的主路由器。当在预先设定的一段时间（Hold Time 缺省为 10s）内主路由器不能发送 Hello 消息，或者说 HSRP 检测不到主路由器的 Hello 消息时，将认为主路由器有故障，这时 HSRP 会选择优先级最高的备份路由器升级为主路由器，同时按 HSRP 优先级在配置了 HSRP 的路由器中再选择一台路由器作为新的备用路由器。

HSRP 工作模型图如图 4-7 所示。

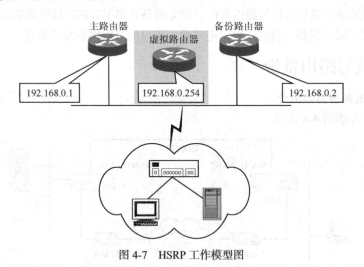

图 4-7　HSRP 工作模型图

所有参与 HSRP 的路由器共享一个虚的 IP 地址，网络中的工作站将缺省网关指向该虚地址，被选出的主路由器负责转发由工作站发到虚地址的数据包。Hello 消息是基于 UDP 的信息包，配置了 HSRP 的路由器将会周期性地广播 Hello 消息包，并利用 Hello 消息包来选择主路由器和备用路由器及判断路由器是否失效。

如图 4-7 所示，PC 将数据包发送到设置的虚拟路由器端口（配置 HSRP 路由器所共享的虚拟 IP 地址）192.168.0.254，虚拟路由器这个时候实际上是主路由器，如果主路由器正常，数据被发送到 192.168.0.1 接口始终由主路由器处理。如果主路由器发生故障，它就不会广播 Hello 报文，HSRP 一直在监听这个报文，一旦它在 Hold Time 内未收到 Hello 报文，就认为主路由器发生故障，将虚拟路由器接收到的数据包交给备份路由器，发生主备份路由器切换。但如果主路由器恢复正常后，它就会重新广播 Hello 报文，由于它发送的 Hello 报文具有最高优先级，所以 HSRP 仍然选择主路由器来完成路由工作，再次发生主备份路由器之间的切换。

配置了 HSRP 的路由器交换以下 3 种多点广播信息。

① Hello：Hello 消息通知其他路由器，发送路由器的 HSRP 优先级和状态信息，HSRP 路由器默认为每 3s 发送一个 Hello 消息。

② Coup：当一个备用路由器变为一个主路由器时发送一个 Coup 消息。

③ Resign：当主动路由器要宕机或者当有优先级更高的路由器发送 Hello 消息时，主路由器发送一个 Resign 消息。

在任一时刻，配置了 HSRP 的路由器处于以下 6 种状态。

① Initial：表示路由器的 HSRP 还未运行，一般在配置第一台 HSRP 路由器时会显示此状态。

② Learn：表示配置 HSRP 的路由器还未知道虚地址，并一直监听来自主路由器的消息包。

③ Listening：表示配置 HSRP 的路由器已知道虚地址，路由器还在监听 Hello 消息。

④ Speaking and listening：路由器正在发送和监听 Hello 消息。

⑤ Standby：处于备用状态，当主路由器失效时路由器可被选为主路由器，接管包转发功能。

⑥ Active：路由器执行包转发功能。

4.2　网络 QoS 设计

如果说路由设计负责业务的可达性，QoS 设计则主要负责业务的流量调节。当网络引入音频、视频等多媒体业务后，不同类型业务的带宽可控分配变得尤其重要，网络 QoS 设计能优化带宽利用率，降低时延和丢包率。本节讨论如何设计网络 QoS，包括 QoS 模型、QoS 工具、QoS 设计步骤、园区网和广域网 QoS 设计方法。

4.2.1　QoS 设计概述

网络 QoS 是指为网络通信量提供优化服务能力的技术或方法。无论采用何种技术手段，网络 QoS 设计最终要体现在对业务的带宽资源分配和发送优先顺序上。目前的网络设备还难以直接控制网络的丢包率、时延和抖动，但是能够精确地分配带宽并对业务报文进行排队处理。所以网络 QoS 设计的具体方法就是网络对不同业务在各个中间节点上的带宽资源分配和发送队列的设计，以实现业务价值的最大化。同时业务的质量保证还要考虑到链路的信道质量、物理拓扑、路由设计、可靠性设计、负载分担设计、安全性，以及业务终端自身对业务质量的提升技术，如视频编解码器的算法优化等因素，这些都会影响到网络业务的服务质量。衡量网络 QoS 高低通常有以下几个技术指标。

① 可用带宽：指网络的两个节点之间特定应用业务流的平均速率，主要衡量用户从网络取得业务数据的能力，所有的实时业务对带宽都有一定的要求，如对于视频业务，当可用带宽低于视频源的编码速率时，图像质量就无法保证。

② 时延：指数据包在网络的两个节点之间传输的平均往返时间，所有实时性业务都对时延有一定要求，如 VoIP 业务，一般要求网络时延小于 200ms，当网络时延大于 400ms 时，通话质量就会变得令人无法忍受。

③ 丢包率：指在网络传输过程中丢失报文的百分比，用来衡量网络正确转发用户数据的能力。不同业务对丢包的敏感性不同，在多媒体业务中，丢包是导致图像质量恶化的最根本原因，少量的丢包就可能使图像出现马赛克现象。

④ 时延抖动：指时延的变化，有些业务，如流媒体业务，可以通过适当的缓存来减少时延抖动对业务的影响；而有些业务则对时延抖动非常敏感，如语音业务，稍许的时延抖动就会导致语音质量迅速下降。

⑤ 误码率：指在网络传输过程中报文出现错误的百分比。误码率对一些加密类的数据业务影响尤其大。

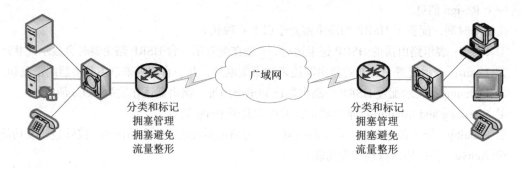

图 4-8　广域网 QoS 应用

只要涉及带宽分配和对业务服务质量有要求的地方，就会有网络 QoS 设计。基于这两点，QoS技术多应用于广域网和语音、视频等媒体业务系统，如图 4-8 所示。而对于带宽资源相对丰富的园区、数据中心等局域网络，以及非重要数据业务，其 QoS 设计需求相对较弱，或者比较简单。

4.2.2　QoS 设计工具

网络 QoS 设计常用的工具如下。

1. 分类与标记

分类与标记是 QoS 设计的基础，包括划分业务类型和标记不同类型的优先级。识别业务并实现 QoS 分类一般常利用扩展的访问列表，使用各种标记字段、端口（物理端口、逻辑端口和子端口）、源/目的 MAC 地址、源/目的 IP 地址、IP 层协议端口、应用层源/目的端口和 BGP 属性等来匹配分组。通常用于分类特征的例子是分组中的 IP 优先级、DSCP 值和第 2 层服务类（Class of Service，CoS）。

2. 业务队列

业务队列是拥塞避免和拥塞管理的实现手段。拥塞管理和拥塞避免的区别如下。

（1）拥塞管理

拥塞管理使用户在网络中管理给定点处数据包所发生的拥塞。拥塞管理首先在检测到拥塞的接口创建队列，然后根据诸如区分服务代码点值等分类特征，将不同类型的数据流分配到这些队列中，最后使用某种调度策略轮转发送各队列的数据包。决定分组调度是由系统预定义或用户自定义的调度策略确定的，但高优先级的队列中总会优先获得发送权。

（2）拥塞避免

拥塞避免（Congestion Avoidance）专门设计用于丢弃分组，以达到避免拥塞的目的。拥塞避免的概念是基于 TCP 操作的，通过 ACK（acknowledgement）消息和窗口机制来控制发送方速率，以防止发送缓冲区出现拥塞。拥塞避免的实现可以通过加权早期随机检测（Weighted Random Early Detection，WRED）来实现，通过监控队列深度和随机丢弃各种数据流的分组来防止队列完全装满。

常用的业务队列如下。

（1）先进先出队列

先进先出队列（First Input First Output，FIFO）是默认队列方式，无需配置，时延小。队列数只有 1 个。缺点包括所有的报文，无论紧急与否，语音还是数据，均进入一个"先进先出"的队列，发送报文所占用的带宽、延迟时间、丢失的概率均由报文到达队列的先后顺序决定。而且对无流控机制的数据流（如 UDP 流）无约束力，容易影响 TCP 报文的可用带宽，无法保证实时应用（如 VoIP）的延迟。

（2）优先级队列

优先级队列（Priority Queue，PQ）的数据存储在 4 个不同权值的队列中。其优点是可以保证时间敏感的实时应用（如 VoIP）的延迟，对优先业务的带宽分配可以绝对优先。其缺点是需要配置，处理速度慢，有可能会造成低优先级的报文得不到带宽。

（3）自定义队列

自定义队列（Customized Queue，CQ）的数据存储在 16 个不同权值的队列中。其优点是可对不同业务的报文按带宽比例分配带宽，且当某些类型的报文队列为空时，能自动增加现有类型报文的可用带宽。其缺点也是需配置，处理速度慢。

（4）加权平均队列

加权平均队列（Weighted Fair Queuing，WFQ）的队列数可根据需要配置。其优点是配置方便，可以保护 TCP 数据流的带宽，可以为不同优先级的流分配不同的带宽，且当流的数目减少时，能自动增加现存流可占的带宽。其缺点是处理速度比 FIFO 慢，但比 PQ、CQ 快。

3. 流量整形

流量整形的目的是控制分组从接口向外发送的速率。选择利用流量整形的原因主要有两个：其一是消除边界路由器两端数据速率不匹配的问题；其二是为了实现承诺的信息速率（Committed Information Rate，CIR）控制对带宽的访问。流量整形关键的优点是分组缓冲而不是分组丢弃，适用于处理丢失敏感的应用。然而这也是整形的一个潜在劣势，为整形通过缓冲来实现，缓冲会引入延迟。延迟敏感型数据流不应该被整形，除非可以忽略潜在的延时影响。流量整形可以通过令牌桶（Token Bucket）算法实现。

4.2.2　QoS 设计步骤

实现 QoS 设计的主要步骤如图 4-9 所示。

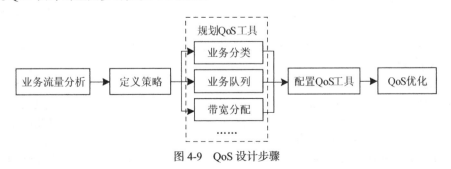

图 4-9　QoS 设计步骤

1. 业务流量分析

业务流量分析可以从两方面着手：一是行政划分（如地域和部门的划分）和相关路由、VPN、拓扑设计；二是重要业务，如视频会议、语音业务、生产业务、办公业务等。全面了解这些业务的客观需求及规划是做好 QoS 设计的前提。网络中的数据流通常属于四类业务（Network Control、Voice、Video、Data），其特征如表 4-1 所示。

表 4-1　　　　　　　　　　　　　　业务类型表

业 务 类 型	业 务 实 例	业 务 特 征
Network Control	路由协议	适用于网络维护与管理报文的可靠传输，要求低丢包率
Voice	VOIP	对时延、抖动非常敏感；带宽需求低；需要可预计的时延和丢包率
Video	视频电话、IPTV	对时延、抖动较敏感；带宽需求高；需要可预计的时延和丢包率
Data	大客户商业数据	适合重要数据业务，低丢包率、高优先级
	大客户普通数据	适合次重要数据业务，低丢包率、较高优先级
	普通客户普通数据	适合普通数据业务，低丢包率、尽力而为转发

2. 定义策略

QoS 策略是指满足 QoS 需求的一系列约束条件和关联的动作。定义策略包括指定数据流，使用组，适用策略到一个指定的类，以及被应用到策略的端口或 VLAN。

3. 规划 QoS 工具

选择易于满足 QoS 策略要求的 QoS 工具，并对具体应用参数进行详细规划。

（1）业务分类

根据实际业务需求和 QoS 模型定义业务类型和优先级别。可用的 QoS 模型包括 IntServ（综合业务）模型、DiffServ（区分业务）模型以及 MPLS + DiffServ 模型。

（2）业务队列

按不同业务策略确定所用的业务队列类型。

（3）带宽分配

针对不同的用户或业务设定 CIR 标准，使用流量整型工具限速或按策略分配带宽。

4. 配置 QoS 工具

在路由器或交换机等设备上配置 QoS 工具。例如，配置一个 Cisco 3560 交换机的限速策略如下。

（1）启用 QoS 配置

```
S1(config)#mls qos                                      ;在交换机上启动 QoS
```

（2）定义传输类型，通过访问控制列表实现

```
S1(config)#access-list 1 permit 192.168.1.0 0.0.0.255   ;定义访问列表 1,控
```
制 vlan1 上行流量
```
S1(config)#access-list 101 permit any 192.168.1.0 0.0.0.255  ;定义访问列表 101,
```
控制 vlan1 下行流量

（3）创建类映射

```
S1(config)# class-map group1-up                         ;定义 vlan1 上行的类
S1(config-cmap)# match access-group 1                   ;绑定访问列表 1
S1(config)# class-map group1-down                       ;定义 vlan1 下行的类
S1(config-cmap)# match access-group 101                 ;绑定访问列表 101
```

（4）创建策略映射

```
S1(config)# policy-map group1-up                        ;定义策略
S1(config-pmap)# class group1-up                        ;把前面定义的类绑定到该策略
S1(config-pmap-c)# trust dscp                           ;启用 dscp 码点标记方式
S1(config-pmap-c)# police 1000000 1000000 exceed-action drop
                                                        ;定义 vlan1 上行的速率为 1M,超过的丢弃
S1(config)# policy-map group-down
S1(config-pmap)# class group1-down
S1(config-pmap-c)# trust dscp
S1(config-pmap-c)# police 4000000 4000000 exceed-action drop
                                                        ;定义 vlan1 下行的速率为 4M,超过的丢弃
```

（5）将策略映射应用于接口

```
S1(config)# interface f0/1
S1(config-if)# service-policy input group1-up           ;在接口上运用上行策略
S1(config)# interface g0/1
S1(config-if)# service-policy input group-down          ;在接口上运用下行策略
```

5．QoS 优化

QoS 的部署是一个循序渐进的过程，日后的维护和策略更新是一个必不可少的过程。

4.2.3　园区网 QoS 设计

普通局域网中如果只有数据业务，则 QoS 设计的需求并不明显。但如果局域网中引入多媒体业务，则也需要在部分场景中使用 QoS 设计，如在核心交换机上实施 QoS 策略。

局域网中的 IP QoS 主要是对第二层的以太网帧头加入了优先级字段，以区分不同的优先级。严格地讲，在局域网中只能简单地区分业务的优先级，并不能像 ATM QoS 那样有精确的定义和详细的参数指标来衡量。

Catalyst 2950 和 3550 系列交换机都支持大量的 QoS 特性，同时 Catalyst 4000 系列交换机和 Catalyst 6500 系列交换机支持更多的 QoS 特性，能够为园区网的 VoIP、视频会议、视频点播等业务提供良好的支持。

4.2.4　基于 QoS 的 WLAN 设计

IEEE 802.11e 协议为 WLAN 提供了一种增强型分布式信道访问（Enhanced Distributed Channel Access，EDCA）机制，使用业务分级的方式实现音视频数据的优先发送，从而提高多媒体数据流的 QoS。EDCA 机制是对原 802.11 标准中分布式协调功能 DCF 的扩展，也是基于竞争的方式来访问信道。它提供了有差别的服务，能够有效保证高优先级业务的 QoS。根据不同的服务质量要求，EDCA 支持 4 种不同的接入类别（Access Category，AC），每个 AC 都是分布式协调功能（DCF）增强的变体。DCF 的帧间间隔（DIFS）在增强 DCF（EDCF）中称为仲裁间隔时间（AIFS，AIFS ≥DIFS），其他竞争参数 Cwmin、CWmax 也有不同的取值。低参数值的 AC 比高参数值的 AC 将经历更少的平均等待时间和退避时间，因此具有相对较高的媒体接入优先级。将不同的业务类别映射到相应的 AC，可以满足不同业务对信道资源的需求。目前工业标准中使用较多的一组 AC 队列参数如表 4-2 所示。其中语音、视频业务的优先级较高，通过把它们映射到高的接入类别，保护它们优先竞争信道，从而得到较好的数据传输质量。每一个 AC 都具有一个独立的发送队列，这样在每一个支持 QOS 的无线站点（QSTA）内就同时有四个发送队列，不同优先级的业务数据分别映射到这四个 AC 中排队发送，每一个 AC 队列都能以特定 EDCA 参数独立地进行信道接入。

表4-2   接入类别及对应的参数表

AC	AIFS	CWmin	CWmax	TXOPLimit
3（voice）	2	7	15	0.003 008
2（video）	2	15	31	0.006 016
1（best effort）	3	31	1	0
0（background）	7	31	1	0

4.2.5　广域网 QoS 设计

广域网通常有丰富的 QoS 需求，设计思路体现在以下几个方面。

1. 业务类型与标记

广域网中的业务类型可以根据行政区域划分，这样划分的业务流没有优先级的区别，只是与各行政区域的特殊要求有关。也可以根据业务内容划分业务类型。近年来广域网中语音、视频等多媒体业务的发展非常迅速，同时语音、视频等业务的 QoS 需求很高，所以对于语音、视频等多媒体业务的识别是目前广域网 QoS 部署的重点。多媒体业务的识别方式一般根据端口范围或多媒体子网的 IP 地址来确定，更智能的方法是根据压缩码流中的帧类型特征标记业务数据，以保证关键帧数据不丢失。

原则上，QoS 设计要求在最接近源端的设备上识别数据流，并根据统一的业务模型进行标记，后续各节点信任数据流的标记并根据标记应用 QoS 策略，实现低延迟的 QoS 应用；但更多地会以就近（即离网络拥塞接口前最近的设备或端口）和业务区分能力准确性两原则确定在哪里进行首次业务分类和标记，这样就避免了在一些设备上执行不必要的分类和标记操作，同时保证了对拥塞接口的流量分类的完整性。也有时候会考虑核心设备的业务分类带来的性能压力，而把业务分类放在前面一跳的设备上进行。

2. 基于队列带宽需求分配带宽

（1）为优先转发队列分配不超过 1/3 的总带宽

语音、视频等采用的高优先级队列保证其优先转发的同时，增加了数据业务的排队时延，甚至丢包。因此，有限转发队列所占带宽比例越大，则数据业务被冲击的概率就越大。

（2）为缺省转发队列分配不少于 1/4 的总代宽

缺省转发队列为优先级标记为 0 的 Best-effort 业务和优先级队列超出设定带宽的额外流量转发使用，为缺省队列预留充足的转发带宽，能够为其他业务和高优先级流量突发提供很好的保障。

（3）为多媒体业务准备足够的突发带宽

由于视频业务的码流格式，关键帧导致的流量远大于其他参考帧，但关键帧对视频质量的影响也远大于其他参考帧，丢失关键帧数据会导致视频质量严重下降。当关键帧流量较大时，可产生达到视频平均码率(一般视频节目的码率都是指编码后的平均码率)10 倍以上的瞬时突发流量，因此在为视频业务队列进行 QoS 设计时，需要考虑申请到的承诺突发带宽能满足视频突发流量的需求，防止关键帧数据丢失。

3. 设计符合性能要求的队列

实际应用中，业务划分并不一定遵循标准文件定义，而是会根据实际业务构成、端口速率和业务保证的精细度需要，将这些业务流引入比业务分类更少的队列做调度。常见的业务队列构成有 4 类（1 个优先级队列、2 个带宽保证队列、1 个尽力转发队列）、6 类和 8 类队列模型。考虑业务流量总体控制的复杂性，还可以进行分层的 QoS 队列调度机制，综合权衡队列数量与业务转发效率的优化关系。

① 4 类队列模型较为简单，主要应用在广域网低速链路或是企业网接入层；

② 6 类队列模型较为复杂，主要应用于广域网中高速链路或是企业网汇聚层/核心层；

③ 8 类队列模型最全面，主要应用于广域网高速链路或是企业网核心层。

在大型广域网的 QoS 部署中，一般建议至少采用 4 类队列模型，以保证语音视频类优先级业务、路由管理类协议、重要数据业务和尽力转发业务的整体 QoS 效果。

4. 使用 QoS 管理机制

完成 QoS 设计工作后，可以使用智能的 QoS 管理平台辅助完成 QoS 部署和监控 QoS 运行。QoS 管理平台能提供的功能包括业务分类向导、QoS 策略部署向导、设备接口各类业务流量性能监控以及指定端到端的业务 SLA 质量监控。以 H3C iMC 智能管理中心为例，在 iMC QoS Manager 完成了队列策略部署后，可以通过其自带的 SLA 功能对服务质量进行监测，甚至可以选择 iMC NTΛ 网络流量分析组件对不同 QoS 队列的流量进行监测，生成 SLA 质量报表，提供 QoS 策略优化参考。

4.3　数据备份与灾难恢复

在网络运行和维护过程中，经常会有一些难以预料的因素导致数据的丢失，如自然灾害、硬件毁损和操作失误等，而且所丢失的数据通常又对企业业务有着举足轻重的作用。所以必须联系数据的特性对数据及时备份，以便于在灾难发生后能迅速恢复数据。

4.3.1　备份域控制器

备份域控制器（BDC）是 Windows Server 网络中的一个概念，与之相对的概念是主域控制器（PDC）。Windows Server 架构的局域网使用 PDC 来管理网络域（Domain）中的网络单元，包括主机、用户/用户组和用户权限等。PDC 将管理单元的信息存储在域目录数据库中，一个保存在服务器上的数据库文件。BDC 每隔一段时间自动从 PDC 上获取最新的域目录数据库，更新自己的域目录数据库文件，从而形成备份。

由于 PDC 是整个网络的控制中心，一旦因为某种原因导致域目录数据库不能正常工作，网络将会出现可怕的后果，所有的用户都无法获得正确的身份以登录到网络，使用网络中的资源。而且，任何恢复和重建 PDC 的工作都是很困难的，工作量巨大。但有了 BDC 后，这个问题得到解决。一旦 PDC 出现故障，BDC 将会自动升级为 PDC，接管原 PDC 的工作，网络丝毫不受影响。一旦原 PDC 恢复正常工作，又可以重新降级为 BDC。

PDC 与 BDC 热备份切换示意图如图 4-10 所示。

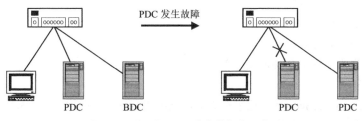

图 4-10　PDC 与 BDC 热备份切换示意图

4.3.2　数据库备份

自从 C/S 模式进入网络应用开始，各种类型的数据库成为网络的核心，管理几乎所有的业务数据，如超市的交易记录、银行的交易记录和网上书店的销售记录等。数据库中需要备份的内容包括数据库的结构、数据和日志文件。其中最重要的是数据，数据的丢失可能导致任何规模的公司破产。选择合适的策略可以对这些数据进行备份，以应对未来的灾难恢复，将损失降低到最小程度。

各种数据库都有一定的备份能力，其中 IBM 公司的网络数据库 DB2（见图 4-11）的备份能力如下：

① 基于数据库的备份；

② 基于表空间的备份；

③ 脱机备份方式，指没有服务连接时实施备份工作；

④ 联机备份方式，指正在进行服务时实施备份工作；

⑤ 保存恢复历史文件。

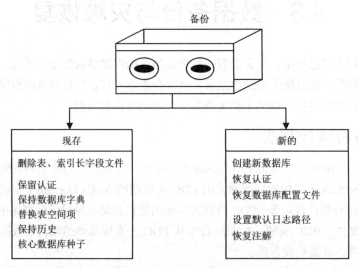

图 4-11　在 DB2 系统中，将备份映像恢复到数据库上

恢复历史文件（Recovery History File）包含有关数据库的历史信息。该文件被维护在数据库级上并驻留在数据库配置文件相同的目录上。恢复历史文件提供了备份信息的总结，在必须恢复数据库或表空间时，这些信息十分宝贵。备份信息包括：

● 由备份、装入或复制操作复制的数据库部分；

● 什么时间数据库被复制；

● 备份所在位置；

● 上一次恢复的时间。

DB2 数据库提供了如下 3 种恢复类型。

（1）崩溃恢复

崩溃恢复（Crash Recovery）是用来在失败后立即进行恢复，把数据库恢复到一个事务一致状态，此状态的所有更改只有在执行提交事务后才生效。崩溃恢复使用 RESTART 命令执行。

（2）备份恢复

备份恢复（Restore Recovery）可从上一次所做的备份中恢复数据库的内容。备份恢复使用RESTORE 命令执行。

（3）向前恢复

在一个数据库从备份中恢复了以后，向前恢复（Forward Recovery）可以重新执行那些在备份后才更改数据库的操作。在这种情况下，数据库可以恢复到备份和当前时间之间的任何时间段。向前恢复使用 ROLLFORWORD 命令执行。

4.3.3　网络日志备份

网络日志是网络上用来记录连接信息的特定格式的数据文件，通常包括建立连接的源地址、端口号和连接时间等信息。这些信息通常用来统计网络的使用情况，其中也可以发现非法用户（Hacker）的行踪，因此网络管理员要经常将这些文件进行备份。备份这些文件的工作很容易，只需要使用系统提供的工具定期转存就可以了。

4.4　备　份　策　略

光有了备份的意识还不够，还要认真执行备份的工作，而备份工作通常包括确定备份类型、选择备份介质、制订备份策略等。

4.4.1　备份类型

常用的备份操作类型有 3 种，即完全备份（Full Backup）、增量备份（Incremental Backup）和差异备份（Differential Backup），可以只用其中的一种，也可以结合起来使用。不过，Windows Server操作系统除定义了上述 3 种类型外，还定义了副本备份、每日备份 2 种类型。

1.　完全备份

完全备份是用一盘磁带将系统中的所有数据全部进行备份。其优点是数据备份完整，当发生数据丢失的灾难时，只要用一盘磁带（即灾难发生前一天的备份磁带），就可以恢复丢失的数据。其缺点是备份时间长，对于备份窗口时间有限的单位来说，选择这种备份策略是不明智的。而且，由于备份量大，重复的数据占用了大量的磁带空间。

2.　增量备份

增量备份只备份上次备份后系统中变化过的数据。其优点是由于不备份重复的数据，节省了磁带空间，又缩短了备份时间。其缺点是当系统发生灾难时，由于恢复时需要发生灾难前的一次完全备份和此后的每一次增量备份，所以系统恢复时间较长。例如，如果星期三系统发生故障，而星期一进行过一次完全备份，星期二进行过一次增量备份，则恢复系统时，不仅需要星期一的完全备份，而且需要星期二的增量备份内容。增量备份时，每一次备份的磁带出错，则都有可能造成灾难恢复工作失败。

3.　差异备份

差异备份只备份相对于上一次完全备份之后新增加的和修改过的数据。其特点是由于无需每天都进行系统完全备份，因此备份数据量适中。而且，灾难恢复也很方便，恢复系统时间短。系统管理员只需两盘磁带，即系统全备份的磁带与发生灾难前一天的备份磁带，就可以将系统完全恢复。

上述 3 种备份类型可以根据实际需要组合使用。例如，所有的重要数据都是有必要进行一次完全备份的，然后可以根据需要选择增量备份和差异备份，如日志文件每天都在增加新的记录，只需要备份增加的新记录即可。网络配置文件修改过后，应该进行一次差异备份，将修改过的记录备份下来。数据库既有增加的数据记录，又有修改的数据，备份方式更复杂。

4.4.2 备份设备

影响备份设备选择的因素主要有以下两个。

① 速度：如果设备速度太慢，那么当系统需要运行其他任务时，全部的备份工作可能还没有完成。这样的话，就可能会跳过已经被打开的文件，并将错误版本的文件存放到磁盘上。当恢复数据时，磁盘上打开的文件将是被损坏的文件，甚至会导致无法恢复数据。工作站的空闲时间也就是备份时可以使用的时间，被称为备份"窗口"，备份操作员必须保证备份工作所用的时间少于备份窗口。

② 容量：如果备份设备的容量太小，则可能会在备份过程中不得不更换备份磁盘。因为许多备份是在晚间进行的，这样做将非常不方便，而且也失去了效率。

除了上述两个原因之外，选择一个备份设备时，还要考虑所使用的系统。如果备份的系统是实时系统，应该尽可能选择恢复数据速度尽可能快和效率尽可能高的备份设备。

下面将几种常用备份介质进行一下比较。

1. 磁带

磁带存储技术是一种安全的、可靠的、易使用和相对投资较小的备份方式，在绝大多数系统下都可以使用，也允许用户在无人干涉的情况下进行备份与管理。磁带备份的容量要设计得与系统容量相匹配，自动加载磁带机设备对于扩大容量和实现磁带转换是非常有效的。磁带备份包括硬件介质和软件管理，目前它是用电子方法存储大容量数据最经济的方法。磁带系统提供了广泛的备份方案，并且它允许备份系统按用户数据的增长而随时扩容。因此，它是备份大量后台非实时处理数据的最佳备份方案。

现在最流行的磁带备份技术有以下 3 种。

（1）DAT 技术

DAT（Digital Audio Tape）技术又可以称为数字音频磁带技术，最初是由惠普公司（HP）与索尼公司（SONY）共同开发出来的。这种技术以螺旋扫描记录（Helical Scan Recording）为基础，将数据转换为数字后再存储起来。早期的 DAT 技术主要应用于声音的记录，后来随着这种技术的不断完善，它又被应用在数据存储领域中。DAT 技术主要应用于用户系统或局域网，并提供非常合理的价位和质量的数据保护。

在信息存储领域里，DAT 一直是被极为广泛应用的技术，有很高的性能价格比。以 HP 公司的 DAT 技术为例：第一，在性能方面这种技术生产出的磁带机平均无故障工作时间长达 200000h（新产品已达到 300000h），在可靠性方面，它所具有的即写即读功能可在数据被写入之后马上进行检测，这不仅确保了数据的可靠性，而且还节省了大量时间；第二，这种技术的磁带机种类繁多，能够满足绝大部分网络系统备份的需要；第三，这种技术所具有的硬件数据压缩功能可大大加快备份速度，而且压缩后的数据安全性更高；第四，由于这种技术在全世界都被广泛应用，所以在全世界都可以得到这种技术产品的持续供货和良好的售后服务；第五，DAT 技术产品的价格格外吸引人，这种价格上的优势不仅在磁带机上，在磁带上也得到充分体现。

（2）DLT 技术

DLT（Digital Linear Tape）技术又可称为数码线型磁带技术，最早于 1985 年由 DEC 公司开发，主要应用于 VAX 系统。尽管这种技术性能出众，但是由于价格昂贵，在 1993 年时销售量降到最低点。但后来随着高档服务器的容量超过了其他磁带机技术所能提供的容量（例如 8mm），DLT 又重新得到广泛应用。

DLT 技术采用单轴 1/2 英寸磁带仓，以纵向曲线性记录法为基础。DLT 产品定位于中、高级的服务器市场和磁带库应用系统。目前 DLT 驱动器的容量从 10GB 到 35GB 不等，数据传送速率相应由 1.25Mbit/s 提高到 5Mbit/s。如果 DLT 磁带能够维持每小时 18Gbit/s 的数据传输速率，则一个 4.3GB 的硬盘，备份只需 14min。

（3）LTO 技术

LTO（Linear Tape Open）即线性磁带开放协议，是由 HP、IBM、Seagate 这三家厂商在 1997 年 11 月联合制订的，其结合了线性多通道、双向磁带格式的优点，提供服务系统、硬件数据压缩、优化的磁道面和高效率的纠错技术，以提高磁带的能力和性能。

目前 LTO 具有两种存储格式：高速开放磁带格式（Ultrium）和快速访问开放磁带格式（Accelis）。制订两种格式是因为并不是所有的用户都要求相同的特性和功能性。一些应用程序强调重点在"读"，要求快速的数据访问速度；而另一些应用程序则重点在"写"，要求最高的磁带存储能力。这两种格式都使用同样的头、介质磁道面、通道和服务技术，并共享许多普通的代码部分。由于目前存储用户更偏重于对存储容量的需求，所以两种格式相比较而言，Ultrium 的市场前景更为广阔。

2. 硬盘

硬盘主要包括两种存储技术，即内部的磁盘机制（硬盘）和外部系统（磁盘阵列等）。在速度方面硬盘无疑是存取速度最快的，它是备份实时存储和快速读取数据最理想的介质。但是，与其他存储技术相比，硬盘存储所需费用是极其昂贵的。在大量数据备份方面，备份只是作为后备数据的保存，并不需要实时的数据存储，不能只考虑存取的速度而不考虑投入的成本。所以，硬盘存储更适合容量小但备份数据需读取的系统。因此，硬盘作为备份的介质并不是大容量数据备份的最佳选择。

目前主流的硬盘接口有 IDE 接口、SCSI 接口和 SATA 接口 3 种。SCSI 接口的硬盘支持热插拔，且速度较快。Serial ATA 是新一代以串行方式实现数据传输的接口标准，使用 4 根线实现数据传输：第 1 根发数据，第 2 根接收数据，第 3 根供电，第 4 根为地线，可提供高达 150Mbit/s 的高传输速率。

3. 光学介质

光学介质主要包括 CD-ROM、WROM、DVD 等。光学存储设备具有可持久地存储和便于携带数据等特点。与硬盘备份相比较，光盘提供了比较经济的存储解决方案，但是它们的访问时间比硬盘要长 2～6 倍，并且容量相对较小，尽管 DVD 技术提高了光盘的存储容量，但硬盘存储容量提高得更快。备份大容量数据时，所需光盘数量极大，虽保存的持久性较长，但整体可靠性相对要低。所以，光学介质的存储更适用于数据的永久性归档和小容量数据的备份。

4.4.3　备份软件

一个好的备份软件也是提高备份性能的重要因素。通常备份软件分为静态备份和动态备份两类。静态备份能够方便地选择备份内容，但不能定时自动备份，如果实现自动备份，还要自己编写脚本文件或使用操作系统的计划任务之类的功能。动态备份软件能够实现选择备份时间、自动后台作业和定时完成操作等功能。

备份软件有系统自带的备份软件，也有第三方提供的软件。在 Solaris 操作系统中，提供了 ufsdump 和 ufsrestore 软件（命令）。ufsdump 用于备份文件系统，可以完全备份（Fulldump）也可以渐进备份（Incrementaldump，增量备份）。ufsrestore 用于恢复使用 ufsdump 命令备份的文件系统。Windows 中的 backup 工具为用户提供了一个基本的备份还原解决方案，它可以有效地帮助用户备份，还原操作系统或服务器上的文件和文件夹。还有一些好用的第三方备份软件，如 Ghost、Acronis True Image 等，可以完整地复制或备份一个硬盘，还能够生成硬盘映像文件。另外，一些厂家生产的专用备份软件，如美国 CA 公司的 ARCServer，是一个跨平台的网络数据备份软件，能实现 NetWare、Windows Server、UNIX、OS/2 等多种平台的跨平台网络备份，并支持各种数据库，如 MS SQL Server、Sybase、Oracle、Informix 等的备份和恢复。总之，备份软件的质量保证程度，备份软件的可扩充性，备份软件对系统性能的影响，备份软件的运行费用以及备份软件的技术支持和服务都是选择备份软件需要考虑的因素。

4.4.4　备份计划

备份计划的拟定要根据对数据的安全等级要求而定，拟定的备份计划将决定备份成本的大小。在重要的场合，备份成本会更高。表 4-1 所示为一个备份计划表，要求每周五当班人员应对数据做完全备份，平时做差异备份，每星期循环一次，并异地存放备份介质，确保系统一旦发生故障，能够快速恢复，备份数据不得更改。

表 4-3　　　　　　　　　　　　　备份计划表

星　期	日　期	备　份　类　型	使用的磁带
最初备份		完全备份	磁带 1
第一周	星期 1	差异备份	磁带 1
	星期 2	差异备份	磁带 2
	星期 3	差异备份	磁带 3
	星期 4	差异备份	磁带 4
	星期 5	完全备份	磁带 2
第二周	星期 1	差异备份	磁带 1（覆盖）
	星期 2	差异备份	磁带 2（覆盖）
	星期 3	差异备份	磁带 3（覆盖）
	星期 4	差异备份	磁带 4（覆盖）
	星期 5	完全备份	磁带 3

另外，业务数据（如报表、原始凭证）必须定期、完整、真实、准确地转储到不可更改的介质上，并要求集中和异地保存，保存期限至少 5 年。而且，备份的数据必须指定专人负责保管，由管理人员按规定的方法同数据保管员进行数据的交接。交接后的备份数据应在指定的数据保管室或指定的场所保管。备份数据资料保管地点应有防火、防热、防潮、防尘、防磁和防盗设施。

4.5　服务器集群与负载均衡技术

服务器集群技术和负载均衡技术是能在实际应用中大大提高备份系统性能的网络技术，这两种技术的应用非常流行。

4.5.1　集群技术

通俗地说，集群是这样一种技术：它至少将两个系统连接到一起，使两台服务器能够像一台机器那样工作或者看起来好像一台机器。采用集群系统通常是为了提高系统的稳定性和网络中心的数据处理能力及服务能力。自 20 世纪 80 年代初以来，各种形式的集群技术纷纷涌现。因为集群能够提供高可靠性和可伸缩性，所以，它迅速成为企业和 ISP 计算的支柱。集群技术示意图如图 4-12 所示。

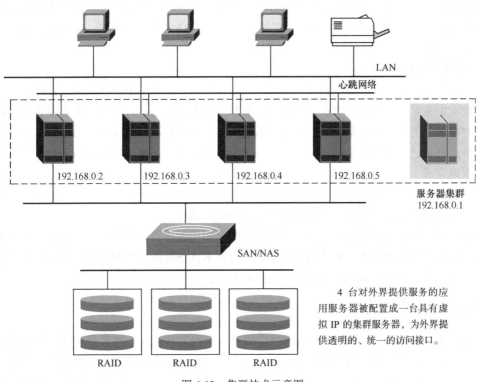

图 4-12　集群技术示意图

常见的集群技术包括以下 3 种。

1. 服务器镜像技术

服务器镜像技术是将建立在同一个局域网之上的两台服务器通过软件或其他特殊的网络设备（如镜像卡）将两台服务器的硬盘做镜像。其中，一台服务器被指定为主服务器，另一台为从服务器。客户只能对主服务器上的镜像的卷进行读写，即只有主服务器通过网络向用户提供服务，从服务器上相应的卷被锁定以防止对数据的存取。主/从服务器分别通过心跳监测线路互相监测对方的运行状态，当主服务器因故障宕机时，从服务器将在很短的时间内接管主服务器的应用。

服务器镜像技术的特点是成本较低，提高了系统的可用性，保证了在一台服务器宕机的情况下系统仍然可用，但是这种技术仅限于少数几台服务器的集群，系统可扩展性较差。

2. 应用程序错误接管集群技术

错误接管集群技术是将建立在同一个网络里的两台或多台服务器通过集群技术连接起来，集群节点中的每台服务器各自运行不同的应用，具有自己的广播地址，对前端用户提供服务，同时每台服务器又能监测其他服务器的运行状态，为指定服务器提供热备份作用。当某一节点因故障宕机时，集群系统中指定的服务器会在很短的时间内接管故障机的数据和应用继续为前端用户提供服务。

错误接管集群技术通常需要共享外部存储设备——磁盘阵列柜。两台或多台服务器通过 SCSI 电缆或光纤与磁盘阵列柜相连，数据都存放在磁盘阵列柜上。错误接管集群系统中通常是两个节点互为备份的，而不是几台服务器同时为一台服务器备份，集群系统中的节点通过串口、共享磁盘分区或内部网络来互相监测对方的运行。

错误接管集群技术经常用在数据库服务器、MAIL 服务器等的集群中。这种集群技术由于采用共享存储设备，所以增加了外设费用。它最多可以实现 32 台机器的集群，极大地提高了系统的可用性及可扩展性。

3. 容错集群技术

容错集群技术的一个典型的应用即容错机。在容错机中，每一个部件都具有冗余设计。在容错集群技术中集群系统的每个节点都与其他节点紧密地联系在一起，它们经常需要共享内存、硬盘、CPU 和 I/O 等重要的子系统，容错集群系统中各个节点被共同映像成为一个独立的系统，并且所有节点都是这个映像系统的一部分。在容错集群系统中，各种应用在不同节点之间的切换可以很平滑地完成，不需切换时间。

容错集群技术的实现往往需要特殊的软硬件设计，因此成本很高，但是容错系统最大限度地提高了系统的可用性，是财政、金融和安全部门的最佳选择。

目前在提高系统的可用性方面用得比较广泛的是应用程序错误接管技术，即通常所采用的双机通过 SCSI 电缆共享磁盘阵列的集群技术，这种技术目前被各家集群软件厂商和操作系统软件厂商进一步扩充，形成了市面上形形色色的集群系统。

4.5.2 负载均衡

负载均衡（Load Balance）指的是网络中的若干个同类型设备之间负载较低的设备主动承担过载设备的负荷，以提高网络处理能力的方法。负载均衡建立在现有网络结构之上，提供了一种廉价有效的方法扩展网络设备和服务器的带宽，增加吞吐量，加强了网络数据处理能力，提高了网络的灵活性和可用性。

负载均衡是一种和冗余设计联系在一起的流行技术，简单的设备冗余或链路冗余并不能很灵活地提高网络的带宽和吞吐量。例如，服务器冗余技术可以为主服务器提供一个冗余服务器，以便主服务器在出现故障时，冗余服务器能够接管主服务器的工作，使得网络服务不被中断。主服务器如果不出现故障，冗余服务器相当于处于闲置状态，网络中仍然只有一台服务器工作，服务能力没有提高。但负载均衡技术允许冗余服务器在主服务器正常工作时也承担网络中的服务，自动分流主服务器的业务，将网络服务能力提高了一倍。

实际应用中的负载均衡策略主要有以下几种。

1. 轮询算法（Round Robin）

每一次来自网络的请求轮流分配给内部中的每台服务器，从 1 至 N 然后重新开始。这种均衡算法适合于服务器组中的所有服务器都有相同的软硬件配置并且平均服务请求相对均衡的情况。

2. 比率算法（Ratio）

按照管理员事先分配好的比例进行负载分配。

3. 响应速度算法（Response Time）

负载均衡设备对内部各服务器发出一个探测请求（如 Ping），然后根据内部中各服务器对探测请求的最快响应时间来决定哪一台服务器来响应客户端的服务请求。这种均衡算法能较好地反映服务器的当前运行状态，但最快响应时间仅仅指的是负载均衡设备与服务器间的最快响应时间，而不是客户端与服务器间的最快响应时间。

4. 最少连接算法（Least Connection）

客户端的每一次请求服务在服务器停留的时间都可能会有较大的差异。随着工作时间的加长，如果采用简单的轮循或随机均衡算法，每一台服务器上的连接进程可能会产生极大的不同，这样的结果并不会达到真正的负载均衡。最少连接数均衡算法对内部中有负载的每一台服务器都有一个数据记录，记录的内容是当前该服务器正在处理的连接数量，当有新的服务连接请求时，将把当前请求分配给连接数最少的服务器，使均衡更加符合实际情况，负载更加均衡。这种均衡算法适合长时间处理的请求服务，如 FTP。

服务器集群技术往往和负载均衡技术结合在一起，如图 4-13 所示。在服务器集群技术中采用负载均衡至少有以下几个优势。

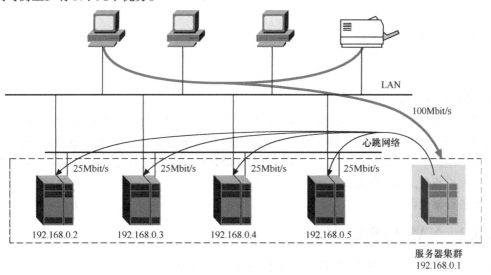

来自于客户端的 100Mbit/s 的服务请求被虚拟服务器均衡放置到 4 台应用服务器处理

图 4-13　在服务器集群技术中采用负载均衡

① 对于每种服务请求，服务器集群根据设定的负载算法和当前网络的实际的动态的负载情况决定该请求被重定向到哪一个服务器。而这一切对于用户来说是完全透明的，用户不用关心具体是哪台服务器完成的。用户的请求将会在最短的时间内得到响应。

② 对于整个服务器系统，资源得到充分的利用和冗余。网络中不存在哪台服务器过载导致性能降低和哪台服务器空载导致资源浪费的问题，整个网络的服务能力由 3 台服务器同时工作的最

大吞吐量来衡量，甚至更大。

③ 保护了既有设备，提升了网络性能。负载均衡的两台服务器即使性能相差很大，例如 2 台是原有低配置服务器，1 台是新添置的性能较高的服务器，3 台服务器仍然可以在负载均衡技术的管理下协同工作，提高整体性能级别，不会相互牵制。

负载均衡策略还广泛应用在链路聚合和核心层交换设备上。链路聚合对于扩展局域网干线链路的带宽有重要意义，使用负载均衡策略的链路聚合技术更灵活，可用性更高。核心层交换设备中也经常采用负载均衡技术平衡网络流量，降低时延，提高网络吞吐量。

4.6 SAN 与 NAS

4.6.1 NAS 与 SAN 概述

1. 网络附加存储

网络附加存储（Network Attached Storage，NAS）方式是将存储设备连接到基于 IP 的网络中。在这种存储系统中，应用和数据存储部分不在同一服务器上，即有专用的应用服务器和专用的数据服务器。其中专用数据服务器不再承担应用服务。数据服务器通过局域网的接口与应用服务器连接，应用服务器将数据服务器视做网络文件系统，通过标准局域网进行访问。由于采用局域网上的通用数据传输协议，所以 NAS 能够在异构的服务器之间共享数据，如 Windows Server 和 UNIX 混合系统。

NAS 系统的关键是文件服务器，一个经过优化的专用文件服务和存储服务的服务器是文件系统所在地和 NAS 设备的控制中心，该服务器一般可以支持多个 I/O 节点和网络接口，每个 I/O 节点都有自己的存储设备。

2. 存储区域网络

存储区域网络（Storage Area Network，SAN）是一种以光纤通道（Fiber Channel，FC）实现服务器和存储设备之间通信的专用存储网络结构。SAN 的核心是 FC，其中的服务器和存储系统各自独立，地位平等，通过高带宽（传输速率为 800Mbit/s，全双工时可达 1.6Gbit/s）FC 集线器或 FC 交换机相连，可避免大流量数据传输时发生阻塞和冲突。各应用工作站通过局域网访问服务器，在各存储设备之间交换数据时可以不通过服务器，这样就大大减轻了服务器承受的压力。

4.6.2 NAS 与 SAN 比较

NAS 和 SAN 有许多共同的特点，主要体现在以下几个方面。

① 都可满足大容量存储需求的不断增长，两者都用于扩展存储容量和性能，具有较好的可扩展性；

② 二者都有利于节省用户投资，降低存储成本；

③ 不同的用户都可以通过多种操作系统得到所要的数据；

④ 由于存储数据不再依赖于某个具体的多功能服务器，具有较高的数据可用性；

⑤ 通过提供对存储的集中管理大大减少管理开销。

NAS 和 SAN 与传统网络存储技术相比而言，无论是从网络传输带宽、数据共享性还是从存储容量的可扩充性、数据的一体化和安全性等各方面来说，其优越性都是不言而喻的。所以，现在众多的用户在对其存储方案进行选择时，实际上也就是对 NAS 和 SAN 进行选择。

但从性能上来说，NAS 是基于传统以太网络的存取设备，虽然减轻了服务器所承担的压力，但势必严重增加网络的负荷。而且无论存储磁盘的速度有多快，存取速度只可能与网络带宽所允许的速度一样快，即 NAS 达到高性能的前提条件是网络带宽足够，否则其性能将急剧下降。而 SAN 构建于基于光纤的专用数据网络，可以提供极高的带宽（新的 FC 标准可使带宽达到 4GB），不必担心由于带宽不足而引起的性能下降。因此，SAN 在作为新型数据存储方案方面比 NAS 更具优越性。

4.6.3　SAN 系统设计

SAN 存储系统由 5 大部分组成：服务器、存储子系统（Storage Subsystem）、光纤通道交换机（Fabric Channel Switch）、光纤接口卡（FC HBA）和管理软件，如图 4-14 所示。

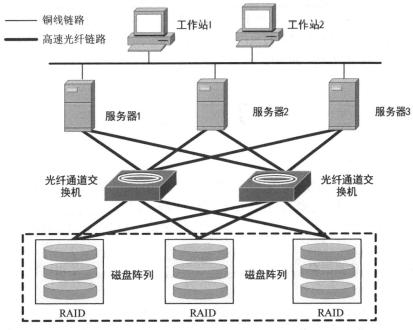

图 4-14　SAN 设计

在图 4-14 中，存储子系统是系统数据的存放地。因此，核心存储设备的选择关系到系统的稳定运行和成功实施，实际应用中通常采用 RAID 磁盘阵列和 SCSI 磁盘实现。该存储子系统通过两台光纤通道交换机与服务器相连，形成一个全冗余的高可用结构，通过 SAN 技术的实现，达到降低网络负载，提高数据传输速率和集中管理数据的目的。

4.6.4　IP SAN 技术

为区别于传统的基于 FC 协议的 SAN，基于 iSCSI 技术的 SAN 通常被称为 IP SAN。而 iSCSI（Internet SCSI）是 IETF（互联网工程任务小组）制订并于 2003 年 2 月正式发布的标准协议，它将 SCSI 命令压缩到 TCP/IP 包中，从而使数据块可以在 IP 网络上传输。与传统的 FC SAN 比较，IP SAN 有如下特点。

1. 架构更灵活，易于实现

构建传统的 FC SAN，需要使用专用的 FC 存储连接设备，如 FC 光纤接口卡和光纤通道交换机，通过这些专用设备将存储系统与服务器连接起来。在这样的系统中，扩展性较差。

而 IP SAN 恰恰弥补了这方面的不足，由于是基于 IP 的通信，IP SAN 使用现有的以太网设备，给了用户构建 SAN 更多灵活的选择，既可以选择与现有以太网相独立的专网建立 IP SAN，也可利用现有以太网环境部署 IP SAN。同时，将服务器增加到 SAN 和移出都更容易。

2．成本更低，有效保护投资

传统的 FC SAN 可提供出色的性能表现，具有灵活扩展的特点。但是由于 FC SAN 从出现即定位于高端应用，所以其实现成本也一直居高不下。而基于 iSCSI 技术构建的 IP SAN，完全兼容传统的以太网设备，可有效降低在存储连接设备方面的投资。

3．技术门槛更低，管理成本更低

许多用户在构建 FC SAN 存储系统的过程中都曾遇到技术门槛，如对 FC 协议的了解，对 SAN 架构的了解，对 FC 存储设备、连接设备的使用与管理技能等，都是 IT 部门无法回避的问题，而基于 iSCSI 技术的 IP SAN 由于完全构建于成熟的标准以太网之上，使得 IT 部门的技术知识得以有效沿用，对于系统的实施与管理的技术门槛都相对降低，用户不必过多依赖厂商或者集成商的技术支持，就可以实施并有效管理 IP SAN 的存储系统。

习　题

一、填空题

1．_____指的是在启用备份模块和设备时，系统不需要中断工作或断电。

2．在链路聚合技术中，主线路切换到备份线路的时间应小于_____。

3．Cisco 公司提供的_____协议是一种能够在主路由器发生故障时，自动切换到备份路由器的专用备份路由协议。

4．常用的备份操作类型有 3 种，即_____、_____和_____，可以只用其中的一种也可以结合起来使用。

5．磁带备份技术有_____、_____和_____3 种形式。

6．常用的 QoS 业务队列通常有_____、_____、_____和_____4 种。

7．网络中的数据流通常属于四类业务：Network Control、_____、_____和_____。

二、简答题

1．冗余设计的意义是什么？

2．说明在不同拓扑结构中哪些节点容易成为单故障点？

3．冗余设计有哪些实现目标？根据掌握的资料举例说明。

4．核心层和汇聚层的双归设计是如何实现的？

5．拨号备份是广域网设计中的一个重要技术手段，请说明它有何优点？

6．什么是服务器集群技术，常用的服务器集群技术有哪些？

7．影响备份设备选择的因素主要有哪两个？

8．说明负载均衡技术对提高服务网络性能的意义。

9．什么时候需要使用 QoS，QoS 设计常用工具包括哪些？

第5章
网络安全结构设计

随着计算机网络技术的迅速发展，特别是 Internet 在全球的普及，网络中的安全问题也日趋严重。网络的安全已经涉及国家主权等许多重大问题。当资源共享广泛用于政治、军事、经济以及科学等各个领域，网络的用户来自社会各个阶层与部门时，大量的数据信息在网络中进行传输的时候都有可能被具有各种动机的人盗用和篡改，给这些数据信息的拥有者带来巨大的经济损失和负面影响。在 1995 年，计算机安全机构（Computer Security Institute，CSI）对全球《财富》500 家企业中的 242 家进行了调查发现，12%的企业因为网络的非法入侵而遭受过损失，平均损失 45 万美元，总共损失将近 5 000 万美元。1996 年对美国 5 000 家私有企业、金融机构和大学进行计算机犯罪和安全调查发现，42%的调查者回答，在过去的 12 个月中，他们的计算机系统不同程度地经历过非授权使用。因此，这些在网络中被储存和传输的数据就需要得到技术上的保护。

5.1　影响网络安全的隐患

5.1.1　网络窃听

网络窃听通常发生在局域网内部。由于以太网数据帧通常不加密且采取 CSMA/CD 访问控制方式，所以局域网上的任何一台计算机都可以毫无保留地获得在同一物理网段上流动的数据。Sniffer 技术就具有这一功能，它可以让内部局域网的入侵者快速探测内部网上的主机并获得控制权，通过分析以太网的数据帧获得有用的信息，例如网络服务器上的用户名和密码等（见图 5-1）。所以，网络窃听的威胁来自于企业内部员工或者是能使用企业内部网的人。

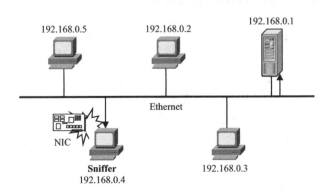

图 5-1　网卡处于 PROMISC 状态的计算机正在接收局域网上的数据

要想知道如何防范 Sniffer，必须会对局域网上是否有 Sniffer 程序进行监测。防范网络窃听的方法有以下 3 种。

1. 使用交换机分段

由于 Sniffer 只能窃听同一个物理网段上的数据包，所以当在局域网中更多地使用交换机来代替集线器时，Sniffer 程序就不可能再获得局域网上的所有数据包，其危害也就相对小得多。

2. 加密

对局域网内传输的数据进行加密，尤其是重要的信息一定要以密文的形式进行传输。这样，窃听者即使可以通过 Sniffer 获得数据包，也只是一堆无法识别的密文。

3. 使用软件进行监控

例如，antiSniffer 软件可以监控当前网段上所有网卡的工作状态，并报告处于 PROMISC 状态的网卡。

5.1.2 完整性破坏

完整性破坏指的是在公共网络上传输的数据存在着被篡改的可能。例如在 Internet 上传输的电子邮件，中间会经过多个邮件转发器（Exchanger），完全可能在某一点被截获后进行分析，黑客用假信息替换其中所包含的真实信息，再发送给接收者。由于邮件传输采用的是无连接的 UDP，所以黑客完全可以做得天衣无缝。更大的危害在于电子商务交易中，黑客可以伪造虚假的订单、虚假的支付人信息以及虚假的收货人地址等。

保护完整性的唯一方法就是使用散列（Hash）函数算法。散列函数生成的信息摘要具有不可逆性，任何人都不能将其还原成原始数据。另外不同数据生成的散列值重复的概率与散列函数算法的设计有关，目前用得较多的一种散列算法可以生成 160 位的信息摘要。这样的算法导致任何对信息的细微改变都会使得信息的摘要不同，误差极小。

5.1.3 地址欺骗

地址欺骗技术的简单原理就是伪造一个被主机信任的 IP 地址，从而获得主机的信任而造成攻击。所以地址欺骗能实现的关键也就是能不能找到一个被主机信任的 IP 地址，同时又能骗过路由器。能够实施这种攻击的人必须对 TCP/IP 非常了解，一般都是高级黑客。

图 5-2 显示了攻击者准备伪装成地址为 172.16.0.100 的计算机，攻击企业内部的服务器（地址为 172.16.0.36）。主机 172.16.0.100 是企业网外部的远程工作站，可以直接访问企业的数据服务器，但没有什么安全措施，可以被攻击者任意访问。

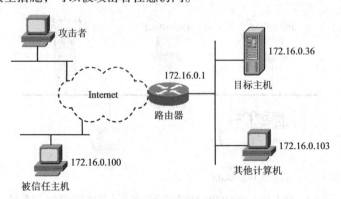

图 5-2　IP 地址欺骗攻击示意图

IP 地址欺骗必须要有以下 3 个对象。

① 攻击者：攻击者自己使用一台连入网络的计算机，而且是这个计算机的根用户。

② 目标主机：目标主机是攻击者作为攻击对象的计算机，处于局域网的保护下，包含攻击者感兴趣的资料，攻击者必须获得访问它的合法地址。

③ 受信任主机：该计算机是处于局域网外部或者是局域网内部能够被攻击者访问到的计算机，同时又受到目标主机的信任，具有访问目标主机的高级权限。

有一种进行 IP 地址欺骗的简单方式就是直接攻击被目标计算机所信任的主机，使得被信任的主机丧失工作能力。有多种方法可以做到这一点，例如发送一个 SYN 洪水包，使被信任主机死机，然后黑客把自己的主机地址换成被信任主机的地址与目标主机建立连接，窃取数据。

5.1.4　拒绝服务攻击

拒绝服务攻击（Deny of Service，DoS）通常是以消耗服务器端资源为目标，通过伪造超过服务器处理能力的请求数据造成服务器响应阻塞，从而使正常的用户请求得不到应答，实现攻击目的。拒绝服务攻击方式的高级形式是分布式拒绝服务攻击（DDoS），危害很大。分布式拒绝服务攻击目前主要针对 Microsoft 操作系统平台，该系统中存在许多漏洞让攻击者有可乘之机。DDOS 攻击者非常偏爱商业及政治敏感的大型网站，以目标主机的系统崩溃为最终目的，是纯粹的网络破坏者。当然他们也有可能被商业竞争者利用，干预电子商务网站的正常运行。

为了提高分布式拒绝服务攻击的成功率，攻击者需要控制成百上千的被入侵主机（见图 5-3）。这些攻击工具入侵主机和安装程序的过程都是自动化的，包括如下几个步骤。

① 探测扫描大量主机以寻找可入侵主机目标；

② 入侵有安全漏洞的主机并获取控制权；

③ 在每台入侵主机中安装攻击程序；

④ 利用已入侵主机继续进行扫描和入侵。

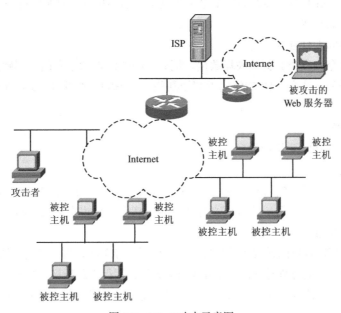

图 5-3　DDoS 攻击示意图

5.1.5　计算机病毒

1．病毒的原理

计算机病毒其实就是一种程序，这种程序能破坏计算机系统，并且能潜伏在计算机中，复制、感染其他的程序和文件。

近几年，计算机病毒破坏性之强，影响之大莫过于起源于中国台湾地区的 CIH 病毒。正是由于这个病毒，让众多的人认识了病毒的危害，认识了防毒、杀毒的重要性。

随着网络的发展，计算机病毒传播的途径越来越依靠网络，波及面也越来越大。其破坏性已从单纯地攻击一台计算机转变为攻击网络中的所有计算机，直至整个网络瘫痪。

2．病毒的危害

计算机病毒的危害主要是指它对计算机软件和硬件系统的破坏，按破坏的性质分为以下几种情况。

（1）系统速度变慢甚至资源耗尽而死机

许多计算机病毒都是一些常驻内存的程序，当这些程序在内存中执行的时候，占用额外的 CPU 时间，使得系统速度下降，甚至莫名其妙死机。

（2）硬盘容量减小

计算机病毒既然是计算机程序的一种，当它潜伏在计算机中的时候，必然要占用磁盘空间。不仅如此，病毒为了感染其他程序和文件，还会大量复制，导致磁盘可用空间急剧减少。例如，当计算机感染了 Nimda 病毒后，在很短的时间内所有文件夹中的文件都会复制一份，最后，磁盘剩余空间的减少与日俱增。

（3）网络系统崩溃

Internet 既是信息传播的高速公路，也是病毒传播的高速公路。这个高速公路大大增加了病毒的传播方式，提高了病毒传播的速度，也提高了病毒的危害范围。它们不仅攻击网络中的计算机，还会攻击网络设备。目前的许多新病毒都是基于网络传播的病毒，例如梅莉莎病毒、Nimda 病毒、求职信病毒、欢乐时光等。

（4）数据破坏和硬件损坏

计算机病毒最令人发指的就是破坏数据。例如，CIH 病毒就是专门破坏硬盘分区表导致用户的硬盘数据全部丢失。还有一种 CIH 病毒利用某些主板 BIOS 的漏洞，破坏 BIOS 中的数据，导致计算机无法启动。

3．病毒的分类

计算机病毒主要有以下几种类型。

（1）文件型病毒

这种病毒只传染磁盘上的可执行文件（.com、.exe）。文件型病毒的特点是附着于正常程序文件，成为程序文件的一个部分。当程序文件执行时，病毒程序也在后台执行，占用系统资源。

（2）引导扇区病毒

硬盘的第一个扇区存放的是硬盘的引导信息，也叫引导扇区，当引导扇区的内容被改写后，系统将无法正常引导，严重的情况下，硬盘分区信息丢失，不得不重新格式化而导致数据丢失。现在有很多杀毒软件都提供修复引导扇区的功能。这种病毒也会感染软盘，被感染的软盘将无法读写。

（3）混合型病毒

混合型病毒兼有以上两种病毒的特点，既能感染引导扇区又能感染文件。

（4）宏病毒

宏病毒主要包含在 Word 文件中，它是利用 Word 程序的宏编程功能编写的病毒程序，这种病毒程序只感染 Word 文件。另外，Office 办公组合里面的 Excel、PowerPoint 等也有一些相关的宏病毒。

（5）木马病毒

木马病毒实际就是特洛伊木马程序，它对计算机本身并没有危害，只是它潜伏在计算机中，严重威胁了计算机的安全，因此，也可以把它看做病毒来处理。

（6）蠕虫病毒

通常蠕虫病毒会含有某种特殊破坏目的的程序，它是一种最危险的病毒。感染了蠕虫病毒后，操作系统将会出现某些文件不能执行，硬盘空间急剧减小，运行速度不断减慢等问题。蠕虫病毒的本身不是通过可执行文件来传播的，而是通过互联网上的其他途径，例如电子邮件等，自动将病毒传播出去。

（7）网页病毒

网页病毒是一种在互联网时代滋生的新病毒。这种病毒利用了 Java Applet 或者 ActiveX Control 所涉及的恶意程序，攻击系统漏洞，修改注册表，破坏硬件，甚至把含有蠕虫病毒的代码自动下载到本地计算机。

4. 病毒的传播途径

掌握病毒的传播途径有利于更好地防毒。

（1）软盘或者光盘传播

① 当 U 盘在有病毒的计算机上复制过文件之后，U 盘中就可能自动感染病毒。

② 市面购买的盗版光盘里面可能藏有病毒。

③ 如果含有病毒的 U 盘或者光盘借给别人使用，病毒就开始了它的征途。

（2）网络传播

如果打开一个来历不明的邮件，该邮件包含有可执行文件（后缀名为.exe、.bin、.bat）的附件，那么这个附件极有可能是一个病毒。大名鼎鼎的"梅莉莎"就是以这种方式在网上传播的。电子邮件是病毒在网络上传播的主要方式。另外，病毒还可以通过网页来传输，当保存一个网页的时候，网页脚本中包含的病毒就会被下载到计算机。有时候，QQ 接收到的来历不明的文件中也可能包含病毒。

5.1.6　系统漏洞

系统漏洞实际上是软件设计中的缺陷，也被称为 Bug，但由于这些漏洞很容易成为病毒或攻击的入口。因此，漏洞成为重要的安全隐患之一。管理员要想解决漏洞的危害，必须学会如何查漏和补漏，例如经常访问 Internet 上的安全公告，及时下载相关安全补丁堵漏。

5.2　网络安全技术概述

1. 身份验证技术

身份验证技术确认合法的用户名、密码和访问权限三方面的安全性，只有合法的用户才能登录到系统，并获得对资源合法的访问权限。

2. 数据完整性技术

通过散列算法，信息的接收方可以得到唯一的信息摘要以验证信息的完整性，防止非授权用户对信息的非法篡改。

3. 跟踪审计技术

每一次网络的登录信息都加以记录，记录下来的文件称为网络日志，便于检查登录的合法性，从中找出非法用户的踪迹。

4. 信息加密技术

信息加密技术是通过对信息的重新组合，使得只有收发双方才能解码还原信息。常用的加密技术包括对称加密和非对称加密。加密技术的安全性与硬件的性能和所选密钥的长度有关。

5. 防火墙技术

防火墙技术是位于内部网和外部网之间的屏障。通过预先制订的过滤策略，控制数据的进出，是系统的第一道防线。

5.3 网络安全结构设计

5.3.1 网络结构划分

按照对网络数据安全等级的标准，可以将网络结构划分为外部网（简称为外网）、内部网（简称为内网）和公共子网。划分了界限的网络对数据的授权访问有明确的规定，如图 5-4 所示。

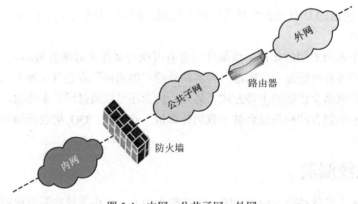

图 5-4 内网、公共子网、外网

1. 外网

外网（Outside）指的是 Internet 上的匿名设备，任何不属于本部门网络的设备和主机都可以称为外部网用户。外部网络中的一部分非授权用户黑客可能通过各种非法手段，攻击内网服务器或窃取内网服务器上的信息资源，因此，防范来自外部的攻击是网络安全设计的一个重要任务。防范外网用户的设计主要是在控制网络出入的路由器接口上对进出的数据包进行较粗粒度的访问控制，过滤非法入内数据包，实现第一层次的安全保护。

2. 内网

内网（Inside）指园区内部局域网，在具有公共子网（DMZ）的园区网中通常指被隔离在内部防火墙之内的私有网部分，包括内部服务器和用户。内部服务器是只允许内部用户访问的应用服务器、数据库服务器和 Internet 服务器等。内部网络用户的安全隐患更令人防不胜防，事实上对系统破坏最大的来自于内部泄密用户。内部用户可以毫无约束地利用 Sniffer 工具窃取敏感信息，许多外部用户也想尽各种方法试图伪装成内部用户窃取信息。因此流行的安全设计观点认为对内部用户的安全防范也很重要。对内网的安全设计主要体现在信息加密、身份认证、授权访问和广播隔离等方面，同时对内网用户的安全培训也很重要。内网安全性设计的另一个方面是结合操作系统的安全性，目前流行的网络操作系统如 Windows Server 2003/2008，UNIX/Linux 等都有良好的安全解决方案。

3. 公共子网

在一种网络安全结构的划分中，将一部分可以向 Internet 用户提供公共服务的服务器设备单独从内网中隔离出来，既允许外部用户访问也允许内部用户访问，这就是公共子网（DMZ），也称作军事管制区（Demilitarized Zone，DMZ）。该子网是内部用户和外部用户都唯一能到达的网络区域，提供对内和对外的各种服务，负责传递或代理外部对内部的访问和内部对外部的访问。该部分网络作为安全管理单位，针对应用服务进行细粒度访问控制，对客户和服务器双方进行身份验证，同时对内部网服务器提供代理。

5.3.2　双宿主机结构

把包过滤和代理服务两种技术结合起来，可以形成新的防火墙，称为双宿主机（Dual-Homed Host）防火墙，所有双宿主机称为堡垒主机（Bastion Host），由它取代路由器执行安全控制功能，负责提供代理服务，其结构如图 5-5 所示。

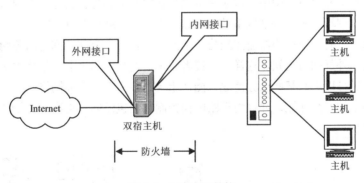

图 5-5　双宿主机结构

双宿主机是一台具有多个网络接口的主机，它可以进行内部网络与外部网络之间的寻径，可以充当与这台主机相连的若干网络之间的路由器。若关闭双宿主机的路由功能，则起到隔离内部网络与外部网络的作用；若不关闭双宿主机的路由功能，则内外网络之间就可通过双宿主机传递信息，并对内部网络起到保护作用。基于双宿主机的防火墙结构简单，并且它可以提供很高的网络控制功能，一般要求用户直接注册到双宿主机上才能提供安全控制服务。

5.3.3　主机过滤结构

在双宿主机结构中，双宿主机直接与内外部网络相连；而在主机过滤结构中，堡垒主机仅与内部网络相连，该堡垒主机具有很好的安全控制机制，任何外部系统对内部网络的操作都必须经过堡垒主机。另外，堡垒主机又通过一台路由器与外部网络相连，过滤路由器过滤规则规定，任何外部网络的主机都只能与网络的堡垒主机建立连接，也可以设计成不允许直接连接，这可以根据某些特定的服务来决定。

主机过滤结构防火墙由过滤路由器和堡垒主机共同组成，如图 5-6 所示。

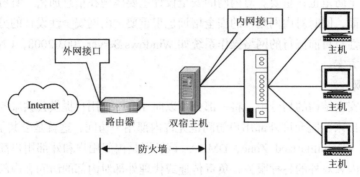

图 5-6　主机过滤结构

主机过滤结构防火墙比双宿主机结构防火墙具有更好的安全性能和可操作性，但是一旦入侵者通过了堡垒主机，那么整个内部网络就完全暴露出来，故它仍然不是理想的保障。

5.3.4　子网过滤结构

这种防火墙由两个包过滤路由器配置而成，它在内部网络与外部网络之间设置一个安全保护网络，称为 DMZ，用于放置各类面向公网用户的企业 Internet 服务器（WWW、FTP、DNS 等），如图 5-7 所示。在子网过滤结构中，将堡垒主机与参数网络相连，它是外部网络服务于内部网络的主节点，由它代理转发来自外部网络的 Internet 服务（如 SMTP、FTP）。

在这种结构中，有两台过滤器连接到公共子网，一台位于公共子网与内部网络之间，而另一台位于公共子网与外部网络之间。这样，入侵者必须通过两台路由器和堡垒主机的安全控制才能抵达网络，同时还可以限制某些服务使之只能在指定的主机上与内部网络站点之间传递。这种方式大大增强了网络的安全性能，并且由于路由器控制数据包流向，提高了网络的吞吐能力，但是系统设置较为复杂。

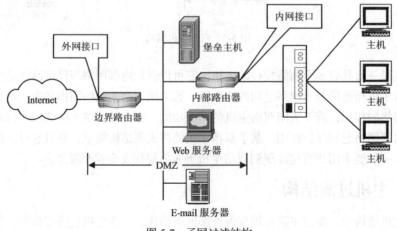

图 5-7　子网过滤结构

5.3.5　防火墙体系结构

为了实现安全需求，防火墙体系结构一般设计得比较复杂，可以是上述结构中的一种或者几种的结合：

① 使用多堡垒主机；

② 合并内部路由器与边界路由器；

③ 合并堡垒主机与内部路由器；

④ 使用多台内部路由器；

⑤ 使用多台外部路由器；

⑥ 使用多个周边网络；

⑦ 使用双重宿主主机与 DMZ 子网。

5.4　防　火　墙

5.4.1　防火墙概述

防火墙是网络安全策略的有机组成部分，它通过控制和检测网络之间的信息交换和访问行为来实现对网络的安全管理。防火墙是一种在内部网和外部网之间实施的安全防范措施，可以认为它是一种访问机制，用于确定哪些内部服务可以提供给外部服务器，以及哪些外部服务器可以访问内部网资源。要使一个防火墙有效，所有来自和去往 Internet 的信息都必须经过它，并且必须只能允许授权的数据通过。防火墙本身必须免于渗透，从而来保护网络的安全。防火墙一旦被攻击者突破或迂回，就不能提供任何的保护了。

一般来说，防火墙存在的形式只有两种，一种是以软件的形式运行在计算机上，另外一种就是以硬件的形式存在。无论是以哪一种形式存在，防火墙都会安装在公共网络（如 Internet）的入口处。

总之，一个好的防火墙系统应具有以下几个方面的特性和功能：

① 所有在该内部网和外部网之间交换的数据都可以而且只能经过该防火墙；

② 只有被防火墙检测后合格，即防火墙系统中安全策略允许的数据才可以自由出入防火墙，其他不合格的数据一律被禁止通过；

③ 防火墙的技术是最新安全的技术，是和时代同步的；

④ 防火墙本身不受任何攻击；

⑤ 人机界面友好，易于操作，易于由系统管理员进行配置和控制。

5.4.2　防火墙技术

防火墙根据内部所使用的技术一般可以分为包过滤防火墙、应用级网关和电路级网关。

1. 包过滤防火墙

为了防止网络系统中每台计算机都可随意访问其他计算机以及系统中的各项服务，需要使用包过滤（Packet Filtering）技术。如图 5-8 所示，包过滤器是路由器的一部分，它是由阻止包任意通过路由器在不同的网络之间穿越的软件组成的。网络管理员可以配置包过滤器，以控制哪些包可以通过路由器，哪些包不可以通过路由器。

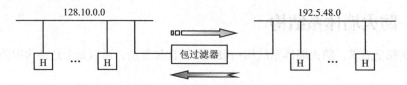

图 5-8　包过滤防火墙原理示意图

包过滤器的工作是检查每个包的头部中的有关字段。网络管理员可以配置包过滤器，指定要检测哪些字段以及如何处理等。例如，控制两个网络的计算机之间的通信，要检测每个包头部中的 source 和 destination 字段。在图 5-8 中，要防止右边网络中 IP 地址为 192.5.48.0 的计算机和左边网络中的所有计算机通信，包过滤器必须阻止所有 source 字段为 192.5.48.0 的包通过；同样要防止左边网络中 IP 地址为 128.10.0.0 的计算机接收来自右边网络中的任意包，包过滤器必须阻止所有 destination 字段为 128.10.0.0 的包通过。除了源地址和目的地址之外，包过滤器还能检查出包中使用的上层协议，从而知道该包所传递的数据属于哪一种服务。包过滤器的这种功能使得网络管理员能够对各种服务进行管理，例如可以过滤掉所有 WWW 服务的包而让电子邮件的包能得到较快的传输等。网络管理员可以根据需要，灵活配置包过滤器，以达到其所希望的过滤效果。通常，包过滤器的过滤条件是源地址、目的地址以及各种网络服务等复杂的布尔表达式。凡是满足该过滤条件的包都会被过滤掉。例如，包过滤器可以同时过滤掉所有目的地址为 128.10.2.14 的 FTP 服务，所有源地址为 192.5.48.33 的 WWW 服务，以及所有源地址为 192.5.48.34 的电子邮件服务。

包过滤防火墙的优点是它对于用户来说是透明的，处理速度快而且易于维护，通常作为第一道防线。包过滤路由器通常没有用户记录，这样就不能得到入侵者的攻击记录。因而攻破一个单纯的包过滤式防火墙对黑客来说并不是一件非常困难的事情。

下面列出几种常见的攻击形式和解决措施。

（1）"IP 地址欺骗"（Source IP Address Spoofing Attacks）

攻击者从外部发送信息包，但是在传输的时候，将它的源 IP 地址改成其内部网中的某个 IP 地址。如果内部网采用相互信任的机制，而不采取任何防范措施，那么攻击者就可以通过假 IP 地址渗透系统。

解决方法是对所有来自于外部，但是 IP 地址是内部的数据包指定信任范围。

（2）"源路由攻击"（Source Routing Attacks）

这种攻击的方法是攻击者为要传输的数据包指定它经过 Internet 的路由，即传输路线，从而可以绕过防火墙，避免一系列的安全检查。

解决方法是丢弃那些包含源路由选项的数据包。

（3）"微小碎片攻击"（Tiny Fragment Attacks）

攻击者使用 IP 分段选项来产生非常小的分段，并在分离的包片段中强制加入 TCP 头文件信息。这么做的目的是避开依赖 TCP 头文件信息的那些过滤规则。在包过滤路由器检查第一个小分段的时候，后面的分段就趁虚而入，达到攻击的目的。

解决方法是丢弃所有协议类型是 TCP 而 IP 分段偏移量是 1 的那些包。

2. 应用级网关

应用级网关防火墙安装在网络应用层上，它是一种比包过滤防火墙更加安全的防火墙技术。对于每一个它所转接的应用程序，应用级网关使用为特定应用目的开发的自定义组件。每当添加一种新的需要保护的服务的时候，必须为其编制相应的安全服务组件，否则该服务就不能被支持且不能通过该应用级网关。应用级网关防火墙允许用户访问该组件，但绝对不允许用户登录到该网关上，否则用户就有可能获得权限，从而通过安装特洛伊木马来截获登录口令，并修改防火墙的安全配置，直接攻击防火墙。应用层网关防火墙原理示意图如图 5-9 所示。

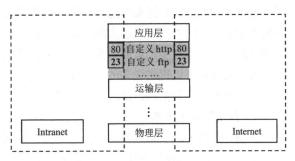

图 5-9 应用层网关防火墙原理示意图

在防火墙的设计中应用级网关代表了相反的极端。它不使用通用目标机制来允许各种不同种类的通信，而是针对每个应用使用特定目的功能。虽然这样看来有些浪费，但却比任何其他方法安全得多。一是不必担心包过滤防火墙中不同过滤规则集之间的交互影响；二是不必担忧数千台号称对外部提供安全服务的主机中的漏洞，只需仔细检查选择的数个程序即可。

数据包过滤防火墙和应用级网关防火墙有一个共同的特点，就是它们仅仅依靠特定的逻辑（包过滤防火墙是过滤规则集，应用级网关是特定的应用程序代码）判断是否允许数据包的通过，一旦满足判断逻辑，则防火墙内外的计算机系统就会建立直接的联系，外部网络的用户就可以直接穿透防火墙了解到内部网络的结构和运行状态。这有利于黑客实施非法访问和攻击。另外，应用级网关需要购买硬件和编制专用程序等，安装使用的费用非常高，而且由于其透明性差，限制严格，会给一些用户带来使用上的麻烦。

3. 电路级网关

电路级网关也称为代理服务器或 TCP 通道，也有很多书籍将电路级网关归于应用级网关一类。它是针对数据包过滤和应用级网关技术上的缺点，设计和引入的一种防火墙技术。它的主要技术特点是不允许直接建立端对端的连接，而是将跨越防火墙的网络通信链路分为两段，通过代理服务器建立两个 TCP 连接。一个是内部网络主机上的应用程序和代理服务器相连，另外一个是代理服务器和外部网络主机上的应用程序相连，外部网络的服务器只能到达代理服务器，从而起到了隔离防火墙内外计算机系统的作用。一旦建立起两个连接，代理服务器通常只是把传输的数据从一个连接中进行复制并送到另外一个连接中去而不检查其中的内容。代理服务器功能示意图如图 5-10 所示。

图 5-10 代理服务器功能示意图

代理服务是运行在网络主机上的一个软件应用程序，它就像外部网和内部网之间的中间媒介，筛选进出的数据。运行代理服务的网络主机称为代理服务器或网关。代理服务器在 OSI 参考模型的应用层管理安全。对于外部网络，代理服务器相当于内部网络的一台服务器，实际上，它只是内部网络的一台过滤设备而已。代理服务器的安全性除了表现在它可以隔断内部和外部网络的直接连接，还可以防止外部网络发现内部网络的地址。例如，内部网络使用了一台代理服务器，用户想通过 Internet 给自己的亲朋好友发送一封 E-mail，则信件首先会到达代理服务器（取决于用户网络的配置，也许需要，也许不需要先单独登录到代理服务器）。代理服务器会重新打包由用户信件构成的数据帧，不是使用用户的工作站的 IP 地址作为源地址，而是插入自己的 IP 地址作为源地址并进行发送。通常情况下，如果系统管理员信任内部用户，那么就可以使用代理服务器。可以通过配置网关，对进来的连接使用应用级网关服务，而对出去的连接使用代理服务器。在这种配置情况下，因为需要对进来的应用层数据进行限制，所以需要检查这些数据，这样网关就会增加处理开销，但对于出去的数据不会增加额外的开销。

代理服务器可以提供详细的日志和审计记录，提高了网络的安全性和可管理性，但代理服务器一般不能处理高负荷通信量，且对用户的透明性不好。

4. 新型防火墙技术

新型防火墙，既有包过滤的功能，又能在应用层进行代理。它具有以下特点：

① 综合包过滤和代理技术，克服两者在安全方面的缺陷；
② 能从数据链路层一直到应用层施加全方位的控制；
③ 实现 TCP/IP 的微内核，从而在 TCP/IP 协议层进行各项安全控制；
④ 基于上述微内核，使速度超过传统的包过滤防火墙；
⑤ 提供透明代理模式，减轻客户端的配置工作；
⑥ 支持数据加密和解密（DES 和 RSA），提供对虚拟网（VPN）的强大支持；
⑦ 内部信息完全隐藏。

新防火墙技术设计与实现的关键包括以下几点。

（1）应用代理（Application Proxy）

提供 TCP/IP 应用层的服务代理，例如 HTTP、FTP、E-mail 等代理。它接收用户的请求，在应用层对用户加以认证，并可由安全控制模块加以控制。

（2）DES 和 RSA

这部分主要是针对进出防火墙的数据进行加密、解密，并可产生密钥。这是一个可选项，采用 DES 和 RSA 两种加密算法。

（3）TCP/IP 处理

该模块能在 TCP/IP 协议层进行各项处理，例如 TCP UDP IP 和 ICMP ARP 等。利用它，可以避免 TCP/IP 本身的安全隐患，增强网络的安全性。它可以提供比过滤路由器更广泛的检查。

（4）Raw Access to NIC

该模块的功能主要是对网卡的直接读写，使我们能控制底层协议。它对收到的数据进行 MAC 层的封装与拆封，并可监听网上数据。

（5）安全、日志

这个模块分为两个层次，一个是在应用层，另一个是在 TCP/IP 协议层。前者可以在应用层施加预定的各项安全控制，产生各种日志；后者则是在底层（TCP/IP 协议层）。

（6）配置、报表

通过这个模块，可以配置该防火墙系统，制定安全规则，并可以产生各种报表。新型的防火墙不但覆盖了传统包过滤防火墙的全部功能，而且在全面对抗 IP 欺骗、SYN Flood、ICMP、ARP 等攻击手段方面取得优势，赋予包过滤防火墙新的生命力。

5.4.3 防火墙产品选购

1. 防火墙产品选购原则

市面上各种类型的防火墙很多，安全性能各不相同。由于网络安全技术还有许多尚未解决的问题，因此任何防火墙产品的功能都不是绝对完善的。企业在选购防火墙时，应根据自身的需要去选购，并可以参考以下 7 个原则。

（1）安全性

防火墙是安全的屏障，如果本身安全性不高，则对网络的安全性也就无从谈起了。防火墙的安全性能取决于防火墙是否采用了安全的操作系统和是否采用专用的硬件平台。

（2）功能完备

由于安全问题的复杂性，防火墙除了应该具备基本的包过滤功能外，还应该具备的功能有很多，尤其是 NAT 和 VPN 两项功能很重要。对防火墙功能的判定应该考虑是否符合国际国内行业认证标准，以及是否有权威机构的认证、推荐和入网证明。

（3）带宽要高

防火墙在处理进出数据包的时候必然有一定的时延，导致带宽下降。好的防火墙应该将这种影响降低到最小程度，否则会给网络使用带来极大的不便。

（4）高可靠性

可靠性对防火墙类访问控制设备来说尤为重要，直接影响受控网络的可用性。从系统设计上，提高可靠性的措施一般是提高本身部件的强健性、增大设计阈值和增加冗余部件，这要求有较高的生产标准和设计冗余度。

（5）配置方便

防火墙的安全功能主要是由用户配置的各种规则集决定的，规则集的配置工作非常复杂，但灵活的配置方式如交互式图形界面对提高用户的决策能力很重要。

（6）可扩展和可升级性强

目前的防火墙一般标配 3 个网络接口，分别连接外部网、内部网和 DMZ。为了适应未来网络的发展规模，防火墙应该具有可扩充模块，提供更多的可用接口。防火墙操作系统也应该能经常升级，提升性能。

（7）品牌因素

选择防火墙时，品牌较好的产品往往具有更成熟的技术，符合最新的技术标准。

2. 防火墙产品介绍

（1）Cisco PIX 515E 防火墙

Cisco PIX 515E 是被广泛采用的 Cisco PIX 515 平台的增强版本，它可以提供业界领先的状态防火墙和 IP 安全（IPSec）虚拟专用网服务。Cisco PIX 515E 防火墙外观如图 5-11 所示，它是针对中小型企业和企业远程办公机构而设计的，具有更强的处理能力和集成化的、基于硬件的 IPSec 加速功能。

该系统的核心是一种基于自适应安全算法（ASA）的保护机制，可以提供针对状态的、面向连接的防火墙功能，同时阻截常见的拒绝服务攻击。

Cisco PIX 515E 还是一个全功能的 VPN 网关，可以在公共网络上安全地传输数据。它可以通过 56 位数据加密标准（DES）或者 168 位三重 DES（3DES）支持站点间和远程接入 VPN 应用。根据所选择的 Cisco PIX 515E 型号的不同，VPN 功能可以作为 Cisco PIX OS 的一项服务提供，也可以通过一个集成的、基于硬件的 VPN 加速卡（VAC）提供，这种加速卡最多可以提供 63Mbit/s 的吞吐量和 2 000 个 IPSec 隧道。

通过部署一个冗余的热备份单元可以实现对高可用性的支持。这种故障恢复方式可以通过自动的状态同步保持并发的连接。这确保了即使在系统发生故障的情况下，进程也会得以保持，而整个切换过程对于网络用户来说是完全透明的。

该防火墙目前有 3 种型号，分别可以提供不同等级的接口密度、故障恢复功能和 VPN 吞吐量。

（2）3Com 的 SuperStack 防火墙

3Com SuperStack 3 防火墙外观如图 5-12 所示，它是基于硬件的实时状态监测包过滤防火墙。强大的 RISC 处理器和专业的硬件设计，再加上 3Com 先进的快速以太网技术确保了 SuperStack 3 防火墙的最高性能，可保证所有端口 100Mbit/s 的数据流量，支持成百上千的用户同时访问。同时 SuperStack 3 Firewall 基于硬件的高级 VPN 硬件加速确保提供高至 45Mbit/s 的快速、安全的 VPN 服务。

图 5-11　Cisco PIX 515E 防火墙外观图　　　　图 5-12　3Com 的 SuperStack 3 防火墙外观图

该防火墙的性能综述如下。

① 强大的安全性：3Com SuperStack 3 防火墙具有强大的实时状态包过滤功能，可以在防火墙的内部建立一个实时更新的状态列表，每个会话在列表中都有相应的连接状态与之相对应，所以当属于同一个连接的响应数据包从外网进来时，将经过连接状态列表进行检查，确认该数据包是否属于同一个会话，如果确认则被允许入内。在会话结束时，整个会话状态将被从状态列表中及时删除，以保证内网的安全。通过完整的状态包检测技术，该防火墙可拒绝所有未经授权的网络访问尝试，并生成实时报警和报告。

② 高可用性：RISC 处理器和 3Com 快速以太网技术可保证所有端口 100Mbit/s 的数据流量，将两个防火墙配置为一组可确保高可用性的 Internet 安全。

③ VPN：可提供价格适中且经 ICSA 验证的一流安全性，为虚拟专用网提供完整的、基于 Internet 的全套支持（不受虚拟专用网客户端协议的限制）。

高级 IPSec 虚拟专用网技术可为分支办公室、远程工作人员、客户、供应商和合作伙伴提供多至 45Mbit/s 的快速、安全和可升级的访问；随产品附带 56 位加密，并可在进口/出口法律允许的情况下通过 Web 升级到 168 位加密。

④ 先进的内容过滤：可以设置和强制执行 Internet 访问政策，按域名或关键字过滤 URL。可选的过滤手段允许按内容分类进行访问限制。

⑤ 使用简便：利用预配置的高级别安全性和基于 Web 的界面，只需不到 15min 的时间就可以完成 SuperStack 3 防火墙的设置。3Com Network Supervisor 网管软件支持可提供简单的自定义配置、监视和远程管理等。

5.4.4　架设防火墙的步骤

1. 制订安全策略

防火墙和防火墙规则是安全策略的技术实现。管理层规定实施什么样的安全策略，防火墙是策略得以实施的技术工具。所以，在建立规则集之前，必须首先理解安全策略，假设它包含以下三方面的内容：

① 内部雇员访问 Internet 不受限制；

② 规定 Internet 有权使用公司的外部 Internet 服务器（包括 Web 服务器等）；

③ 任何进入公用内部网络的连接必须经过安全认证和加密。

2. 搭建安全体系结构

作为一个安全管理员，第一步是将安全策略转化为安全体系结构。下面将讨论把每一项安全策略核心如何转化为技术实现。

第一项很容易，内部网络的任何信息都允许输出到 Internet 上。

第二项安全策略很微妙，它要求为公司建立公开的 Web 和 E-mail 服务器。由于任何人都能访问 Web 和 E-mail 服务器，所以不能信任它们。通过把它们放入中立区（Demilitarized Zone，DMZ）来实现该项策略。DMZ 是一个孤立的网络，通常把不信任的系统放在那里，DMZ 中的系统不能启动连接内部网络。DMZ 有两种类型，即有保护的和无保护的。有保护的 DMZ 是与防火墙脱离的孤立的部分；无保护的 DMZ 是介于路由器和防火墙之间的网络部分。建议使用有保护的 DMZ。

从 Internet 到内部网络的唯一通话是远程管理。必须让系统管理员能远程访问他们的系统。

3. 制订规则次序

在建立规则集之前，必须注意规则次序。哪条规则放在哪条之前是非常关键的，同样的规则，以不同的次序放置，可能会完全改变防火墙的运转情况。很多防火墙都是以顺序方式检查信息包，当防火墙接收到一个信息包时，它先与第一条规则相比较，然后是第二条，第三条 …… 当它发现匹配，这个信息包便会被拒绝。一般来说，通常的顺序是，较特殊的规则在前，较普通的规则在后，防止在找到一个特殊规则之前一个普通规则便被匹配，以避免防火墙配置错误。

4. 落实规则集

安全规则全部描述清晰后，就可以在设备上建立规则集了，下面将列举主要规则。

① 切断默认：通常在默认的情况下，防火墙有多种服务是隐含的。这些默认服务可能会对安全构成威胁，因此第一步应该切断默认规则，重新创建全部规则集。

② 允许内部出网：允许内部网络的任何人出网，与安全策略中所规定的一样，所有的服务都被许可。

③ 添加锁定：添加锁定规则能阻塞对防火墙的任何访问，这是所有规则集都应有的一条标准规则，除了防火墙管理员，任何人都不能访问防火墙。

④ 丢弃不匹配的信息包：在默认情况下，丢弃所有不能与任何规则匹配的信息包，但这些信息包并没有被记录。可以将它添加到规则集末尾来改变这种情况，这是每个规则集都应有的标准规则。

⑤ 丢弃并不记录：通常网络上大量被防火墙丢弃并记录的通信通话会很快将日志填满。可以创建一条丢弃/拒绝这种通话但不记录它的规则，防止日志写满。

⑥ 允许 DNS 访问：允许 Internet 用户访问 DNS 服务器。

⑦ 允许邮件访问：允许 Internet 和内部用户通过 SMTP（简单邮件传递协议）访问邮件服务器。

⑧ 允许 Web 访问：允许 Internet 和内部用户通过 HTTP（服务程序所用的协议）访问 Web 服务器。

⑨ 阻塞 DMZ：内部用户公开访问 DMZ 是必须阻止的。

⑩ 允许内部的 POP 访问：允许内部用户通过 POP（邮局协议）访问内部网络。

⑪ 强化 DMZ 的规则：DMZ 应该从不启动与内部网络的连接。如果 DMZ 不能这样做，就说明它是不安全的。这里希望加上这样一条规则：只要有从 DMZ 到内部用户的通话，它就会发出拒绝，做记录并发出警告。

⑫ 允许管理员访问：允许管理员（受限于特殊的资源 IP）以加密的方式访问内部网络。

⑬ 提高性能：把最常用的规则移到规则集的顶端，因为防火墙只分析较少数的规则，这样能提高防火墙性能。

⑭ 增加 IDS：对那些喜欢基础扫描检测的人来说，这是会有帮助的。

⑮ 附加规则：可以添加一些附加规则，例如阻塞与 AOL ICQ 的连接。不要阻塞入口，只阻塞目的文件 AOL 服务器。

5. 注意更换控制

在恰当地组织好规则之后，建议写上注释并经常更新它们。注释可以帮助用户明白哪条规则做什么，对规则理解得越好，错误配置的可能性就越小。对那些有多重防火墙管理员的大机构来说，当规则被修改时，建议把下列信息加入注释中，这可以帮助跟踪谁修改了哪条规则以及修改的原因：

① 规则更改者的名字；

② 规则变更的日期/时间；

③ 规则变更的原因。

6. 做好审计工作

Internet 访问动态世界时，在实现过程中很容易犯错误。通过建立一个可靠的、简单的规则集，可以创建一个更安全的被用户的防火墙所隔离的网络环境。

制订规则集的经验之谈：规则越简单越好。一个简单的规则集是建立一个安全的防火墙的关键所在。应尽量保持规则集简洁和简短，因为规则越多，就越可能犯错；规则越少，理解和维护就越容易。一个好的准则最好不要超过 30 条，一旦规则超过 50 条，就会以失败告终。当要从很多规则入手时，就要认真检查一下整个安全体系结构，而不仅仅是防火墙。规则越少，规则集就越简洁，错误配置的可能性就越小，系统就越安全。因为规则少意味着分析少数的规则，防火墙的 CPU 周期就短，防火墙效率就可以提高。

5.5 网络操作系统安全性概述

网络操作系统是指具有网络功能的操作系统，这种操作系统不仅为各种外设和应用软件提供运行平台，而且支持一种或多种网络协议，具有一定的安全策略，能对网络中的其他计算机提供必需的网络服务。

现代的网络操作系统一般具有下列特点。

① 多用户支持：允许多个不同的用户登录到网络，访问共享资源。

② 访问控制：对不同用户的身份进行细致的划分，对不同网络资源的访问权限进行细致的分配。

③ 安全性管理：使用安全日志记录用户对网络资源访问的详细情况，采用较好的加密算法保证用户名和口令不被破解等。

④ 网络管理功能：支持流行的网络管理协议，提供实用的网络管理工具，如磁盘管理、安全

管理、日志管理、性能管理等。

⑤ 对 TCP/IP 的良好支持：TCP/IP 是 Internet 的标准协议，衡量网络操作系统先进性的一个重要标志就是看它对 TCP/IP 的支持程度。

目前市场上流行的网络操作系统主要有 3 种：Novell 公司的 NetWare 操作系统、Microsoft 公司的 Windows Server 操作系统和各种版本的 UNIX/Linux 操作系统。本节以 Windows Server 2008 操作系统为例，探讨网络操作系统的安全性问题。

5.5.1 Windows Server 2008 的安全性概述

作为 Windows Server 2003 以前的升级版本，Windows Server 2008 操作系统不仅具有一般操作系统的功能，还具有强大的安全管理功能。它可通过多种技术和手段来控制用户对资源的访问，提高网络的安全性，其中包括与活动目录（Active Directory，AD）服务的集成，支持认证 Windows Server 2008 用户的 Kerberos v5 认证协议，提供了公钥基础设施 PKI 支持，用公钥证书对外部用户进行认证，使用加密文件系统（Encrypting File System，EFS）保护本地数据以使用 Internet 协议安全（Internet Protocol Security，IPSec）来保证通过公有网络的通信的安全性，以及基于 Windows Server 2008 的安全应用开发的可扩展性等。

Windows 2008 活动目录采用了代表商业企业组织结构的分层目录结构来存储信息，这样可以简化管理，具有良好的可伸缩性。为了创建这种分层结构，同 Windows 采用文件和文件夹来组织本地资源的方法类似，活动目录使用域（Domains）、组织单元（Organizational Units，OU）和对象来管理和使用网络资源。

一个域是网络对象，包括组织单元、用户账号、组和计算机等的集合，它们共享一个公共目录数据库，并组成活动目录中逻辑结构的核心单元。每个域中可能包含多个组织单元和用户（对象），这样更符合公司或企业的组织模式。

大的企业或组织可能包含多个域，这种情况下的域分层就称为域树（Domain Tree）。创建的第一个域为根（Root）域，也称为父域，在其下面创建的域为子（Child）域。为了支持更大的组织结构，多个域树连接起来可以组成森林（Forest），在这种情况下，需要使用多个域控制器，活动目录就可以定时在多个域控制器之间复制信息，从而保持目录数据库信息的同步。

在域中，一个 OU 是把对象组织成逻辑管理组的容器，其中包括一个或多个对象，如用户账号、组、计算机、打印机、应用、文件共享或其他 OU。

一个对象包括一个独立个体，如特定的用户、计算机或硬件信息（属性），一个用户的属性可能包括名字、电话号码、电子邮件等；一个计算机对象的属性可能包括计算机位置和指定哪些用户或组能够访问该计算机资源的存取控制列表（Access Control List，ACL）等。通过域和 OU 的组织形式，系统就可以以集合的形式来管理对象的安全性，如用户组和计算机组，而不需要对每个独立的用户和对象进行配置。

Kerberos 是基于共享密钥的认证协议，用户和密钥分配中心（KDC）都知道用户的口令，或从口令中单向产生的密钥，并定义了一套客户端、KDC 和服务器之间获取和使用 Kerberos 票据的交换协议。Windows 2008 中采用多种措施提供对 Kerberos 协议的支持：Kerberos 客户端使用基于 SSPI 的 Windows 2008 安全提供者，初始 Kerberos 认证同 WinLogon 的单次登录进行了集成，而 Kerberos KDC 也同运行在域控制器中的安全服务进行了集成，并使用活动目录作为用户和组的账号数据库。

Windows 2008 的 PKI 系统在本身具有高强度安全性的同时，还与操作系统进行了紧密集成，并作为操作系统的一项基本服务而存在，避免了购买第三方 PKI 所带来的额外开销。构成 Windows 2008 PKI 的基本逻辑组件中最核心的为微软证书服务系统（Microsoft Certificate Services），它允许用户配置一个或多个企业 CA，这些 CA 支持证书的发放和废除，并与活动目录和策略配合，共同完成证书和废除信息的发布。

Windows Server 2008 防火墙也有重大改进，能够创建入站和出站数据流的防火墙规则，能与 IPSec 技术相结合，支持 IPv6。对防火墙规则进行配置时，可以从各种标准中进行选择：例如应用程序名称、系统服务名称、TCP 端口、UDP 端口、本地 IP 地址、远程 IP 地址、配置文件、接口类型、用户、用户组、计算机、计算机组、协议、ICMP 类型等。规则中的标准添加越多，具有高级安全性的 Windows 防火墙匹配传入流量就越精细。

另外，Windows 2008 中还提供了其他的网络和信息安全技术支持，如虚拟专用网支持和 Internet 验证服务。所以，通过对 Windows 2008 的合理化管理和配置，可以在现有投资的情况下有效保证网络信息的安全性。

5.5.2 Windows Server 2008 的用户管理

1. 用户

用户是网络中的合法使用者，其身份主要由用户名、口令及其他相关信息来标识。安装 Windows 2008 时将自动创建两个内置用户账户，即 Administrator 和 Guest，如图 5-13 所示。

图 5-13　用户管理窗口

（1）Administrator（管理员账户）：管理员账户是第一次安装工作站或成员服务器时所用的账户。为自己创建账户之前，应使用该账户。管理员账户是工作站或成员服务器中管理员组的成员。Windows Server 2008 中，管理员账户不能被删除，但可以改名。

（2）Guest（来宾账户）：来宾账户由在这台计算机上没有实际账户的人使用。账户被禁用（不是删除）的用户也可以使用来宾账户。来宾账户不需要密码。来宾账户默认是禁用的，但也可以启用。

普通服务器可以新建本地用户，域控制器上只能新建全局账户。新建的本地账户只能在本地计算机登录，全局账户可以在域中所有计算机上登录。在账户名上点击"属性"菜单，可以打开账户"属性"窗口，对账户进行详细设置。其中点击"隶属于"选项页，可以将新建账户加入某个组，加入到组的用户就具有该组定义的一切资源使用权限，如图 5-14 所示。

2. 组

组是对具有相同资源需求的用户的重新划分，在网络中按组分配共享资源要比按用户分配共享资源更方便。Windows Server 2008 默认的本地组多达 14 种，同时它还允许用户在 AD 中创建自定义的全局组以及分配权限。

3. 账号策略

适用于用户账户的安全策略设置主要有以下 3 种。

① 密码策略：对于域或本地用户账户，决定密码的设置，如强制性和期限。

Windows Server 2008 支持强密码策略。Windows Server 2008 还支持精细密码策略（Fine-Grained Password Policy）管理，满足了不同用户对于安全性的不同要求。精细密码策略允许针对不同用户或全局安全组应用不同的密码策略。例如，可以为管理员组指派超强密码策略，密码 16 位以上；为普通域用户指派普通密码策略等。

② 账户锁定策略：对于域或本地用户账户，决定系统锁定账户的时间，以及锁定谁的账户。

③ Kerberos 策略：对于域用户账户，决定与 Kerberos 有关的设置，如账户有效期和强制性。

4. 指派用户权限

网络中经常有各种各样的用户，例如经理和普通员工都要访问同一个服务器，但是他们可以访问的共享资源名称可能会不一样，即使共享名一样，读写权限也不一定一样。有经验的管理员在系统管理过程中会对每一个共享资源的访问权限进行细致的划分，从而可以提高访问控制的安全性。

建立文件共享时，Windows Server 2008 默认给每一个组内用户分配"读取"权限，特定用户和组如果希望获得"完全控制"或"修改"等高级权限，必须在文件共享的安全属性中指派，如图 5-15 所示。

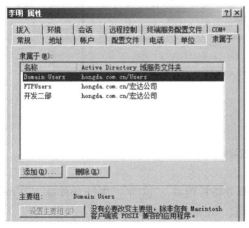

图 5-14 在账户"属性"窗口中将用户添加到组

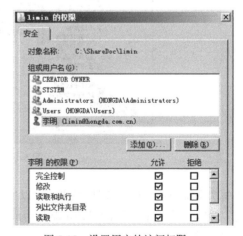

图 5-15 设置用户的访问权限

5.5.3 Windows Server 2008 的组策略

所谓组策略（Group Policy），顾名思义，就是基于组的策略。它以 Windows 中的一个 MMC

管理单元的形式存在，可以帮助系统管理员针对整个计算机或是特定用户来设置多种配置，包括桌面配置和安全配置。简而言之，组策略是 Windows 中的一套系统更改和配置管理工具的集合，将系统重要的配置功能汇集成各种配置模块，供管理人员直接使用，从而达到方便管理计算机的目的。组策略的这些特性能够方便地用于加固服务器系统，在"开始|运行"窗口中输入"gpedit.msc"即可打开组策略编辑器。

1. 账户策略

（1）密码策略

密码策略定义了与密码设置有关的策略，增加密码的复杂性，使密码被破解的难度加大。

（2）账户锁定策略

账户锁定策略主要用来设置与账户登录有关的策略，可以限制账户登录的时间和登录的次数，防止黑客反复尝试非法口令。

2. 本地策略

这些策略属于本地计算机。本地策略基于已登录的计算机以及在此特殊的计算机上的权限。此安全区域包含下列内容的属性。

（1）审核策略

审核策略决定记录在计算机（成功的尝试、失败的尝试或两者）的"安全"日志上的安全事件（"安全"日志是事件查看器的一部分）。正确的审核策略有助于发现系统中出现的异常现象，图 5-16 给出了一个参考设置。

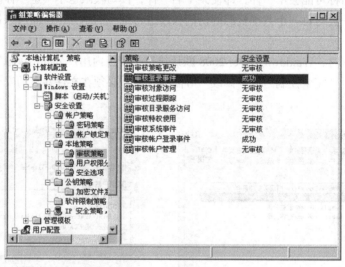

图 5-16　审核策略设置

每次系统登录成功后，审核结果将可以通过"服务器管理器"/"诊断"/"事件查看器"/"Windows 日志" / "安全"查看设置的审核策略是否成功执行，如图 5-17 所示。

（2）用户权利分配

用户权利分配决定在计算机上有登录或任务特权的用户或组。

（3）安全选项

安全选项决定启用或禁用计算机的安全设置，例如数据的数字信号、Administrator 和 Guest 的账户名、软盘驱动器和光盘的访问、驱动程序的安装以及登录提示。

图 5-17　查看系统安全日志

根据定义，本地策略对计算机是局部的。当这些设置被导入到 Active Directory 中的"组策略"对象时，它们将影响应用"组策略"对象的任何计算机账户上的本地安全设置。在任意情况下，如果有替代这些特权的本地策略设置，则将不再应用用户账户权限。

3. 公钥策略

使用 Windows 2008 组策略中的公钥策略可以设置以下内容。

① 使计算机自动将证书请求提交到企业证书颁发机构并安装颁发的证书。这对确保计算机拥有在本组织中执行公钥加密操作所需的证书非常有用，例如用于 IP 安全或客户身份验证。

② 创建和发布证书信任列表。证书信任列表是根证书颁发机构的证书的签名列表，管理员认为该列表对指定目的来说值得信任，例如客户身份验证或安全电子邮件。如果要使证书颁发机构的证书对于 IP 安全可信，但是对于客户身份验证不可信，则证书信任列表是实现该信任关系的途径。

③ 建立常见的受信任的根证书颁发机构。该策略设置对于使计算机和用户服从常见的根证书颁发机构（除了已经单独信任的机构）非常有用。

④ 添加加密数据恢复代理，并更改加密数据恢复策略设置。

4. IP 安全策略

IP 安全策略用于定义 VPN 网络中 Windows Server 2008 服务器的过滤规则。

5.5.4　提高 Windows 2008 安全性的措施

① 启用合适的密码策略。

② 启用系统审核。

③ 定期备份日志文件。

④ 为系统管理员账号和来宾账号改名。

⑤ 开启重要文件夹的安全审核机制。

⑥ 合理使用 Windows Server 2008 提供的网络服务。

对于易带来安全性隐患的服务，如 Terminal Services（终端服务）、IIS 和 RAS 都应提高警惕。在不应用这些服务的时候，应尽量不安装该项服务组件，或关闭该项服务，在需要它的时候再打开，并正确地配置。另外，可以分开的服务要分开，不要全部集中在一个系统上。如果文件服务器和 Web 服务器不是同一台计算机，来自 Internet 的攻击就不会危害到内部文件服务器。所以，有效地划分系统可以缩小受害的范围，提高整体安全性。

记住这样一个原则："最少的服务 + 最小的权限 = 最大的安全"。

⑦ 使用 Windows Server 2008 高级防火墙设置管理网络连接。

⑧ 加强学习，及时堵漏。

要经常访问各种安全论坛，查看与 Windows 2008 系统有关的安全文章，对可能出现的漏洞要进行防范；从正规网站下载漏洞修补软件，对可能的系统漏洞进行修补；尤其要关注 Microsoft 公司的官方网站（www.microsoft.com），下载并安装最新版本的 Service Pack，这些通常包含了 Microsoft 公司针对 Windows 2008 漏洞开发的补丁程序。

习 题

一、填空题

1. 黑客通常用_____技术窃听同一个局域网内传输的信息。

2. _____通常是以消耗服务器端资源为目标，通过伪造超过服务器处理能力的请求数据造成服务器响应阻塞，从而使正常的用户请求得不到应答，实现攻击目的。

3. 很多软件都有漏洞，给黑客创造了进入系统的机会，堵住漏洞的方法是安装_____。

4. _____其实就是一种程序，只不过这种程序能破坏计算机系统，并且能潜伏在计算机中，复制、感染其他的程序和文件。

5. 按照对网络数据安全等级的标准，可以将网络结构划分为外部网（简称为外网）、内部网（简称为内网）和_____。

6. 把包过滤和代理服务两种技术结合起来，可以形成新的防火墙，称为_____防火墙。

7. Kerberos 是基于_____的认证协议。

8. 在 Windows Server 2008 系统中，默认的本地用户账号是_____和_____。

9. _____组用户只能在本地计算机登录，_____组用户可以在 AD 域内的任何主机上登录，使用域内的共享资源。

二、简答题

1. 防止 Sniffer 攻击的有效方法有哪些？

2. 简要介绍 IP 地址欺骗的原理。

3. 常见的病毒都有哪些类型，在日常工作中是如何查杀病毒的？以一两个杀毒软件的使用方法为例加以说明。

4. 常用的网络安全技术有哪些？

5. 新型的防火墙技术有哪些？

6. 如果为某企业选购一台防火墙，将根据什么原则选购？

7. 按本章中对 Windows 安全性分析的介绍，亲自动手设置一个安全的 Windows Server 2008 服务器。

三、案例分析

1. 为了保证 Internet 连接的安全性，某公司在企业网络内部实现了防火墙设计，如题图 5-1 所示，根据图中所示信息完成如下问题。

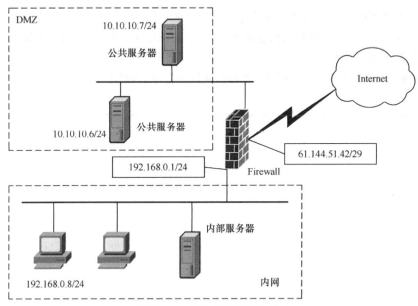

题图 5-1　某防火墙连接示意图

（1）完成下列命令行，对网络接口进行地址初始化配置：

```
firewall(config)#ip address inside    _____    _____
firewall(config)#ip address outside   _____    _____
```

（2）阅读以下防火墙配置命令，为每条命令选择正确的解释。

① firewall(config)#global (outside) 1 61.144.51.43

② firewall(config)#nat (inside) 1 0.0.0.0 0.0.0.0

③ firewall(config)#static (inside, outside) 192.168.0.8 61.144.51.43

①

A. 当内网的主机访问外网时，将地址统一映射为 61.144.51.46

B. 当外网的主机访问内网时，将地址统一映射为 61.144.51.46

C. 设定防火墙的全局地址为 61.144.51.46

D. 设定交换机的全局地址为 61.144.51.46

②

A. 启用 NAT，设定内网的 0.0.0.0 主机可访问外网 0.0.0.0 主机

B. 启用 NAT，设定内网的所有主机均可访问外网

C. 对访问外网的内网主机不做地址转换

D. 对访问外网的内网主机进行任意的地址转换

③

A. 地址为 61.144.51.43 的外网主机访问内网时，地址静态转换为 192.168.0.8

B. 地址为 61.144.51.43 的内网主机访问外网时，地址静态转换为 192.168.0.8

C. 地址为 192.168.0.8 的外网主机访问外网时，地址静态转换为 61.144.51.43

D. 地址为 192.168.0.8 的内网主机访问外网时，地址静态转换为 61.144.51.43

（3）以下命令针对网络服务的端口配置，解释以下配置命令。

```
firewall(config)#fixup protocol http 8080
firewall(config)#no fixup protocol ftp 21
```

（4）公司网络中的设备或系统（包括存储商业机密的数据库服务器，邮件服务器，存储资源代码的 PC、Web 服务器，存储私人信息的 PC、电子商务系统）哪些应放在 DMZ 中，哪些应放在内网中？并给予简要说明。

（5）根据图中信息说明 DMZ 区服务器和内网服务器是否在同一网段，为什么要这样设计？

第6章
网络物理设计

在确定了建设一个什么样的网络之后，下一步就要选择合适的网络介质和设备来实现它。网络物理设计的任务就是要选择符合逻辑性能要求的传输介质、设备、部件或模块等，并将它们搭建成一个可以正常运行的网络。

网络物理设计对设备的选择要从网络本身的性能要求、互操作性和设备特性等方面来决定应该采用哪些传输介质和设备。选择设备应该有一定的性能空间，不能以基本满足要求为准。许多知名厂商的产品都是成系列的，也有完备的解决方案，可以参考。

网络物理设计成功与否，将会在未来数十年的运行中得到最好的证明。

6.1　物理设计的原则

物理设计是在逻辑设计的基础上选择符合性能要求的物理设备，并确定设备安装方案和结构化布线方案，提供网络施工的依据。在进行物理设计时，必须遵循以下原则。

① 所选择的物理设备至少应该满足逻辑设计的基本性能要求，同时还需要考虑设备的可扩展性和冗余性等因素。

② 虽然在进行设备选型时，从节约用户投资的角度去考虑"性价比最优"的方案，但从网络设备的可用性、可靠性和冗余性的角度去考虑时，价格有时候又是应该放在第二位的因素。

③ 所选择的设备还应该具有较强的互操作性。支持同种协议的设备之间互连时易于安装，故障概率也较小。出自同一个设备商的产品在基础软件和配置方法上也相同，设备之间的互操作性也较强。因此，在决定选择何种设备时要选择支持同种协议的设备，尽量避免产品出自多个厂家，五花八门，降低设备之间的互操作性。

④ 在进行结构化综合布线设计时，要考虑到未来20年内的增长需求，因为一旦大楼布线工程竣工，再想改动原有的方案将会非常困难，所以只有能稳定运行20年以上的布线方案才是合理的。

⑤ 结构化综合布线方案需要受到一些地理环境条件的制约，如楼层之间的距离，设备间的安全性，干扰源的位置等，情况不明朗时一定要进行充分的实地考察。

6.2　传输介质选型

传输介质是指连接两个网络节点的物理线路，用于网络信号传输。传输介质通常分为有线介

质和无线介质。有线介质包括同轴电缆、双绞线和光纤等；无线介质包括红外线、电磁波、通信
卫星等。

6.2.1　同轴电缆

同轴电缆是传统以太网使用的传输介质，它由中心导体、绝缘材料层、网状织物构成的
屏蔽层以及外部隔离材料层组成，如图 6-1 所示。同轴电缆具有足够的柔韧性，能支持 254mm
（10 英寸）的弯曲半径。中心导体是直径为 2.17mm±0.013mm 的实芯铜线。绝缘材料必须满
足同轴电缆电器参数。屏蔽层是由满足传输阻抗和 ECM 规范说明的金属带或箔片组成，屏
蔽层的内径为 6.15mm，外径为 8.28mm。外部隔离材料一般选用聚氯乙烯（如 PVC）或类
似材料。

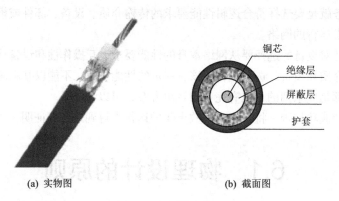

(a) 实物图　　　　　　　　　　　(b) 截面图

图 6-1　粗同轴电缆

1. 同轴电缆的类型

有两种广泛使用的同轴电缆：一种是 50Ω 电缆，用于数字传输，由于多用于基带传输，也叫
基带同轴电缆；另一种是 75Ω 电缆，用于模拟传输，即宽带同轴电缆。基带同轴电缆可分为两类：
粗缆和细缆。10Base-2 以太网就是使用细同轴电缆组网的。

使用有线电缆进行模拟信号传输的同轴电缆系统被称为宽带同轴电缆。"宽带"这个词来源于
电话业，指比 4kHz 宽的频带。然而在计算机网络中，"宽带电缆"却指任何使用模拟信号进行传
输的电缆网。宽带网使用标准的有线电视技术，可使用的频带高达 300MHz（常常到 450MHz）。
由于有线电视网广泛铺设，宽带同轴电缆也被用来作为宽带计算机互连及 VOD 网络的传输介质。
由于使用模拟信号，需要在接口处安放一个电子设备（Cable Modem 或机顶盒产品），用以把进入
网络的比特流转换成模拟信号，并把网络输出的信号再转换成比特流。

宽带系统又分为多个信道，电视广播通常占用 6MHz 信道。每个信道可用于模拟电视、CD
质量声音（1.4Mbit/s）或 3Mbit/s 的数字比特流。电视和数据可在一条电缆上混合传输。宽带系统
和基带系统的一个主要区别是：宽带系统由于覆盖的区域广，需要模拟放大器周期性地加强信号。
这些放大信号仅能单向传输，因此，如果计算机间有放大器，则报文分组就不能在计算机间逆向
传输。

2. 同轴电缆的参数指标

同轴电缆的主要电气参数如下。

① 同轴电缆的特性阻抗：同轴电缆的平均特性阻抗为（50±2）Ω，沿单根同轴电缆的阻抗的

周期性变化为正弦波，中心平均值为±3Ω，其长度小于 2m。

② 同轴电缆的衰减：一般指 500m 长的电缆段的衰减值。当用 10MHz 的正弦波进行测量时，它的值不超过 8.5dB（17dB/km）；而用 5MHz 的正弦波进行测量时，它的值不超过 6.0dB（12dB/km）。

③ 同轴电缆的传播速度：最低传播速度为 0.77c（c 为光速）。

④ 同轴电缆直流回路电阻：电缆的中心导体的电阻与屏蔽层的电阻之和不超过 10mΩ/m（在 20℃下测量）。

3. 同轴电缆的安装技术

用同轴电缆作为传输介质的网络传输带宽较低，安装工艺复杂，且容易出故障，所以逐步被非屏蔽双绞线或光缆取代。计算机网络使用 RG-11 以太网粗缆和 RG-58 以太网细缆。

同轴电缆一般安装在设备与设备之间。在每一个用户位置上都装有一个连接器为用户提供接口。接口的安装方法如下。

① 细缆：将细缆切断，两头装上 BNC 头，然后接在 T 型连接器两端用于传输带宽为 10Mbit/s 的网络。

② 粗缆：粗缆一般采用收发器进行安装，将收发器上的引导针穿透电缆的绝缘层，直接与导体相连，用于传输带宽为 10Mbit/s 的网络。电缆两端头要有端接器来削弱信号的反射作用。

6.2.2　双绞线

双绞线（Twisted pair，TP）是一种综合布线工程中最常用的传输介质。双绞线是由两根具有绝缘保护层的铜导线组成。把两根绝缘的铜导线按一定密度互相绞在一起，可降低信号干扰的程度，每一根导线在传输中辐射出来的电波会被另一根线上发出的电波抵消。双绞线一般由两根绝缘铜导线相互缠绕而成。如果把一对或多对双绞线放在一个绝缘护套中便成了双绞线电缆。与其他传输介质相比，双绞线在传输距离、信道宽度和数据传输速度等方面均受一定限制，但价格较为低廉且安装工艺简单。

1. 双绞线类型

目前，双绞线按屏蔽特性可分为非屏蔽双绞线（Unshielded Twisted Pair，UTP，也称无屏蔽双绞线）和屏蔽双绞线（Shielded Twisted Pair，STP）。非屏蔽双绞线造价低，适合于无干扰源区域布线。屏蔽双绞线电缆的外层由铝泊包裹着，抗干扰能力强，适合在配电房附近或其他强电磁干扰区域布线，但它的价格相对要高一些。UTP 双绞线实物图与截面图如图 6-2 所示。网络工程中常用的双绞线类型如表 6-1 所示。

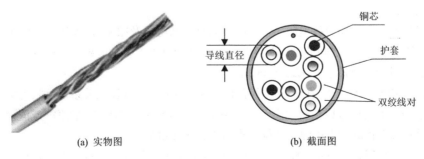

(a) 实物图　　　　　　　　　　　　　(b) 截面图

图 6-2　UTP 双绞线

表 6-1　　　　　　　　　　　　　　双绞线类型及工程应用

双绞线规格	适 用 网 络	长度/使用线对数	最高传输速率
3 类	10Base-T	100m/1 对	10Mbit/s
4 类	10Base-T，100Base-T4	100m/1 对，100m/4 对	16Mbit/s
5 类	10Base-TX，100Base-TX	100m/2 对	100Mbit/s
超 5 类	100Base-TX，1000Base-T	100m/2 对，100m/4 对	1 000Mbit/s
6 类	100Base-TX，1000Base-T	100m/2 对，100m/4 对	1 000Mbit/s

识别双绞线的方法很简单。在双绞线的外皮上，每隔两英尺有一段文字，以 AMP 公司的线缆为例，该文字为："AMP SYSTEMS CABLE E138034 0100 24 AWG (UL) CMR/MPR OR C(UL) PCC FT4 VERIFIED ETL CAT5 022766 FT 0307"。

其中：

AMP—代表公司名称；

0100—表示 100Ω；

24—表示线芯是 24 号的（线芯有 22、24、26 三种规格）；

AWG—表示美国线缆规格标准；

UL—表示通过认证的标记；

FT4—表示 4 对线；

CAT 5—表示 5 类线；

022766 FT—双绞线的长度点，FT 为英尺缩写；

0307—表示生产日期为 2003 年第 7 周。

2. 双绞线性能参数详解

对于双绞线（无论是 3 类、5 类，还是屏蔽、非屏蔽），作为用户所关心的是：衰减、近端串扰、直流电阻、特性阻抗、衰减串扰比和信噪比等参数。下面就来介绍这几个的含义。

① 衰减：衰减（Attenuation）是沿链路的信号损失度量。衰减随频率而变化，所以应测量在应用范围内的全部频率上的衰减。

② 近端串扰：近端串扰 NEXT 损耗（Near-End Crosstalk Loss）是测量一条 UTP 链路中从一对线到另一对线的信号耦合。对于 UTP 链路来说这是一个关键的性能指标，也是最难精确测量的一个指标，尤其是随着信号频率的增加其测量难度就更大。

③ 直流电阻：直流环路电阻会消耗一部分信号并转变成热量，它是指一对导线电阻的和，ISO/IEC 11801 的规格不得大于 19.2Ω，每对间的差异不能太大（小于 0.1Ω），否则表示接触不良，必须检查连接点。

④ 特性阻抗：与环路直接电阻不同，特性阻抗包括电阻及频率自 1MHz～100MHz 的电感抗及电容抗，它与一对电线之间的距离及绝缘的电气性能有关。各种电缆有不同的特性阻抗，对双绞线电缆而言，则有 100Ω、120Ω、150Ω 几种。

⑤ 衰减串扰比（ACR）：在某些频率范围，串扰与衰减量的比例关系是反映电缆性能的另一个重要参数。ACR 有时也以信噪比表示，它由最差的衰减量与 NEXT 量值的差值计算。较大的 ACR 值表示对抗干扰的能力更强，系统要求至少大于 10dB。

⑥ 信噪比：信噪比（Signal-Noice Ratio，SNR）描述了通信信道的品质。SNR 是在考虑到干扰信号的情况下，对数据信号强度的一个度量。如果 SNR 过低，将导致数据信号在被接收时，接

收器不能分辨数据信号和噪音信号，最终引起数据错误。因此，为了使数据错误限制在一定范围内，必须定义一个最小的可接收的 SNR。

6.2.3　光纤

1.　什么是光纤

光纤和同轴电缆相似，只是没有网状屏蔽层。其中心是光传播的玻璃芯。纤芯外面包围着一层折射率比纤芯低的玻璃封套。纤芯和包层构成同心圆柱体，它质地脆，易断裂，因此需要外加一保护层。光纤通常被扎成束，外面有外壳保护。

为了使用光纤传输信号，光纤两端必须配有光发射机和光接收机，光发射机执行从电信号到光信号的转换。实现电光转换的通常是发光二极管（LED）或注入式激光二极管（ILD）；实现光电转换的是光电二极管或光电三极管。

2.　光纤分类

（1）多模光纤和单模光纤

通过光纤传输的每一条光束称为一个模。根据光在光纤中的传播模式，光纤有两种类型：多模光纤（Multi Mode Fiber，MMF）和单模光纤（Single Mode Fiber，SMF）。单模光纤的纤芯直径很小，在给定的工作波长上只能传输一路信号，传输频带宽，传输容量大。多模光纤是在多个给定的工作波长上，能以多个模式（多路信号）同时传输的光纤。

多模光纤比单模光纤粗，因此可提供足够的空间供多束光线在光纤中传输。使用多模信号的时候，不同的光束经过的传输距离不一致。一些光束可直接在内芯传输，而其他光束必须不断通过反射层的反射直至到达光纤的远端，如图 6-3 所示。这些光束有不同的入射角度，在通过反射层反射时有不同发射角度。与单模光纤相比，多模光纤的传输距离较近，性能较差，费用也较低廉。

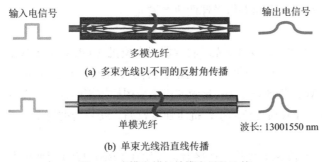

输入电信号　　　　　　　　　　　　　　　输出电信号

多模光纤

(a) 多束光线以不同的反射角传播

单模光纤　　　　　　波长: 13001550 nm

(b) 单束光线沿直线传播

图 6-3　多模光纤与单模光纤的比较

（2）折射突变型光纤和折射渐变型光纤

多模光纤又根据其包层的折射率进一步分为折射突变型光纤和折射渐变型光纤。折射突变型光纤由两种透明材料构成，即内芯和反射层，这种类型的光纤不补偿信号的色散。以折射突变型光纤作为传输媒介时，发光管以小于临界角发射的所有光都在光缆包层界面进行反射，并通过多次内部反射沿纤芯传播。

在目前的市场和工程应用中，多模光纤的纤芯外直径分别为 50μm、62.5μm、100μm，其包层外直径分别为 125μm、125μm、140μm。单模光纤的纤芯外直径分别为 8.3μm、8.7μm、9μm、10μm，其包层外直径均为 125μm。所传输光信号的波长有短波长 850nm、长波长 1 300nm、1 550nm。

3.　光纤连接器件

光纤连接器是光纤与光纤之间进行可拆卸（活动）连接的器件，它是把光纤的两个端面精密对接起来，以使发射光纤输出的光能量能最大限度地耦合到接收光纤中去，并使由于其介入光链路而对系统造成的影响减到最小，这是光纤连接器的基本要求。在一定程度上，光纤连接器也影响了光传输系统的可靠性和各项性能。常用的光纤连接器类型如图 6-4 所示。

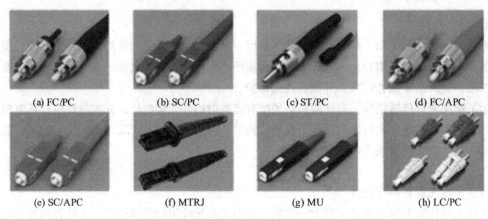

| (a) FC/PC | (b) SC/PC | (c) ST/PC | (d) FC/APC |
| (e) SC/APC | (f) MTRJ | (g) MU | (h) LC/PC |

图 6-4　常用光纤连接器的类型

（1）FC 连接器

FC 是 Ferrule Connector 的缩写，表明其外部加强方式是采用金属套，紧固方式为螺丝扣。FC 连接器常用在电信配线架上。

（2）ST 连接器

ST 连接器是卡接式，常用于光纤配线架，外壳呈圆形，所采用的插针与耦合套筒的结构尺寸与 FC 型完全相同，其中插针的端面多采用 PC 型或 APC 型研磨方式；紧固方式为螺丝扣。（PC 微球面研磨抛光，APC 呈 8 度角并做微球面研磨抛光。）

（3）SC 连接器

SC 连接器是卡接式方形，多用在光纤收发器或交换机的 GBIC 光模块上（如 Cisco 2950/3550 交换机）。它的外壳呈矩形，所采用的插针与耦合套筒的结构尺寸与 FC 型完全相同，其中插针的端面多采用 PC 型或 APC 型研磨方式；紧固方式是采用插拔销闩式，不需旋转。此类连接器价格低廉，插拔操作方便，介入损耗波动小，抗压强度较高，安装密度高。

（4）LC 连接器

LC 连接器也就是连接 SFP 模块的连接器，可用在 Cisco 3750 交换机上。它采用操作方便的模块化插孔（RJ）闩锁机理制成。该连接器所采用的插针和套筒的尺寸是普通 SC、FC 等所用尺寸的一半，提高了光配线架中光纤连接器的密度。

（5）MT-RJ 连接器

MT-RJ 起步于开发 MT 连接器，带有与 RJ-45 型 LAN 电连接器相同的闩锁机构，通过安装于小型套管两侧的导向销对准光纤。为便于与光收发信机相连，连接器端面光纤为双芯（间隔 0.75mm）排列设计，是主要用于数据传输的下一代高密度光纤连接器。

（6）MU 连接器

MU（Miniature Unit Coupling）连接器是以目前使用最多的 SC 型连接器为基础，由 NTT 研制开发出来的世界上最小的单芯光纤连接器，该连接器采用 1.25mm 直径的套管和自保持机构，其优势在于能实现高密度安装。MU 型连接器有用于光缆连接的插座型连接器（MU-A 系列），具有自保持机构的底板连接器（MU-B 系列），以及用于连接 LD/PD 模块与插头的简化插座（MU-SR

系列）等。随着光纤网络向更大带宽更大容量方向的迅速发展和 DWDM 技术的广泛应用，对 MU 型连接器的需求也将迅速增长。

从设备到光纤配线架以及配线架到光收发器的连接还要使用光纤跳线。光纤跳线也可以分多模和单模两种，长度规格有 0.5m、1m、2m、3m、5m、10m 等。光纤跳线按端接类型分主要有以下 4 种类型：ST-ST、SC-SC、ST-SC、LC-LC，如图 6-5 所示。

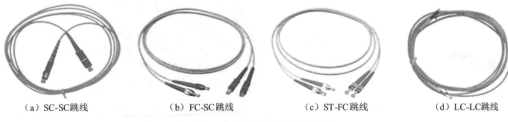

（a）SC-SC跳线　　　（b）FC-SC跳线　　　（c）ST-FC跳线　　　（d）LC-LC跳线

图 6-5　光纤跳线类型示意图

4. 光缆

光导纤维电缆由一捆光导纤维，以及防护性填充物组成，简称为光缆。光缆是数据传输中最有效的一种传输介质，它有以下几个优点。

① 传输频带宽、通信容量大，短距离时达几千兆的传输速率。

② 电磁绝缘性能好，抗干扰能力强。光缆中传输的是光束，由于光束不受外界电磁的干扰与影响，而且本身也不向外辐射信号，因此它适用于长距离的信息传输以及要求高度安全的场合。

③ 衰减较小。在较长距离和范围内信号是一个常数。

④ 中继器的中间间隔较大，因此可以减少整个通道中继器的数目，可降低成本。根据贝尔实验室的测试，当数据的传输速率为 420Mbit/s 且距离为 119km 无中继器时，其误码率为 10～8，可见传输质量很好。而同轴电缆和双绞线每隔几千米就需要接一个中继器。

5. 光缆的种类和用法

光缆类型有很多，根据用法不同分为室外光缆和室内光缆。

（1）室外光缆

室外光缆用于建筑群间布线或远程通信布线，也可用于干线布线。该类光缆一般都是全错装结构，具有抗拉伸、抗侧压、防水性能好等特点。室外光缆的实物及截面图如图 6-6 所示。

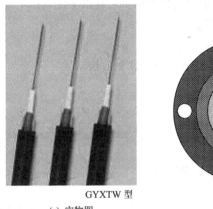

GYXTW 型

（a）实物图

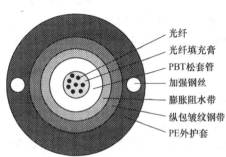

光纤
光纤填充膏
PBT松套管
加强钢丝
膨胀阻水带
纵包皱纹钢带
PE外护套

（b）截面图

图 6-6　上海惠锦 GYXTW 型室外光缆

（2）室内光缆

室内光缆主要用于室内布线，如条线、水平布线和尾纤等。室内光缆有别于室外光缆，它具有柔软、全介质、方便插接（可带 FC/SC 等）、阻燃（或不延燃）以及一定的机械强度和耐环境特性等优点。室内光缆的实物及截面图如图 6-7 所示。

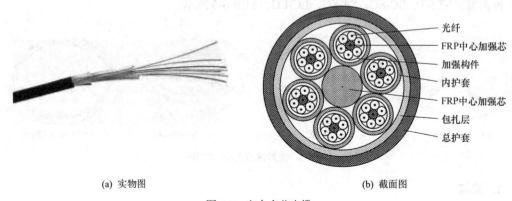

光纤
FRP中心加强芯
加强构件
内护套
FRP中心加强芯
包扎层
总护套

(a) 实物图　　　　　　　　　　　　　　(b) 截面图

图 6-7　室内多芯光缆

6.2.4　无线介质

所有人眼看不见的网络传输介质都被称为无线介质，它分为红外线、微波和卫星通信 3 种形式。无线介质具有以下特点：

① 使用电磁波或光波携带信息；
② 无需物理连接；
③ 适用于长距离或不便布线的场合；
④ 易受干扰。

1. 红外线

红外线是一种波长较长的光波，具有热感功能，较早应用于近距离无线传输。它常用在移动设备间相互通信的场合，要求收发方均可见。

2. 微波

微波曾在无线通信领域得到广泛应用，目前，它也是 WLAN 的主要传输介质。由于微波会穿透电离层进入宇宙空间，因此无需电离层的反射可传播很远。它有以下优点：

① 微波频率高，频率范围宽，因此通信容量大；
② 传输质量较高，可靠性较高；
③ 无需布线，与相同容量长度的有线介质相比投资少、见效快。

微波传输介质具有以下缺点：

① 相邻站必须可见；
② 易受天气影响；
③ 隐蔽性、安全性差；
④ 对中继站的使用和维护需要大量的人力，费用高。

3. 卫星通信

卫星通信指的是通过人造同步地球卫星作为中继站的微波通信，主要优缺点与微波通信类似。其最大的优点是传输距离远，并且通信费用与距离无关；缺点是造价高、时延大。

6.3　设 备 选 型

设备选型所做的工作是为网络系统选择性能最符合要求的设备。影响设备性能的因素有很多种，本节在介绍某种特定设备的选型时，只列举关键的因素，并且每一种设备都举一两个实例加以比较和分析。

6.3.1　网卡

网卡（Network Interface Card，NIC）是主机与其他主机或网络设备交换数据的接口，是主机的硬件组成部分之一。网卡工作在数据链路层，同时又是局域网的接入层设备。

1. 网卡性能指标

（1）传输速率

网卡按所支持的传输速率分为 10Mbit/s 网卡、100Mbit/s 网卡、10/100Mbit/s 自适应网卡、1 000Mbit/s 网卡等类型。10/100Mbit/s 自适应网卡会根据网络工作状态自动确定传输速度为 10Mbit/s 或 100Mbit/s，如果网卡工作在全双工（Full Duplex）状态，速度还可以提高一倍。

（2）接口

由于以太网的传输介质不同，网卡的网络接口也不同，有的网卡为了考虑兼容性，设计了多个不同类型的接口。常见的网卡接口包括：

① AUI 接口，连接粗缆以太网；

② BNC 接口，连接细缆以太网；

③ RJ45 接口，连接双绞线以太网；

④ SC 接口，连接以光缆为传输介质的高速以太网。

（3）总线类型

台式机网卡按总线类型分为 PCI 网卡、ISA 网卡、EISA 网卡及其他总线网卡。一般来说，10Mbit/s 网卡大都为 ISA 总线，100Mbit/s 网卡中全部是 PCI 总线；服务器端的网卡可能有 EISA 总线或其他总线。由于 ISA 为 16 位总线，PCI 为 32 位总线，所以 PCI 网卡性能要比 ISA 网卡好，速度也快得多。

此外，如果笔记本电脑没有提供网卡接口，则需要购买一块 PCMCIA 网卡才能接入网络。PCMCIA 是针对笔记本电脑所开发的一种扩充槽的标准，是大多数笔记本电脑的标配，可以直接插接网卡和 Modem 等设备，即插即用，非常方便。

（4）即插即用

即插即用（Plug and Play，PnP）是 Windows 98/2000 操作系统的重要特性之一，主要为 PCI 设备提供自动安装功能。使用支持 PnP 规格的网卡可以省去许多烦恼，例如手工设置 IRQ 和 I/O 地址时很容易产生的硬件冲突等问题。注意，ISA 网卡是没有 PnP 功能的，安装时较困难。

（5）BootROM 插座

如果购买网卡的目的是为了将其用于 DOS/NetWare/Windows 9x 无盘工作站，那么一定要选用预留有 BootROM 插座的，并根据网卡的具体型号向硬件供应商购买相应的 BootROM 芯片。

（6）指示灯

网卡通常有两个指示灯，一个是工作状态指示灯，用来指示网卡是否处在正常工作状态；还有一个是全双工状态指示灯，用来指示网卡的工作状态是单工还是全双工。指示灯对用户识别网络是否正常工作非常重要，选购网卡时要选择指示灯完备的网卡。

2. 网卡产品选型

（1）桌面型网卡

桌面型网卡用在性能要求较低的工作站连接上，一般价格都较便宜。用户可以根据市场口碑来选择，尽量选择较有名的厂家的产品。生产高性能网卡的设备商主要有 3Com、Intel、IBM、Digital、D_link、TP-Link 等。

（2）服务器网卡

服务器网卡还有对性能的特殊要求，因此购买服务器网卡时要考虑以下问题。

① On-Board 功能：支持 On-Board 功能的服务器网卡可直接访问内存，而不依靠 CPU 来传输数据给它，可直接对一些网络业务进行处理，避免了这些业务占用服务器 CPU 的处理资源。网卡还可以卸载多循环的 TCP 程序段和 TCP/IP 校验功能，以更好地利用服务器。同样，卸载 IPSec 处理既保证了网络的安全连接，同时也不损害网络的运行性能。不支持此功能的网络接口卡都呈现出较高的 CPU 占有率。

② 网卡的智能性：智能型网卡自带 CPU，可以分担 CPU 更多的功能，使主 CPU 集中全力运行服务程序和事务逻辑处理。不过，智能型网卡价格较为昂贵，只有在真正带来好处的特殊服务器中才考虑使用它。

③ 多端口网络接口卡：对于一些重负载服务器而言，一般需要安装 1～4 块网卡。但有些性能较低的服务器只有 2～3 个 PCI 扩展槽，难以安装如此多的网卡。某些网络接口卡厂商，如 D-Link，设计了多端口的服务器网络接口卡 DFE-570TX，这些网络接口卡在一块板上提供两个或多个网络连接，且每个 10/100Mbit/s 端口具有独立的 MAC 地址。多端口网络接口卡在服务器扩展槽非常宝贵的特殊应用中是非常有用的。

3Com 千兆服务器网卡如图 6-8 所示，它适用于连接到核心交换机千兆端口的高性能服务器。由于它支持 1 000Mbit/s 高带宽，所以用户可以获得巨大的吞吐率提升和先进的服务器功能等。连接该网卡的传输介质仍然适用 5 类或超 5 类 UTP 双绞线。

3Com 千兆服务器网卡的性能如下：

● 可扩展的 10 倍吞吐率提升，将快速以太网服务器连接加速到 1 000Mbit/s；

图 6-8 3Com 千兆服务器网卡

● 如果安装多个 NIC 连接，则支持自动链路聚合及故障切换；
● 先进的服务器功能可最大限度地提高可用性、可升级性和容错性；
● 64 位 PCI 和 PCI-X 兼容性意味着更快的传输和更低的 CPU 占用率；
● 符合标准的集中式管理减少了网络管理时间，降低了总拥有成本；
● TCP/UDP/IP 校验数字卸载降低了主机 CPU 负载，可改进系统性能；
● PCI Hot-Plug 可带电拔出/替换服务器 NIC，而不必让服务器停机。

6.3.2 集线器

集线器（Hub）是 10Base-T 网络的主要连接设备，同时也应用在其他类型的网络中。经过几十年的发展，集线器在外形结构、接口类型和端口数量等方面都产生了很多变化，产品非常丰富。

1. 集线器分类

从功能上分，集线器可分为下面 4 种类型。

（1）基本型集线器

"基本型"集线器的面板上均有 LED 指示灯，具有自动诊断故障点的能力，但不具备网管功能。集线器按是否需要供电分为有源集线器和无源集线器。有源集线器采用直流供电方式，能对信号进行放大和再生。在一般小型办公室组网、家庭组网和寝室组网中，一般购买一个 8/16 端口的有源集线器即可。

（2）智能型集线器

智能型集线器（Intelligent Hub）除了具有基本型集线器的功能外，还具有 SNMP 网管功能，如统计每一接口的数据流量、数据保密、用户接口的 Enable/Disable 管制功能、故障排除等。在高性能企业应用中，接入层产品选择含网管功能的智能型集线器为宜，易于管理，扩充性也较强。

（3）模块式集线器

模块式集线器又称为机箱式集线器。在一个大机箱内，有很多扩展槽，可插入数种可供网络扩充的模块，如用于 10Base-T 的模块或用于 Token Ring 的模块等，因此扩充性最强，但成本也较高。模块式集线器也具备 SNMP 网管功能。

（4）堆叠式集线器

堆叠式集线器（Stackable Hub）解决了集线器级联时带宽逐级降低的问题，适用于工作节点较多且物理位置集中的环境。堆叠式集线器的扩充能力随堆叠的层数增强，性能较好的产品堆叠层次在 5 层以上。堆叠式集线器端口成本较模块式集线器低，不具备 SNMP 网管功能。

2. 集线器产品选择

选择集线器时应该注意以下原则。

① 带宽：集线器的带宽指的是上行带宽，每一个端口可以分配的带宽等于上行带宽除以实际连接工作站的数目的值。工作站连接得越多，每个工作站获得的带宽就越窄。

② 端口数：端口数越多，意味着端口成本越低，但应尽量保证可用端口数目多出实际工作站数目 4~5 个，因为集线器端口容易发生故障，应多几个闲置端口备用。

③ LED 指示灯：指示灯可帮助用户掌握集线器的工作状态，指示灯越多，集线器的管理就越方便。新购买的集线器不妨接上电源测试一下，如果电源连通 3s 内集线器的所有指示灯会全亮说明它是无故障的。关于每个 LED 指示灯的用途可参看 3Com 的一款集线器，如图 6-9 所示。

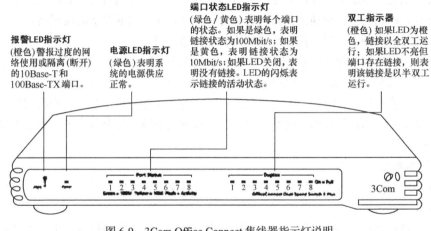

图 6-9　3Com Office Connect 集线器指示灯说明

④ 是否可以堆叠。如果工作节点较多，必须使用级联或者堆叠方式的话，应考虑选择具有堆叠功能的集线器。

⑤ 外形尺寸。如果集线器需要安装在机架上，就要购买符合机架尺寸的集线器，目前配线架的尺寸标准是 19 英寸。

⑥ 端口类型。集线器端口决定了集线器的互连能力，集线器互连的传输介质包括光纤和双绞线，则应该具备一个 SC/ST 型的光纤连接端口，上连到部门交换机。

⑦ 综合考虑品牌和性价比因素。

3. TP-Link 公司的 TL-HD16ES 型集线器

深圳 TP-Link 公司一直为国内中小型企业组网、网吧组网和 SOHO 应用提供性价比较高的桌面应用产品，TL-HD16ES 是其集线器产品中的典型代表，不仅具有 10/100Mbit/s 自适应带宽，还具有堆叠功能，其外形如图 6-10 所示。

TL-HD16ES 型双速 16 口快速以太网集线器采用工程机架型钢壳结构设计，适用于中小型办公网络，兼容 100Base-TX 和 10Base-T 两种网络

图 6-10　TP-Link 公司的 TL-HD16ES 型集线器

环境，端口速度 10/100Mbit/s 自动匹配，提供 Uplink 级联口，方便网络扩容；LED 面板灯动态显示电源、网路通断、端口速率和网络碰撞情况；出错端口自动隔离，以保证网络的正常运行；可堆叠端口提供芯片级的连接，节省端口资源，提高连接效率。

产品特性如下：

① 16 口 10/100Mbit/s RJ-45 端口；

② Uplink 级联口，适合网络扩展；

③ 10/100Mbit/s 双速自适应；

④ 动态 LED 指示灯，提供简单的工作状态提示及故障排除；

⑤ 故障端口自动隔离；

⑥ 工程机架型钢壳结构设计；

⑦ 背板堆叠端口，提供芯片级的连接方式。

6.3.3　交换机

网络交换机是高性能网络设计中考虑最多的物理设备，不仅因为其重要性，还在于其种类繁多，性能各异。高档的多层交换机具有网管功能和路由功能，完成复杂的局域网寻路工作。低档的交换机不过是端口独立，具有高速交换能力的集线器而已。

交换机的发展也越来越快，不仅转发速度、背板容量提高了很多，硬件结构也有了新的变化，专业的交换机普遍采用 ASIC 芯片提供线速转发能力，还配备专业的管理软件，支持 VLAN 和 QoS 等性能。交换机的互连能力也大大增强，从原来的 OSI 参考模型第二层提高到第三、四、五层等，并且能支持一两种局域网内的路由协议，在局域网组网中完全替代了传统路由器的地位并且做得更好。

1. 交换机类型

从规模应用对交换机分类可以将交换机分为企业级交换机、部门级交换机和工作组级交换机。

（1）企业级交换机

企业级交换机具有许多高级特性，采用模块化的结构设计，价格昂贵。企业级交换机用在企业骨干网（核心层）中，具有高速交换能力，背板容量高达几十 GB；每一个端口都支持全双工工作方式，部分高速端口还具有聚合功能；网管能力更强，不仅具有 RMON 管理功能，还有其他复杂的管理功能；支持 RIP，能在虚拟网段之间转发数据包。为了提高可靠性，企业级交换机还在硬件上做了一些冗余设计。企业级交换机适合于拥有 500 个节点以上的大型企业网的骨干网组网。

（2）部门级交换机

部门级交换机应用于 300 个节点以下的网络连接，如大型企业网的汇聚层或中小型企业网的核心层，能支持的性能包括数目较多的高速交换端口、全双工传输能力、RMON 网管功能和高速端口的聚合能力。

（3）工作组级交换机

工作组级交换机的端口数目较多（16 或 24 端口），因此降低了端口成本。为了降低成本，工作组级交换机的上行链路最大带宽往往小于所有下行带宽的总和，这样会导致网络满负荷时丢包，但这种概率较小。有一部分工作组级交换机不支持全双工数据传输和网管功能。工作组级交换机应用于 100 个节点左右的网络连接，适合于小型网络的汇聚层或各种网络的接入层。

2. 交换机的性能指标

交换机的一些基本性能指标和集线器相似，可以参照集线器指标考虑。交换机还具有如下不同于集线器的性能指标。

（1）MAC 地址表容量

MAC 地址表是内存中的一个数据结构，存放交换机能够识别的主机的 MAC 地址。对应于某端口的 MAC 地址表在交换机自学习的过程中，将隶属于该端口管辖的冲突域下面的所有主机的 MAC 地址读取到 MAC 地址表中。地址表的容量越大，单个端口的管理能力就越强。

（2）背板带宽

背板带宽是交换机接口处理器或接口卡和数据总线间所能吞吐的最大数据量。一台交换机的背板带宽越高，所能处理数据的能力就越强，但同时设计成本也会提高。

（3）生成树协议

生成树协议（Spanning Tree Protocol，STP）的编号是 IEEE 802.1d。在图 6-11 中，交换机 1、交换机 2 和交换机 3 构成回路，从交换机 1 出发的数据包会重复地沿着这条回路转发下去并不停地被复制，最后造成广播风暴，耗尽网络带宽。生成树算法可以自动屏蔽掉网络流量小的一条通路，阻止环路的产生，并且能够在另一条路线不连通的时候启用被屏蔽掉的那一条通路。因此，生成树标准在交换机冗余设计中是必需的，也是必要的。

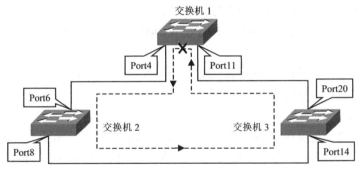

图 6-11　生成树算法图示

（4）流量控制方式

交换机采用的流控方式主要有动态分配内存和背压（Back Pressure）。在动态分配内存方式中，交换机的各个端口共用缓冲器，交换机识别网络的流量，自动根据网络流量为每个端口分配内存以保证丢包情况不会发生。在背压方式中，交换机为各个端口独立分配缓冲器，当接收端口的缓冲即将满时向发送端口发送假冲突信号，强迫发送端口不再发送数据从而保证不丢包。

（5）VLAN能力

由于VLAN是高度灵活性和安全性的局域网技术，VLAN能力成为衡量交换性能的重要标志。交换机的VLAN能力体现在VLAN的划分方式和数量上。目前VLAN的划分方式多采用基于MAC地址的划分方式，如果能够支持其他的划分方式，说明功能更强。VLAN的数量不确定，但高端交换机能支持的VLAN数量应该在1024及以上。

（6）端口聚合功能

在第3章中介绍过，端口聚合（Port Trunking）至少有3个很重要的功能，即能够绑定带宽，成倍提升干线传输能力，缓解干线带宽不足的压力；能够提供链路冗余和负载均衡，如图6-12所示；端口聚合功能体现在交换机能够支持的聚合端口的数量上，数量越大说明交换机的聚合能力越强。支持端口聚合的交换机也应该能支持生成树协议和负载均衡。

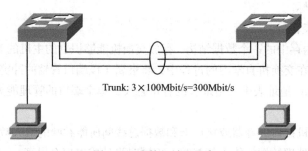

Trunk: 3×100Mbit/s=300Mbit/s

图6-12 交换机端口聚合

（7）支持的协议和标准

传统的交换机都是工作在OSI参考模型第二层的，新式的交换机不仅有第二层的交换功能，还有第三、四、五层的交换功能，也称为多层交换机。多层交换机中较为常用的是能够为VLAN提供路由功能的第三层交换机，能够支持几种局域网内的路由协议，如 RIPv1、RIPv2、OSPF。第三层交换机可以支持的协议种类繁多，请参看下列协议类型。

第一层：EIA/TIA-232、EIA/TIA-449、X.21、EIA530/EIA530A 接口定义。

第二层：802.1d/SPT、802.1Q、802.1p、802.3x。

第三层：IP、IPX、RIP1/2、OSPF、BGP4、VRRP、组播协议等。

（8）部件冗余性

为了提高可用性，交换机应该提供必要的冗余部件如冗余电源、冗余模块和冗余冷却子系统等，且要全部都是可热插拔的。

（9）网管能力

交换机的网管能力体现在对 RMON 管理、SNMP 管理、基于 Web 管理等的支持程度和管理界面的友好程度。管理界面有命令行方式（CLI）和图形用户界面（GUI）方式等。此参数反映了设备的可操作性和可用性。

3. 交换机选择

3Com 公司致力于各类型企事业单位网络解决方案，具有从企业级核心交换机到部门级（桌面级）和工作组级的各系列交换机，都属于同系列中的高性能产品，能够组建各种类型企事业单位的 Intranet。

（1）企业级交换机系列

3Com Switch 4007/4007R 型交换机如图 6-13 所示，它是 3Com 公司主推的核心级交换机，实现真正的第三层交换功能，其性能特性如下。

① 高密度聚合：可以扩展到 216 个快速以太网端口和 54 个千兆以太网端口，为企业未来的发展提供保障。

② 交换性能：支持高达 48Gbit/s 的交换矩阵，实现无阻塞的网络交换性能。

③ 不间断的网络可用性：故障冗余的特性包括弹性链路、链路聚合、生成树协议（STP）、开放最短路径优先协议（OSPF）和虚拟路由器冗余协议（VRRP）。冗余的机箱体系结构支持管理模块、电源、风扇和热更换

图 6-13　3Com Switch 4007/4007R 型交换机

交换模块等的不间断工作。Switch 4007R 交换机还有可选的冗余交换矩阵，能够提供额外的可用度保证。软件支持热备份保护，具有亚秒级的切换功能，确保不间断运行。

④ 网络控制：第二层交换功能支持基于硬件的数据包过滤，基于端口或协议的虚拟局域网（VLAN），还支持远程监控（RMON）功能，能够更好地控制网络。

⑤ 对关键的业务数据流提供优先服务：高级的基于策略的服务等级/服务质量（CoS/QoS）功能能够鉴别并优先处理关键的业务数据流，实现网络的优化。

⑥ 先进的第三层支持：全面支持 IP，IPX 和 AppleTalk 的多协议路由，能够通过 IGMP 路由实现组播流量的控制，方便逻辑网段的划分，保证通信的安全。

⑦ 灵活性：3Com Switch 4007 交换机和 Switch 4007R 交换机提供各种端口密度和介质类型的选择，具有 10/100/1 000Mbit/s 多种连接选择，能够满足所有的布线要求。

⑧ 强大的管理功能：3Com Network Supervisor 提供发现、映射、监视和报警等多种功能，能实现轻松的网络管理；使用附带的配置向导和内置的基于 Web 的管理以及 Telnet 支持，使配置和安装的工作得到了大大的简化。

（2）部门级交换机 SuperStack 3 系列

部门级交换机 3Com SuperStack 3 4400 是一款具有网管功能的智能型交换机，如图 6-14 所示，它具有下列特性和优点。

① 经济：传统的 10/100Mbit/s 交换机一般工作在网络的第二层，而 SuperStack 3 Switch 4400 交换机以传统交换机的价格，提供高性能的网络第四层智能交换。

② 交换性能：SuperStack 3 Switch 4400 交换机可提供全线速的交换性能。24 端口交换机的传输速率可

图 6-14　3Com SuperStack 3 4400 部门级交换机

达 660 万包每秒，48 端口交换机的传输速率可达 1 010 万包每秒。

③ 可扩展：用户可以利用 SuperStack 3 Switch 4400 交换机所提供的堆叠功能，在一个系统内扩展所需要的端口容量。单系统内可最多堆叠 8 台交换设备，最大可堆叠到 192 个 10/100Mbit/s

端口和 8 个千兆交换端口。

④ 灵活：每款 SuperStack 3 Switch 4400 交换机的背面均有两个可扩展槽，用户可以根据自己的需要，灵活选择各种千兆接口模块、百兆光纤模块或堆叠模块，以提供堆叠扩展和高带宽网络接口。其独特的跨单元链路聚合技术可使一个堆叠系统同时使用多达 4 条千兆上连线路，有效地提高了网络上连带宽。

⑤ 可管理：SuperStack 3 Switch 4400 交换机的堆叠系统采用单一 IP 地址管理，管理配置堆叠系统内的多台交换机就像管理同一台交换机一样，配合 3Com Network Supervisor 网络管理软件所提供的设备自动发现、网络拓扑视图、运行状态监测和报警等功能，能轻松实现网络管理。

⑥ 弹性和容错能力：当堆叠系统内任意交换机发生故障时，SuperStack 3 Switch 4400 交换机所提供的弹性堆叠功能可使其不影响单元内其他交换机的正常工作，并且可以热拔插更换该故障交换机。另外，它所支持的快速生成树技术、弹性链路技术和链路聚合技术等可以在设计网络冗余拓扑时有更灵活的技术实现选择。

⑦ 增强的网络 QoS 质量服务功能：SuperStack 3 Switch 4400 交换机可以提供丰富的网络第四层交换功能，它可以识别数据包内预置的优先级标识，或通过对数据包内的多层信息进行分析从而识别网络所承载的应用，进而可以根据预置的策略，对不同的网络应用提供优先级别队列服务。

⑧ 安全过滤：由于 SuperStack 3 Switch 4400 交换机可以探查到网络第四层的信息，它可以按照用户的预置策略识别并过滤掉网络上不必要的协议和应用，在提供网络安全控制的同时，也提高了网络的带宽使用效率。

⑨ 透明的 Webcache 重定向：SuperStack 3 Switch 4400 交换机可以自动识别访问 Web 站点的 HTTP 信息流量，并自动重定向到 3Com SuperStack 3 Webcache，可以提高网络的性能，并简化网络的管理。

3Com SuperStack 3 Switch 4400 交换机系列以全线速的性能，先进的堆叠技术，新一代智能化交换技术，结合 3Com 公司的其他核心交换产品，可提供高性价比的端到端智能交换网络解决方案。

（3）工作组级交换机 BaseLine 系列

工作组级交换机 BaseLine 系列无网管能力，适合于部门工作组、分支机构和小型公司连接工作区用户。

BaseLine 系列交换机如图 6-15 所示，它主要有以下性能：

① 高性能，机柜式安装；

② Baseline 交换机和集线器能够在要求最苛刻的企业网络中运行，整个系列全部

图 6-15　3Com BaseLine 系列交换机

采用标准 19 英寸 1 机柜单元高度造型，这使得它们对于空间最紧张的布线间非常理想；

③ 超凡的可靠性；

④ Baseline 交换机和集线器采用坚固的设计和构造，可提供高度的可靠性和较长的服务寿命；

⑤ 先进的交换特性；

⑥ 3Com Baseline 交换机还通过 IEEE 802.1p 标准支持服务类别优先队列排序，因此能够轻松地适应较大规模企业局域网的需要；

⑦ 即插即用操作；

⑧ 3Com Baseline 交换机和集线器开箱即可使用，无需进行配置；内置特性简化了操作，如 10/100Mbit/s 自适应端口可针对连网 PC 的速度进行调节，并自动适应所用的以太网缆线类型，能让网络更加有效地运行实时应用。

为园区网各层设计提供整体解决方案的交换机产品还有很多，读者可以从 Cisco、华为 3Com、星网锐捷等公司的产品网站获取更详细的资料。

6.3.4　路由器

路由器的功能遍及广域网和园区网。广域网中主要用于路由寻径，园区网中则有两种应用目的，如图 6-16 所示。

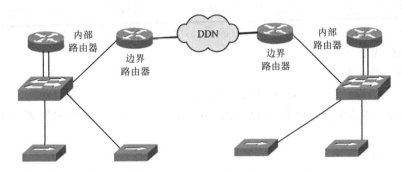

图 6-16　内部路由器和边界路由器

① 内部路由器：内部路由器主要在园区网内部实现子网间路由或执行包过滤策略。内部路由器可以连接支持不同协议的异构网络，但必须要求这些网络的协议是可路由的，如 IP、IPX/SPX 等。

② 边界路由器：边界路由器的用途包括与广域网连接或接入 Internet。边界路由器需要支持的路由协议除上面所述的几种外，还包括外部网关协议（BGP）。

1. 路由器的性能指标

路由器的性能（Performance）指标繁多，下面仅列举重要的几条。

（1）性能

① 全双工线速转发能力：路由器最基本且最重要的功能是数据包转发。在同样端口速率下转发小包是对路由器包转发能力最大的考验。全双工线速转发能力是指以最小包长（以太网 64 字节、POS 口 40 字节）和最小包间隔（符合协议规定）在路由器端口上双向传输同时不引起丢包。该指标是衡量路由器性能的重要指标。

② 设备吞吐量：指设备整机包转发能力，是设备性能的重要指标。路由器的工作在于根据 IP 包头或者 MPLS 标记选路，所以性能指标是每秒转发包的数量。设备吞吐量通常小于路由器所有端口吞吐量之和。

③ 端口吞吐量：端口吞吐量是指端口包转发能力，通常使用 p/p/s（包每秒）来衡量，它是路由器在某端口上的包转发能力，通常采用两个相同速率接口测试，但是测试接口可能与接口位置及关系相关，例如同一插卡上端口间测试的吞吐量可能与不同插卡上端口间的吞吐量值不同。

④ 背靠背帧数：背靠背帧数是指以最小帧间隔发送最多数据包而不引起丢包时的数据包数量。该指标用于测试路由器缓存能力。有线速全双工转发能力的路由器该指标值无限大。

（2）配置

路由器的配置（Configuration）多数是基本配置＋备选模块的模块化设计，选购时根据需要取舍，非常灵活。基本配置需要考虑端口类型、扩展槽数目、CPU 速率、内存大小、端口密度、可编程 ASIC 芯片等。

其中，ASIC 芯片是专用集成电路，是当前路由器实现线速转发数据的核心技术。可编程 ASIC 将多项功能集中到一个芯片上，具有设计简单、可靠性高和电源消耗少等优点，能使设备得到更高的性能和更低的成本。通过 ASIC 芯片的使用，还可以增加设备端口密度。ASIC 芯片的端口密度是使用通用芯片（CPU）时端口密度的数倍。可编程 ASIC 的设计是当前高性能路由器实现的硬件保证。

（3）路由协议

路由协议是路由器能够实现路由功能的根本协议。路由协议在第 3 章已介绍过，一般路由器都可以支持其中的几种，一般有一个主路由协议，其他的是备用路由协议。路由器支持的路由协议越多，通用性就越强。

（4）VPN 支持能力

边界路由器应该能支持 VPN，其性能差别体现在所支持 VPN 协议和数量上。尽管 VPN 可以使用好几种协议，但发展潜力最大的还是网络层的 IPSec 协议。专门的 VPN 路由器可以支持的 VPN 数量较多。

（5）防火墙功能

有些路由器带有防火墙软件，可以替代防火墙的工作，但由于采用的是软件技术，所以速度较专门的防火墙设备慢；但是能够节约一个防火墙的投资，也是不错的一种考虑。

（6）压缩比

路由器是主要的广域网连接设备，提高广域网性能的一个重要手段就是提供基于数据和协议的压缩来节约带宽。边界路由器一定要选择压缩比高、压缩性能较好的路由器。

（7）组播协议支持

组播（Multi-Broadcasting）是指发送者可以同时向指定的多个发送者发送数据包，被应用于多媒体视频服务中。以组播方式发送的数据包只在接入层路由器才被复制成多份发送给接收者，因而极大地节约了广域网带宽。组播协议工作图示如图 6-17 所示。

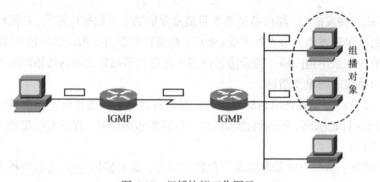

图 6-17 组播协议工作图示

路由器可以支持的组播协议有以下几类。

① 互联网组管理协议：互联网组管理协议（Internet Group Management Protocol，IGMP）是 IP 主机用做向相邻多目路由器报告多目组成员。多目路由器是支持组播的路由器，向本地网络发

送 IGMP 查询。主机通过发送 IGMP 报告来应答查询。组播路由器负责将组播包转发到所有网络中的组播成员。

② 距离矢量组播路由协议（DVMRP）：基于距离矢量的组播路由协议，基本上是基于 RIP 开发的。DVMRP 利用 IGMP 与邻居交换路由数据包。

③ 协议无关组播协议（PIM）：一种组播传输协议，能在现存 IP 网上传输组播数据。PIM 是一种独立于路由协议的组播协议，可以工作在两种模式：密集模式和疏松模式。在 PIM 密集模式下，报文分组默认向所有端口转发，直到发生裁减和切除。在密集模式下假设所有端口上的设备都是组播成员，可能使用组播包。疏松模式与密集模式相反，只向有请求的端口发送组播数据。

（8）QoS

网络流媒体应用在 Internet 上急速发展，利用 IP 传输多媒体信息的当务之急就是解决对 QoS 的支持。在为多媒体业务选择路由器时，就应该考虑 QoS 的支持力度。Cisco 路由器对 QoS 的支持能力如下。

① 基于不同对象的优先级：某些设备（多为多媒体应用）发送的数据包可以后到先传，再如基于协议的优先级，用户可定义哪种协议优先级高，可后到先传。

② 链路整合：利用多链路点对点协议（Multi Link Point to Point Protocol，MLPPP），路由器能将连接两点的多条链路聚合使用可以提高带宽，应付突发的多媒体数据流。

③ 资源预留协议（Resouse Reservation Protocol）：它将一部分带宽固定地分给多媒体信号，其他协议无论如何拥挤，也不得占用这部分带宽。

其他厂家的路由器也分别有不同的 QoS 支持能力，用户可以通过产品技术白皮书了解相关信息。

（9）对 IPv6 的支持

从 IPv4 过渡到 IPv6 已经被认为是下一代互联网（NGI）发展的必然趋势，因此作为网络核心设备的路由器对 IPv6 的支持显得很重要。如果原有的路由设备仍然可以支持新的网络协议，将会极大地保护现有投资。目前几家大型的路由器生产厂家如 Cisco、华为等都在新型的路由器产品中加入了双协议栈技术，可以在未来很容易地从 IPv4 过渡到 IPv6。

（10）网管能力

同交换机的管理能力相比，路由器的网管能力更加强大：

① 基于 Web 的管理；

② 指示网络管理所支持的类型，通常使用 SNMP 管理；

③ 带外网管的支持表示路由器能否通过带外信道管理；

④ 指示路由器管理的精细程度，例如管理到端口、到网段、到 IP 地址、到 MAC 地址等粒度。管理粒度可能会影响路由器转发能力。

2. 路由器产品的选择

Cisco 公司致力于电信级的网络产品解决方案，走的是高端路线，其路由器产品在国内外市场处于垄断地位。下面以 Cisco 路由器为例介绍路由器产品的选购。

（1）Cisco 2600 系列模块化接入路由器

Cisco 2600 系列路由器如图 6-18 所示，该产品在全球的安装数量已经超过 150 万台，它的最新成员包括 Cisco 2600XM 产品和技术领先的 Cisco 2691。它们可以提供更高的灵活性、性能、内存容量和服务密度，以满足分支机构现在和未来的需求。Cisco 2600 系列路由器具有以下特点。

图 6-18　Cisco 2600 系列路由器

① 集成化的灵活路由和低密度交换：通过支持一个可选的 16 端口 10/100 EtherSwitch 网络模块，分支机构可以在一个设备中集成路由和交换功能，从而获得较高的灵活性和较低的端口密度。这种解决方案可以通过一个第二层设备，在各个台式机、服务器和其他网络资源之间提供高速的连接，并且可以在路由器的第三层建立 WAN 连接。一个可选的外置电源可以为 IP 电话和 Cisco Aironet 802.11 基站供电。

② 多功能性/投资保护：数千个可以现场升级的、可定制的解决方案确保了用户可以方便地进行移植，以适应未来的网络需要。高级集成模块（AIM）插槽可以为集成高级服务提供足够的扩展能力。这些高级服务包括硬件辅助的数据压缩、加密、语音和 ATM。

③ 虚拟专用网/安全：可以提供先进的隧道功能，包括 L2F 和 L2TP，基于标准的、由硬件支持的 IPSec 加密，思科 IOS 防火墙功能集，以及多种 WAN 和拨号接口，适用于 VPN 接入点和家庭网关。

④ 多服务语音/数据网络：可以利用与电话、传真、键控系统、PBX 和 PSTN 交换机的模拟和数字连接，同时支持 60 个呼叫；可以降低或者消除分支机构间的电话费用；可以利用思科 IOS 服务质量（QoS）功能。例如 WFQ，CAR，RSVP，定制和优先级队列，将语音流量数字化，并打包为帧中继格式或者 IP 分组，再与数据流量整合，从而将多服务基础设施拓展到分支机构。

⑤ 企业级 DSL 连接：新的 WIC-ADSL 和 WIC-1SHDSL 可以为分支机构和地方办事处提供企业级宽带服务，以及可扩展的性能、灵活性和安全。Cisco 2600 系列可以通过一个安全的、高性能的模块化平台为多种需要高速企业级 DSL 连接的企业提供完美的解决方案。

⑥ 传输能力：具有高速路由性能，每秒最多可以收发 7 万个分组，从而可以最大限度地提高可扩展性，以支持更多的并发服务。

⑦ 互操作性/多协议支持：可以提供一组全面的协议和服务，包括虚拟专用网、防火墙保护、加密、WAN 优化和经过改进的多媒体支持功能。

Cisco 2600 系列路由器的适用场合如下：

① 虚拟专用网（VPN）/外连网接入和防火墙保护，以帮助合作伙伴和员工降低成本，提高安全性；

② 支持异步、ISDN 或者模拟调制解调器的拨号集中；

③ 集成化的路由和交换功能；

④ 语音/传真/数据多服务集成；

⑤ 销售点设备、ATM、警报系统和 SDLC 控制器的串行设备集中，并且传统终端和 LAN 设备共用一个 WAN 连接；

⑥ 在一个安全的、高性能的模块化平台上提供高速的企业级 DSL 连接；

⑦ 支持增强的 QoS 功能，例如资源预留协议（RSVP）、加权公平序列（WFQ）和 IP 优先级，以降低重复性 WAN 成本。

（2）Cisco 7600 系列中端路由器

用于通道化服务的 Cisco 7600 系列 12-口通道化 T3 到 DS0 光服务模块（OSM）可以在现有的电气连接中迅速、有效地添加电路。在建立了通道化电路以后，从 DS3 到 DS0 的所有通道都可以远程配置，从而不需要像平常那样安装多路复用器线路卡就可以增加可用电路的数量。Cisco 7600 路由器如图 6-19 所示。

图 6-19　Cisco 7600 路由器

通过结合大量的接口和本地边缘汇聚服务，例如多协议标签交换（MPLS）和 QoS，Cisco 7600 系列 12-口通道化 T3 到 DS0 光服务模块可以满足汇聚地点的连接要求。通过用通道化接口在一对光纤上接收多路复用的 T1/E1 电路，电信运营商和大型企业可以大幅度地节约能源、占地面积、本地环网费用和设备成本。

6.3.5　服务器

服务器是网络上存放各类信息资源的特殊计算机，在网络中处于主导地位。选择服务器不同于选择网络通信设备。首先，服务器对网络性能的影响体现在应用层，而网络通信设备体现在网络层或数据链路层；其次，服务器对整个网络的影响是整体的，而网络通信设备多局限在一个部分。服务器如果选得不好，再好的网络也难以发挥好的性能，因此服务器的选择应就"高"不就"低"。

1. 服务器的 SUMA

服务器的核心技术可以用 4 个字母表示：SUMA 即可扩展性（Scalability）、可用性（Usability）、易管理性（Manageablity）和高可靠性（Availability）。为实现这 4 个特性，已经发展了许多成熟的技术，如 RAID（冗余磁盘阵列）技术、智能输入/输出技术、智能监控管理技术、热插拔（Hot Swap）技术、服务器集群（Server Cluster）技术和分布式服务技术等。

（1）可扩展性

选择服务器时，企业用户首先应考虑系统的可扩展能力，即系统应该留有足够的扩展空间，以便随业务应用的增加对系统进行扩充和升级。这种可扩展性主要包括处理器和内存的扩展能力、存储设备的扩展能力、外部设备的可扩展能力、应用软件的升级能力等。

（2）可用性

服务器系统的可用性指标可以用两个参数进行简单地描述，一个是平均无故障工作时间（MTBF），另一个是平均修复时间（MTBR）。系统的可用性可用下式表示：

$$系统可用性 = MTBF/(MTBF + MTBR)$$

由上式可以看出，服务器系统可用性取决于软硬件系统的平均无故障工作时间和平均修复时间。提高服务器系统可用性的途径是对关键性且容易出故障的硬件如硬盘、电源和风扇等进行冗余设计，对服务器的操作系统和服务软件进行备份以便出现故障时能迅速恢复。

（3）易管理性

易管理性主要包括人性化的管理界面；硬盘、内存、电源和处理器等主要部件便于拆装、维护和升级；具有方便的远程管理和监控功能；具有较强的安全保护措施等。

（4）可靠性

可靠性可以用 MTBF 来衡量,它体现了服务器系统能够稳定工作的能力,它是各个部件 MTBF 的综合。为了保证服务器系统的稳定工作,服务器自身各部件的 MTBF 应该尽可能高,各部件之间的互操作性应该很强。在选购服务器时,一定要注意服务器各部件的性能,如 CPU、内存、总线、磁盘阵列等。

2. 服务器分类

（1）按硬件结构分类

① IA（Intel Architecture）服务器:核心部件采用 Intel 的芯片和主机板,价格较低,通常在中小型企业网、校园网和网吧等性能要求不高的环境中采用,适合的 NOS 也是 Windows NT/2000 系列、Linux 系列等与 PC 兼容性很强的操作系统,所以该类服务器也称为 PC 服务器。

② 高端服务器:高端服务器是性能更高的机器,如 RISC/UNIX 服务器,事务处理能力超强,采用的软、硬件技术并行度极高,稳定性和可用性都达到了极致。高端服务器从小型机、中型机到大型机、巨型机都有,适用于金融业、大型超市和科研计算等高性能场合。

（2）按应用类型分类

① 应用服务器:应用服务器提供各种局域网应用必需的服务,包括提供文件共享的文件服务器、打印共享的打印服务器和数据共享的数据库服务器。

② 通信服务器:通信服务器维护网络的正常运行,为简化网络管理、提高网络的易用性提供支持,如 DHCP 服务器、DNS 服务器、代理服务器（Proxy Server）等。

③ Internet 服务器:Internet 服务器提供支持 Internet 服务必需的服务,包括 Web 服务器、FTP 服务器、E-mail 服务器、NNTP 服务器等。

④ 计费服务器:计费服务器提供网络计费服务,可以根据服务流量或服务时间计算用户的通信费用。

（3）按应用规模分

IA 架构的服务器按应用规模划分可以分为入门级、部门级和企业级,它们可见的差别主要是硬件配置。

① 入门级:CPU 的数目为 1~8 个,内存较小,硬盘多数为 IDE 接口,也可选配 SCSI 接口提高性能,适用范围包括 Web、文件、打印、ERP、数据库等应用。

② 部门级:CPU 的数目为 1~24 个,内存较大,具有大容量硬盘或冗余磁盘阵列等高档配置,且有相当一部分部件采用了冗余设计,并支持热插拔技术。部门级服务器主要面向服务器整合、数据仓库、数据挖掘、OLTP、大型数据库、ERP 等。

③ 企业级:CPU 的数目可达 100 多个,内存高达数十 GB,支持磁盘柜集群,全冗余设计。企业级服务器用于连网计算机在数百台以上,对处理速度和数据安全要求非常高的大型网络。企业级服务器的硬件配置最高,系统可靠性也最强,应用于服务器整合、大型机和主机替换、高性能计算、决策支持以及数据仓库。

3. 高性能服务器的选购原则

面对市场上众多的品牌,如何为网络建设选购功能强大,适应需求的高性能服务器,常常令用户难以决策。其实选购服务器有一些切实可行的方法,用户不妨遵循这样一条 MPASS 原则,即 M——可管理性;P——性能;A——可用性;S——服务;S——成本。

（1）M——可管理性（Management）

网络管理员的一项重要工作就是对服务器的管理。服务器的管理工作一方面表现在可以及时发现服务器的问题，进行及时的维护、维修，避免或减少因为服务器的宕机造成用户系统的全面瘫痪；另一方面，管理员可以通过管理及时了解服务器性能方面的情况，对运行中有问题的服务器进行及时的升级。所有这些都可以大大地提高企业的竞争力。

（2）P——性能（Performance）

服务器整体性能的提高由以下几方面决定。

① 芯片组：芯片组用于把计算机上的各个部件连接起来，实现各部件之间的通信，芯片组是计算机系统的核心部件。芯片组直接决定系统支持的 CPU 类型，支持的 CPU 数目，内存类型，内存最大容量，系统总线类型，系统总线速度等，归根结底，一个计算机系统的最终性能应由芯片组决定。选择最先进的芯片组结构，就保证了系统性能的领先。

② 内存类型、最大支持容量：由芯片组决定的内存类型、最大支持容量对于系统的运算处理能力也具有非常大的影响。内存也跟应用有关，当需要大量的运算处理时，如数据库、ERP 等应用，内存越大越好。扩大内存永远是提高系统性能的最简洁有效的方法。

③ 采用高速的 I/O 通道：I/O 始终是计算机系统的瓶颈，采用高速的 I/O 通道对服务器整体性能的提高具有非常重要的意义。I/O 通道能够在接管 CPU 的 I/O 工作，独立完成全部数据传输工作，最后将传输数据交给 CPU 处理，大大减轻了 CPU 的负担。

④ 网络支持：服务器必须通过其内部的网卡与客户机通信，网络带宽对服务器的响应具有决定意义。所以不要忽视服务器对网络的支持情况，如支持的网卡的总线类型、缓存数量和传输控制方式等。

（3）A——可用性（Availability）

高端服务器是网络、数据的中心，很多企业（如金融、邮电、证券等）要尽量避免服务器在工作时间内宕机。宕机会给用户带来极大损失，同时宕机的原因又多种多样，用户在选购服务器时就要为有可能发生的最坏情况做好准备。

① 在 AC 供电故障问题上采用 UPS 加以解决。

② 在内存方面，服务器需支持错误检测和恢复（Error Checking&Correcting，ECC）技术，此技术可以更正内存中的一位错。如果在 ECC 技术基础上增加了内存回写技术，就可有效避免两位错的出现。

③ 服务器内部电源需要支持热插拔冗余电源，可避免因某一个电源的损坏而造成服务器的宕机。

④ 服务器在运行时，内部温度会升高。系统温度过高极容易造成死机甚至硬件损坏。所以需要热插拔冗余风扇来帮助服务器进行有效的散热。

⑤ 对于系统板，软件和使用等原因造成的系统宕机，用户可以采用更高一级的可用性解决方案，如双机热备份、集群技术等方案加以解决。

（4）S——服务（Service）

性能、价格、服务一贯是用户选购服务器的 3 个主要因素。服务首先是维修，维修的重中之重是维修速度，因为用户不可能忍受服务器长时间得不到维修而影响工作。全天候 24 小时的服务对用户来说是非常必要的。其次是技术支持，包括售前、售后电话支持，还有网站上提供的支持软件。

（5）S——节约成本（Saving Cost）

选购任何硬件都讲究一个性价比，服务器同样如此，在同等性能和配置的基础上，选择价格低的产品无疑会节约投资。在选购服务器的时候，专家认为性能还是应该放在第一位，切忌不可委屈性能去追求低价格，因为服务器的不可用代表整个网络的无用，把握服务器的性价比比把握任何硬件的性价比更难。

4. 服务器产品举例

IBM eServer p 系列 690（见图 6-20）的主要性能如下。

① L3 高速缓存的 POWER4/POWER4 + 微处理器，容量达到 32 个处理器。

② 铜和绝缘硅芯片技术，提高处理器性能和可靠性，功耗更小，电热量更少，从而减少运行和冷却成本。

③ 高存储和 I/O 带宽，消除了由于快速处理器等待数据在系统中传输时出现的等待时间造成的性能瓶颈，增加了存储带宽，满足了高速计算应用程序的需要。

图 6-20　IBM eServer p 系列 690

④ 最多 512GB ECC Chipkill 导航指令内存，对于大型数据库、高速计算和关键业务应用，可扩展到 64 位寻址。

⑤ 可扩充性强：

- 提供处理量卓越的扩展能力，大幅度降低导致系统宕机的内存错误数量，从而提高系统可用性；
- 提供在遇到多个内存错误时可以激活的备用内存；
- 按需容量升级，提供随着工作负荷增长方便的扩充处理器和内存资源的灵活性；
- 按需开/关容量，利用临时处理器满足意外工作负荷要求。

⑥ 便于维护：

- 逻辑分区（LPAR）最多允许将 32 个 UNIX 或 Linux 系统整合到单一平台上，缓解维护和管理任务；
- 可以充分利用可用容量和动态分配资源来适应不断变化的商务需要（需要 AIX5L v5.2），提高灵活性；
- 最多 160 个 PCI/PCI - X 热插拔插槽，为激增的系统容量需求提供增长空间；
- 热交换磁盘槽，在不关闭系统电源的情况下更换或添加磁盘驱动器，保证系统可用性，满足业务平稳增长；
- 内置服务处理器，连续监视系统操作并采取预防或纠正措施，迅速排除故障，提高系统可用性；
- 允许远程诊断和维护。

⑦ 备用热插电源和冷却子系统。

⑧ 集群服务：

- IBM Cluster 1600 统一管理多个相互关联的系统；
- 通过共享资源，提供处理意外工作负荷高峰的能力。

6.3.6　无线局域网设备选型

无线局域网（WLAN）的应用将会是未来一段时期内局域网组网的潮流，本小节将介绍 WLAN 设备的选型情况。

1. WLAN 产品的技术指标

（1）功耗与稳定性

对于无线网卡而言，功耗与稳定性是最重要的两大技术指标。目前支持 IEEE 802.11b 标准的产品的差别并不大。

（2）安全第一

WLAN 的安全性曾经是困扰其发展的一个主要原因，但现在很多无线网设备都采用各种各样的加密算法保证了信道的安全性。加密算法越先进，安全性也就越高。

（3）传输距离

访问点（AP）发射的无线信号的有效传输距离往往是根据无障碍物环境测试的，但实际传输距离在有障碍物时会大打折扣。当障碍物较厚时，不同产品信号的穿透能力差别很大，因此应慎重考虑 AP 信号穿越障碍物后的有效传输距离。

（4）协议类型

WLAN 协议除了前面介绍的 802.11、802.11b/a/g/n 等通信标准外，还包括一些其他常用标准，如自动选网协议 802.11u、QoS 增强协议 802.11e，以及安全标准 802.11i（WPA/WPA2）、谁架构802.1x、国内标准 WAP1 等。

（5）DHCP

DHCP 功能可以允许无线接入的移动设备获得一个 IP 地址，从而与网络连通，因此 DHCP功能不可或缺。

（6）频道范围

频道范围不应对周围的无线设施造成干扰，如电视发射塔和无线广播站。

（7）品牌

无线网络设备生产上大多处于同一起跑线，因此品牌和以往的信誉很重要。

2. WLAN 产品举例

3Com 公司的 WLAN 产品也处于行业领先地位，下面的产品资料来自于该公司的宣传胶片。

（1）无线 LAN Access Point 6000

无线 LAN Access Point 6000 如图 6-21 所示，它具有以下性能。

① 简单的互连功能：

● 通过 10Base-T 接口连接到任何有线 Ethernet；

● 基于 Web 的管理使安装简单；

● 通过 Ethernet 获取电源；

● 内接入 Power brick 设备；

● 自动网络连接；

● 便于漫游；

● 清晰通道选择；

● 挑选干扰最小的通道。

② 安全性：

● 动态安全性链路（Dynamic Security Link）提供 128 位的加密密钥；

● 认证—可以配置所有登录用户必须使用用户名和密码（最多支持 128 个登录用户）。

③ 100m 半径 + /-建筑物结构因素。

④ 嵌入的 DHCP 服务器。

⑤ 通过 Wi-Fi 认证。

（2）AirConnect PCI 无线网卡

AirConnect PCI 无线网卡如图 6-22 所示，它具有以下性能：

图 6-21　3Com 的 11Mbit/s 无线 LAN Access Point 6000　　　图 6-22　AirConnect PCI 无线网卡

① 内置天线；

② 负载平衡；

③ 扩展漫游；

④ DHCP 支持；

⑤ Ad hoc 支持；

⑥ 丰富的驱动程序支持；

⑦ 3Com Mobile connection manager；

⑧ 支持 40-位 WEP 加密；

⑨ Wi-Fi 认证。

3. 列出设备清单报表

列出设备清单报表时要写清以下几项：设备名称和类型、可选/备选模块、数量、单价、总价等。对于设备商而言，真实合理的设备报价表往往是促使用户做出最后决定的重要因素，任何虚假或疏漏都会导致信誉和利润的损失。某系统集成方案的软硬件方案如表 6-2 所示。

表 6-2　　　　　　　　　　　　　　　某系统集成方案软硬件方案表

设 备 名 称	规 格 型 号	配　　置	质量性能说明	备注
Cisco 路由器	Cisco2621	两个 10/100Mbit/s 以太口，两个 WIC 槽和一个 NM 槽，12.1IP 增强版操作系统 IOS	优	Cisco 公司出品
Cisco 交换机	Catalyst 2948G-L3	48 口 10/100Mbit/s，两个扩展槽（企业版）	优	Cisco 公司出品
计算机服务器	Poweredge 2400	PIII 1G，支持双 CPU，512MB，10 000 转 18GSCSI 硬盘支持 9 路热插拔	优/同档产品中顶级配置	Dell 公司出品
计算机服务器	Poweredge 4400	双 Xeon 933 CPU，512MB，10 000 转 3 × 18G SCSI 硬盘支持 9 路热插拔，RAID 5，双电源	优/同档产品中顶级配置	Dell 公司出品
不间断电源	Kstar	GP620S/标准配置：可延时 15min～20min	优	
机柜	万通	600 × 800 × 2/4 散热风扇	优	
网络操作系统	Windows 2000 中文版			Microsoft 公司出品
数据库	SQL Server 2000 中文标准版			Microsoft 公司出品

某无线网络方案所涉及的设备报价表如表 6-3 所示。

表 6-3　　　　　　　　　　　某无线网络方案所涉及的设备报价表

序号	产品序列号	产品名称及型号	单价（元）	数量	小计（元）
1	848591145	无线远程路由（COR + SOFTWARE）（11M）		1	
2	848443966	无线远程路由（ROR + SOFTWARE）（11M）		2	
3	848441499	无线网卡（PC CARD）11M		3	
4	848312591	高增益全向天线（7DBI）		1	
5	848274221	高增益定向天线（14DBI）		2	
6	848274197	低耗馈线（50FT）		3	
7	AMP	避雷器		3	
		总价			

6.4　结构化综合布线设计与施工

结构化综合布线是现代智能化建筑的重要标志。

6.4.1　结构化综合布线概述

结构化综合布线（Premises Distributed System，PDS）系统是一个模块化、灵活性极高的建筑物或建筑群内的信息传输系统，是建筑物内的"信息高速公路"，它既使语音、数据、图像通信设备和交换设备与其他信息管理系统彼此相连，也使这些设备与外部通信网络相连接。它包括建筑物到外部网络或电信局线路上的接线点与工作区的语音或数据终端之间的所有线缆及相关联的布线部件。

综合布线系统由不同系列的部件组成，其中包括传输介质、线路管理硬件（如配线架、连接器、插座、插头、适配器）、传输子线路和电气保护设备等硬件。这些部件被用来构建各种子系统，它们都有各自的具体用途，不仅易于实施，而且能随通信需求的变化而平稳过渡到更先进的布线技术。

1. 结构化综合布线的优点

综合布线的主要优点如下。

① 结构清晰，便于管理维护。

综合布线系统由工作区子系统、水平子系统、干线子系统、设备间子系统、管理子系统和建筑群子系统 6 个子系统组成，在实施过程中做到了统一选材、统一设计、统一布线、统一安装施工的工作流程，因此结构清晰，便于集中管理和维护。

② 材料统一先进，符合国内外布线标准。

综合布线系统采用的材料均是当前布线技术中最先进的材料，如超 5 类 UTP 双绞线、光纤等，至少能够满足未来 5～10 年的发展需要，有效地保证了投资效率。

③ 灵活性强，适应各种不同的需求。

综合布线子系统一旦完成，无论用户位置如何调整，综合布线系统往往只需要做一些跳线的改动就可以适应新的需求。

④ 开放式设计，扩展性强。

综合布线系统采用的主要是星型结构的布线方式，既提高了设备的工作能力又便于用户扩充。每一个布线子系统都考虑到了用户的需求，留下足够冗余设计和备选空间，未来无论是扩充整个系统还是单独扩充某一个子系统都很容易。

2. 结构化综合布线标准

有关综合布线的国内外标准主要是以下 5 种。

① 国内标准（中国工程建设标准化协会标准）：即 CECS 72197（建筑与建筑群综合布线系统，工程设计规范），CECS89：97（建筑与建筑群综合布线系统，工程施工与验收规范）。

② 国际标准：主要是 ISO/IEC 11801，ISO/IEC CD14673。

③ 美国标准：ANSI/TIA/EIA，如 EIA/TIA 568A。

- ANSI/EIA/TIA-569（CSA T530）：商业大楼路径和空间结构标准。
- ANSI/TIA/EIA-607（CSA T527）：商业大楼接地线和耦合线标准。
- ANSI/TIA/EIA-568-A（CSA T529-95）：商业大楼通信布线标准。
- ANSI/TIA/EIA-606（CSA T528）：商业大楼通信布线结构管理标准。
- TIA/EIA-TSB-75 OPEN OFFICE：布线规则。
- TIA/EIA-TSB-67：无屏蔽双绞线 UTP 端到端系统功能检测。

④ 欧洲标准：EN 50173。

⑤ 防火等级分聚氯乙烯（PVS）有 UL 1666、CMR、FT、IEC 332-1 等；低烟零卤素有 UL 1581、IEC 332-1 等；填实敷设级（Plenum）有 UL 910、CMP、FT6。

3. 综合布线工程等级

（1）基本型

基本型适用于综合布线系统中配置标准较低的场合，使用铜芯双绞线组网，其配置如下：

- 每个工作区有一个信息插座；
- 每个工作区配线电缆为 1 条 4 对双绞线电缆；
- 采用夹接式交接硬件；
- 每个工作区的干线电缆至少有两对双绞线。

基本型工程大都能支持一般的语音/数据应用。

（2）增强型

增强型适用于综合布线系统中中等配置标准的场合，使用铜芯双绞线组网。其配置如下：

- 每个工作区有 2 个或以上信息插座；
- 每个工作区的配线电缆为 1 条独立的 4 对双绞线电缆；
- 采用直接式或插接交接硬件；
- 每个工作区的干线电缆至少有 3 对双绞线。

增强型工程不仅具有增强功能，而且还可提供发展余地。它的每个工作区都有两个信息插座，不仅机动灵活，而且功能齐全，任何一个信息插座都可提供话音和高速数据应用，可统一色标，按需要可利用端子板进行管理，增强型工程是一种能为多个数据设备创造部门环境服务的经济有效的综合布线方案。

（3）综合型

综合型适用于综合布线系统中配置标准较高的场合，用光缆和铜芯线缆混合组网。其配置如下：

- 在基本型和增强型综合布线系统的基础上增设光缆系统；
- 在每个基本型工作区的干线线缆中至少配有 2 对双绞线；
- 在每个增强型工作区的干线线缆中至少有 3 对双绞线。

综合型工程的所有设备之间连接端子、塑料绝缘的线缆或线缆环箍应有色标。不仅各个线对使用颜色识别，而且线束组也使用同一图表中的色标，这样有利于维护检修。

4. 结构化综合布线系统

结构化综合布线系统主要由 6 个子系统所构成，如图 6-23 所示，各子系统功能简介如下。

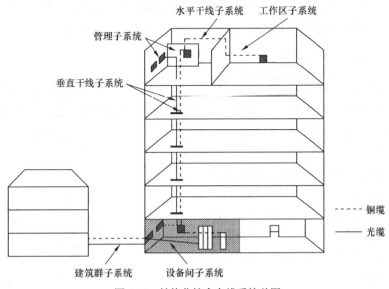

图 6-23　结构化综合布线系统总图

（1）工作区子系统

工作区子系统（Work area Subsystem）指从用户信息插座延伸至数据终端设备的连接线缆和适配器。

（2）水平子系统

水平子系统（Horizontal Subsystem）指从楼层配线间至工作区用户信息插座的线缆部分，由用户信息插座、水平线缆、配线设备等组成。

（3）管理子系统

管理子系统（Administration Subsystem）设置在楼层配线房间，是水平线缆与干线线缆交接的场所，由大楼主配线架、楼层分配线架、跳线和转换插座等组成。

用户可以在管理子系统中更改、增加、交接和扩展线缆，用于改变线缆路由。建议采用合适的线缆路由和调整件组成管理子系统。它是综合布线系统区别于传统布线系统的一个重要方面，更是综合布线系统灵活性、可管理性的集中体现。

（4）干线子系统

干线子系统（Backbone Subsystem）由连接主设备间至各管理子系统之间的线缆构成，其功能主要是实现管理子系统内的交接设备与主配线架的连接。

干线子系统又分为水平干线子系统和垂直干线子系统。水平干线子系统适用于大型厂房和会议大厅、展厅等面积宽，层数不多的建筑；垂直干线子系统适用于各类多层建筑，纵贯各层建筑布线。

（5）设备间子系统

设备间子系统（Equipment Subsystem）是一个集中的总机房，连接系统公共设备，如 PBX、主配线架、局域网核心交换机、数据中心服务器、管理员工作站等设备，以及干线子系统与这些设备的交接。

设备间子系统是大楼中数据、语音垂直主干线缆终接的场所，也是建筑群引来的线缆进入建筑物终接的场所，更是各种数据语音主机设备及保护设施的安装场所。

（6）建筑群子系统

在有的园区网中，可能有多幢不同建筑物，由两个及以上建筑物的数据、电话和视频系统线缆构成建筑群子系统（Building Group System），包括室外线缆、中继设备等。

6.4.2　工作区子系统

工作区子系统由终端设备和连接到信息插座的跳线组成，它包括信息插座、信息模块、网卡和连接终端所需的跳线，并在终端设备和输入/输出（I/O）之间搭接，相当于电话配线系统中连接话机的用户线及话机终端部分。典型的终端连接系统如图 6-24 所示。终端设备可以是电话、微机和数据终端，也可以是仪器仪表和传感器的探测器。

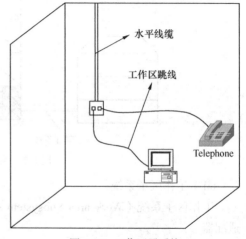

图 6-24　工作区子系统

一个独立的工作区，包括一部电话机和一台计算机终端设备，服务面积约 $5m^2 \sim 10m^2$。工作区的设计根据需要参照基本型、增强型和综合型要求设计。目前普遍采用增强型设计等级，为语音点与数据点互换奠定基础。

1. 工作区子系统设计步骤

① 根据楼层平面图计算每层楼布线面积。

② 估算 I/O 插座数量：

● 为基本型设计出每 $10m^2$ 一个 I/O 插座；

● 为增强型设计出每 $10m^2$ 两个插座，即语音和数据各一个。

例如，某大楼测算面积为 $800m^2$，实际可用面积为 $600m^2$，则基本型需要 60 个插座，而增强型需要 120 个插座。实际数量应该在这个值上再乘以一个 5%的富余量，大约为 126 个。

③ 确定 I/O 插座的类型。I/O 插座分为嵌入式和表面安装式两种，可以根据实际情况选用。通常新建筑物采用嵌入式 I/O 插座，而旧建筑采用表面安装式的 I/O 插座。

④ 确定 I/O 插座的位置。I/O 插座的位置应该离工作台的位置较近，通常小于 3m，还要离地面约 30cm。

⑤ 确定工作区跳线的长度和类型：

● 工作区跳线可以购买成品线或自己制作；

● 跳线应该选用 5 类或超 5 类 UTP 软线，长度一般在 6m 以内；

● 使用跳线时多数情况下为平行线，部分适配器（ADSL）需要使用交叉线。

⑥ 如果自己制作跳线，还要购买 RJ-45 插头（水晶头）。假设数据插座的总数为 n，则应购买水晶头的计算公式如下：

$$2 \times n + 2 \times n \times 15\%$$

上例中应购买的水晶头为 138 个，其中有 15%的富余。

2. 信息插座及 RJ-45 插头的技术要求

每个工作区至少要配置一个插座盒。对于难以再增加插座盒的工作区，要至少安装两个分离的插座盒。信息插座是终端（工作站）与水平子系统连接的接口，如图 6-25 所示。

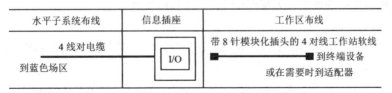

图 6-25　I/O 信息插座与终端的连接

水平子系统每根双绞线电缆必须都终接在工作区的一个 8 针（脚）的模块化插座（插头）上。8 针模块化信息输入/输出（I/O）插座是为所有的综合布线系统推荐的标准 I/O 插座。它的 8 针结构为单一 I/O 配置提供了支持数据、语音和图像或三者的组合所需的灵活性。RJ-45 插头与信息模块压线时有两种方式，即 TIA/EIA568A 和 TIA/EIA568B，如图 6-26 所示。

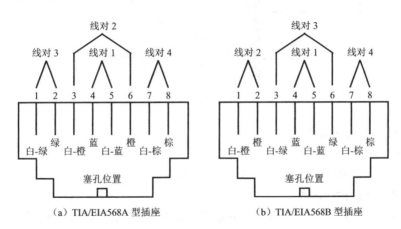

（a）TIA/EIA568A 型插座　　　　（b）TIA/EIA568B 型插座

图 6-26　信息插座的两种接线形式

对于数据应用，常规使用 TIA/EIA568B 标准制作信息插座和 RJ-45 插头。一条工作区跳线有两个 RJ-45 插头，根据插头接线方式的不同将跳线分成以下两种。

（1）平行线

在制作工作区跳线时，如果两端都符合 TIA/EIA568B 标准，则该跳线被称为平行线，用于工作站与交换机或集线器直接相连。

（2）交叉线

工作区的一端符合 TIA/EIA568B 标准，另一端符合 TIA/EIA568A 标准，则该跳线被称为交叉线用于一些特殊场合，例如两台主机直接用一根双绞线连接，集线器或交换机堆叠，ADSL 适配器与主机连接等。

对于模拟式语音终端，行业的标准做法是将触点信号和振铃信号置入工作站软线（即 4 对软线的引针 4 和 5）的两个中央导体上，剩余的引针分配给数据信号和配件的远地电源线使用。引针 1，2，3，6 传送数据信号，并与 4 对电缆中的线对 2，3 相连。引针 7，8 直接连通，并留作配件电源之用。

6.4.3 水平子系统

1. 水平子系统的设计要求

水平子系统由每层配线间至信息插座的水平线缆及其线槽、管、托架和工作区用的信息插座组成。水平线缆沿大楼的地板或天花板布线，以不影响美观为主。

（1）拓扑结构

水平布线都是采用星型拓扑结构，起点为楼层配线间，终点为各工作区的信息插座。

（2）布线距离

当水平线缆为4线对的5类双绞线时，考虑到双绞线的带宽为100Mbit/s时，最大传输距离为100m，因此规定水平布线的距离最大长度为90m，如图6-27所示。

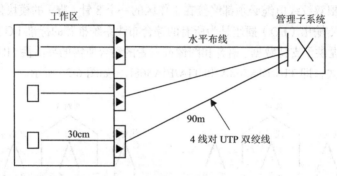

图 6-27　水平布线拓扑和距离示意图

（3）水平子系统的线缆类型

① 4对5类或超5类UTP双绞线；

② 增强型设计中也可以使用62.5/125μm光纤线缆。

2. 水平子系统的设计步骤

水平子系统设计涉及水平子系统的传输介质和部件集成，主要有如下6个步骤。

① 确定线路走向。确定线路走向一般要由用户、设计人员和施工人员到现场根据建筑物的物理位置和施工难易度来确立。信息插座的数量和类型、电缆的类型和长度一般在总体设计时便已确立，但考虑到产品质量和施工人员的误操作等因素，在订购时要留有余地。

② 确定线缆、槽、管的数量和类型。

③ 确定电缆的类型和长度。

④ 订购电缆和线槽。

⑤ 如果打吊杆走线槽，则需要确定用多少根吊杆。

⑥ 如果不用吊杆走线槽，则需要确定用多少根托架。

订购电缆时必须计算订购所需电缆的数量，计算公式为

$$整幢楼的水平布线用线量 = \sum C$$

$$C = [0.55 \times (L + S) + 6] \times n$$

其中，C——每层楼用线量；

L——本楼层离水平间最远的信息点距离；

S——本楼层离水平间最近的信息点距离；

n——本楼层的信息插座总数；

0.55——备用系数；

6——端接容差。

双绞线一般以箱为单位订购，每箱双绞线长度为305m。

假设在6.4.2的示例中共5层，平均每层$L=40$，$S=10$，$n=24$，所需的线缆总长度为

$$\sum C = [0.55 \times (40 + 10) + 6] \times 24 \times 5 = 4\,020\text{m}$$

这幢大楼的水平系统共需约14箱5类4对线。计算过程中就多不就少。

3. 水平线缆的布线方案

水平布线，是将电缆线从管理间子系统的配线间接到每一楼层的工作区的信息输入/输出（I/O）插座上。设计者要根据建筑物的结构特点，从路由（线）最短、造价最低、施工方便和布线规范等几个方面考虑。但由于建筑物中的管线比较多，往往要遇到一些矛盾。所以，设计水平子系统时必须折衷考虑，优选最佳的水平布线方案。一般可采用如下3种类型：

① 直接埋管式；

② 先走吊顶内线槽，再走支管到信息出口的方式；

③ 适合大开间及后打隔断的地面线槽方式。

其余都是这3种方式的改良型和综合型。

（1）直接埋管线槽方式

直接埋管布线方式如图6-28所示。它是由一系列密封在现浇混凝土里的金属布线管道或金属馈线走线槽组成。这些金属管道或金属线槽从水平间向信息插座的位置辐射。根据通信和电源布线的要求以及地板厚度和占用的地板空间等条件，直接埋管布线方式可能要采用厚壁镀锌管或薄型电线管。这种方式在老式的设计中非常普遍。

现代楼宇不仅有较多的电话语音点和计算机数据点，而且语音点与数据点可能还要求互换，以增加综合布线系统使用的灵活性。因此，综合布线的水平线缆比较粗，例如 3 类 4 对非屏蔽双绞线外径

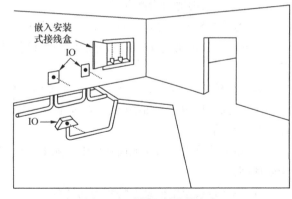

图6-28　直接埋管布线方式

1.7mm，截面积17.34mm²，5类4对非屏蔽双绞线外径5.6mm，截面积24.65mm²，对于目前使用较多的SC镀锌钢管及阻燃高强度PVC管，建议截面积为全部双绞线截面积和的3倍。

（2）先走线槽再走支管方式

线槽由金属或阻燃高强度PVC材料制成，有单件扣合方式和合式两种类型。

线槽通常悬挂在天花板上方的区域，用于大型建筑物或布线系统比较复杂而需要有额外支持物的场合。用横梁式线槽将电缆引向所要布线的区域。由弱电井出来的缆线先走吊顶内的线槽，到各房间后，经分支线槽从横梁式电缆管道分叉后将电缆穿过一段支管引向墙柱或墙壁，贴墙而下到本层的信息出口（或贴墙而上，在上一层楼板钻一个孔，将电缆引到上一层的信息出口），最后端接在用户的插座上，如图6-29所示。

（3）地面线槽方式

地面线槽方式就是弱电井出来的线走地面线槽到地面出线盒或由分线盒出来的支管到墙上的信息出口。由于地面出线盒或分线盒或柱体直接走地面垫层，因此这种方式适用于大开间或隔间

多的办公场合。

地面线槽方式就是将长方形的线槽打在地面垫层中，每隔4～8m拉一个过线盒或出线盒（在支路上出线盒起分线盒的作用），直到信息出口的出线盒。

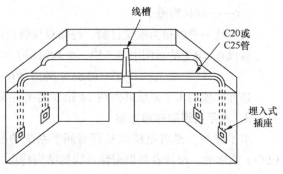

图6-29　先走线槽再走支管布线方式

地面线槽方式有如下优点。

① 用地面线槽方式，信息出口离弱电井的距离不限。

地面线槽每 4～8m 接一个分线盒或出线盒，布线时拉线非常容易，因此距离不限。

② 强电弱电可以使用同一条线路。

为了坚固耐用，地面线槽采用的都是金属材料，因此只要接地，就具有良好的屏蔽能力，使得强电和弱电线缆共用一条线路，减少了布线工序。

③ 适用于大开间或需打隔断的场合。

如交易大厅面积大，计算机离墙较远，用较长的线接墙上的网络出口及电源插座，显然是不合适的。这时在地面线槽的附近留一个出线盒，连网及取电都解决了。又如在一个写字间中，办公隔间较多，要将水平线缆引入到办公间，虽然可以直接使用裸线敷设，但线缆容易受损，因此也可以采用灵活的地面线槽方式。

④ 地面线槽方式可以提高商业楼宇的档次。

大开间办公是现代流行的管理模式，只有高档楼宇才能提供这种无杂乱无序线缆的大开间办公室。

地面线槽方式的缺点也是明显的，主要体现在以下几个方面：

① 地面线槽做在地面垫层中，需要至少6.5cm以上的垫层厚度，这对于尽量减少挡板及垫层厚度是不利的；

② 地面线槽由于做在地面垫层中，如果楼板较薄，有可能在装潢吊顶过程中，被吊杆打中，影响使用；

③ 不适合楼层中信息点特别多的场合；

④ 不适合石质地面；

⑤ 造价昂贵，例如地面出线盒为了美观，盒盖是铜的，一个出线槽盒的售价为 300 元～400 元。这是墙上出线盒所不能比拟的。

总体而言，地面线槽方式的造价是吊顶内线槽方式的 3～5 倍。

6.4.4　干线子系统

1. 干线子系统设计概述

干线子系统的任务是通过建筑物内部的传输电缆，把各个服务接线间的信号传送到设备间，直到主交换设备。垂直干线子系统一般在建筑物中预留的弱电井中布线。因此干线子系统包括干线线缆、干线通道及其他辅助设施。

（1）干线子系统的设计要求

① 根据设计类型确定干线子系统的规模。

② 布线走向应选择离干线线缆最近、最安全和最经济的路线。

建筑物内通常预留了两大类型的通道：封闭型和开放型。宜选择带门的封闭型通道敷设干线线缆。

封闭型通道是指一连串上下对齐的交接间，每层楼都有一间，线缆竖井、线缆孔、管道和托架等穿过这些房间的地板层。每个交接间通常还有一些便于固定线缆的设施和消防装置。

开放型通道是指从建筑物的地下室到楼顶的一个开放空间，中间没有任何楼板隔开，如电梯通道。

③ 干线子系统应该留有较大的备用线缆，以满足未来 5 年内的增长需求。

干线子系统的敷设增改都是比较费力的事情，在未来增长规模无法准确预计的情况下，以 5 年为一个阶段，分阶段施工是很有必要的。

（2）干线子系统的线缆类型

① 5 类/超 5 类大对数 UTP 电缆；

② 62.5/125μm 光纤线缆；

③ 150ΩSTP 线缆。

（3）干线子系统的距离要求

① 大对数 UTP 线缆 100m 内可保证 100Mbit/s 带宽，800m 内可保证有效带宽为 5Mbit/s，其他可参看 UTP 电缆特性说明。

② 普通多模光纤的传输距离 2 000m 仍可达到 100Mbit/s 带宽。

2. 垂直干线子系统的设计步骤

① 确定每层楼的干线要求。

采用 25 对大对数 UTP 线缆时，楼层标准按基本型每个工作区两对干线，增强型 4 对干线计算，则 60 个工作区的基本型所需线缆根数为 120/25 = 4 根，增强型为 240/25 = 8 根。

采用 2 芯或 2 芯以上的室内光缆布线则每层楼只需 1 根光缆即可。

② 确定整座楼的干线数量。

$$大楼干线总长度 = \sum C$$
$$C = (H + D) \times (1 + 15\%) \times n$$

其中，C——楼层所需干线长度；

　　　H——楼层离设备间的距离；

　　　D——干线通道出口与楼层配线间的距离；

　　　15%——富余量；

　　　n——线缆根数。

25 对大对数电缆以 305m 为一轴，因此，最后还要换算成轴。假设干线总长度为 4 000m，则共需干线 4 000/305 + 1 = 14 轴。

③ 确定从楼层到设备间的干线电缆路线。

④ 确定干线接线间的接合方法。

⑤ 选定干线电缆的长度。

⑥ 确定敷设附加横向电缆时的支撑结构。

3. 垂直干线子系统的布线方法

在大楼的楼层间布设垂直干线系统通常有下列两种方法。

（1）电缆孔方法

干线通道中所用的电缆孔是很短的管道，通常用直径为 10cm 的钢性金属管做成。它们嵌在混凝土地板中，这是在浇注混凝土地板时嵌入的，比地板表面高出 2.5～10cm。电缆往往捆在钢绳上，而钢绳又固定到墙上已铆好的金属条上。当配线间上下都对齐时，一般采用电缆孔方法，如图 6-30 所示。

（2）电缆井方法

电缆井方法常用于干线通道。电缆井是指在每层楼板上开出一些方孔，使电缆可以穿过这些方孔并从某层楼伸到相邻的楼层，如图 6-31 所示。

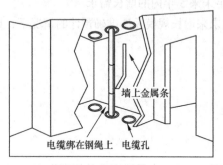

图 6-30　电缆孔布线方法

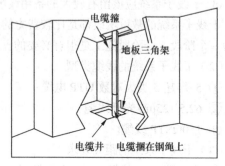

图 6-31　电缆井布线方法

电缆井的大小依所用电缆的数量而定。与电缆孔方法一样，电缆也是捆在或箍在支撑用的钢绳上，钢绳靠墙上金属条或地板三角架固定住。离电缆井很近的墙上立式金属架可以支撑很多电缆。电缆井的选择性非常灵活，可以让粗细不同的各种电缆以任何组合方式通过。但电缆井方法不适用于未预留电缆井的老建筑和一些特殊建筑。

6.4.5　设备间子系统设计

1. 设备间子系统概述

设备间子系统是一个公用设备存放的场所，也是网络中心的主机房。设备间子系统存放着主配线架（MDF）、核心交换机、路由器和服务器等重要的网络设备，外部通信线路被引入到设备间，同时干线子系统被引出到各楼层，因此，设备间的环境影响着整个网络的稳定运行。

在设计设备间时应考虑下列要素。

① 设备间应设在合适的位置，通常有下列 3 种位置供选择。

● 楼层底部：楼层底部便于搬运设备，但安全性不好。

● 楼层顶部：不便于搬运设备，但由于楼层高，安全性好。

● 楼层中间：布线距离比上述两种都短，较适合于楼层比较高，顶部和底部布线距离都不够长的场合。

② 设备间应抓好物理安全性设计，避免设备被盗或遭到损坏和干扰。

③ 应尽可能靠近外部通信电缆的引入区和网络接口。

④ 设备间应在服务电梯附近，便于装运笨重设备。

⑤ 设备间应按《电子计算机房设计规范》（GB 50175—93）标准设计。

设备间的主要设备有数字程控交换机和计算机等，对于它的使用面积，必须有一个通盘的考虑。对设备间的使用面积可以通过计算来确定：

$$面积\ S = K\sum S_i \qquad (i = 1,2,\cdots,n)$$

其中，S——设备间使用的总面积（m^2）；

K——系数，比 1 大，代表设备间的空隙，该值越大，通风性越好，一般 K 选择 5，6，7 三种（根据设备大小来选择）；

Si——每一个设备预占的面积；

i——变量 i 代表设备间内共有设备总数。

2. 设备间子系统设计的环境考虑

设备间子系统设计时要对环境问题进行认真考虑。相关要求包括：

（1）温度和湿度应符合 A，B，C 三级之一；

（2）尘埃应符合 A，B 二级之一；

（3）照明设备在距地面 0.8m 处，照度不应低于 200 lx；

（4）噪声应小于 70dB；

（5）设备间内无线电干扰场强，在频率为 0.15MHz～1 000MHz 范围内不大于 120dB；

（6）设备间内磁场干扰场强不大于 800A/m（相当于 100c）；

（7）供电应符合 GB J232—82《电气装置安装工程规范》中的配线工程规定；

（8）设备间内的各种电力电缆应为耐燃铜芯屏蔽的电缆；各电力电缆（如空调设备、电源设备所用的电缆等）、供电电缆不得与双绞线走向平行；交叉时，应尽量以接近于垂直的角度交叉，并采取防延燃措施；各设备应选用铜芯电缆，严禁铜、铝混用；

（9）严密的物理安全防盗措施，建立人员出入管理制度；

（10）根据 A、B、C 3 类等级要求，设备间进行装修时，装饰材料应符合 TH16-74《建筑设计防火规范》中规定的难燃材料或非燃材料，应能防潮、吸噪、不起尘、抗静电等；

（11）地面应符合 GB 6650-86《计算机房用地板技术条件》标准；

（12）设置火灾报警及灭火设施。

6.4.6　管理子系统

管理子系统连接水平电缆和垂直干线，是综合布线系统中较重要的一环，常用设备包括快接式配线架、理线架、跳线和必要的网络设备。管理子系统安装在楼层配线间，实现楼层干线到水平布线的交接。楼层配线间比主设备间小，有时不需要专用的机房，使用壁挂式的配线箱就可以，而且位置靠近干线路由便于连接。

1. 管理子系统的管理硬件

在管理子系统中，信息点的线缆是通过集线面板进行管理的，而语音点的线缆是通过 110 连接块进行管理。信息点的集线面板有 12 口、24 口、48 口等，应根据信息点的多少配备集线面板。

（1）配线架

配线架是配线间中多种配线器件的总称。

设备间的配线架也分数据配线架和语音配线架，如图 6-32 所示。数据配线架装插 RJ-45 接口的数据集线面板，语音配线架装插 110 连接块。配线架可以安装在机柜中，也可以直接固定在墙壁上。

（2）端子板

端子板（Terminal Block）是配线间中的专用器件，上面可卡接电缆，然后打上 110 型连接块（Connecting Block），再卡接跳线。

（3）110 型连接块

110 型连接块是 AT&T 公司为卫星接线间、干线接线间和设备的连线端接而选定的 PDS 标准。

(a) 24 端口数据配线架　　　　　　(b) 110 语音配线架

图 6-32　配线架

110 型连接块分为两大类：110A 和 110P。这两种硬件的电气功能完全相同，但其规模和所占用的墙空间或面板大小有所不同。每种硬件各有优点。110A 与 110P 管理的线路数据相同，但 110A 占有的空间只有 110P 或老式的 66 接线块结构的 1/3 左右，并且价格也较低。

在实际应用中，110A 和 110P 使用的接线场均是每行端接 25 对线。但究竟是使用 3,4 对线还是 5 对线的连接块，具体取决于每条线路所需的线对数目，例如 3 对线的线路使用 3 对线模块，2 对线或 4 对线的线路都可以使用 4 对线模块。图 6-33 所示为 4 对线连接器和 5 对线连接器实物与模型图。

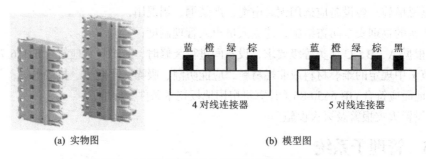

(a) 实物图　　　　　　　　　　　(b) 模型图

图 6-33　4 对线连接器和 5 对线连接器实物与模型图

（4）入口端子

通常把配线架中靠近插座端的连接块称为入口端子。

（5）出口端子

通常把配线架中靠近交换机和集线器端的连接块称为出口端子。

（6）主布线场

主布线场把公用系统设备的线路连接到来自干线和建筑群子系统的输入线对，典型的主布线场包括两个色场，即白场和紫场。白场实现干线和建筑群线对的端接；紫场实现公用系统设备线对的端接，这些线对服务于干线和建筑群布线系统。主布线场有时还可能增加一个黄场，以实现辅助交换设备的端接。黄场通常很小，从紫场的下方开始。

2. 管理子系统交连的几种形式

在不同类型的建筑物中管理子系统常采用单点管理单交连、单点管理双交连和双点管理双交接 3 种方式。

（1）单点管理单交连

单交连指水平电缆和垂直主干到网络设备的电缆分别打在端子板的同一位置上连接块的里侧和外侧，通过连接块连通起来。

这种方式使用的场合较少，适合于小型建筑物，它的结构图如图 6-34 所示。

（2）单点管理双交连

双交连指水平电缆和垂直主干，或垂直主干和到网络设备的电缆都打在端子板的不同位置的连接块的里侧，再通过跳线把两组端子跳接起来，跳线打在连接块的外侧，这是标准的交接方式。

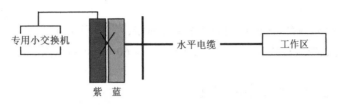

图 6-34　单点管理单交连

单点管理位于设备间里面的交换设备或互连设备附近，通过线路不进行跳线管理，直接连至用户工作区或配线间里面的第二个接线交接区。如果没有配线间，第二个交连可放在工作区的墙壁上，如图 6-35 所示。

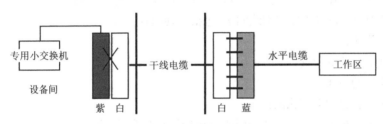

图 6-35　单点管理双交连

用于构造交接场的硬件所处的地点、结构和类型，决定综合布线系统的管理方式。交接场的结构取决于工作区、综合布线规模和选用的硬件。

（3）双点管理双交连

当低矮而又宽阔的建筑物管理规模较大、较复杂（如机场、大型商场）时多采用双点管理双交连。双点管理除了在设备间里有一个管理点之外，在配线间仍有一个次级管理交接（跳线）。在二级交接间或用户房间的墙壁上还有第二个可管理的交接。双交连要经过二级交接设备。第二个交连可能是一个连接块，它对一个接线块或多个终端模块的配线进行组合，如图 6-36 所示。

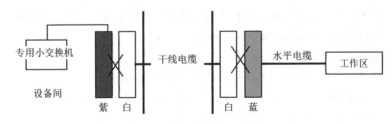

图 6-36　双点管理双交连

3. 管理子系统的设计步骤

① 确定模块化系数是 2 对线还是 4 对线。每个线路模块当做一条线路处理。

② 选择合适的接线硬件，计算其使用数量。

首先选择 110 型硬件。对于站的端接和连接电缆来说，确定场的规模或确定所需要的接线块数目意味着要确定线路（或 I/O）数目、每条线路所含的线对数目（模块化系数），并确定合适规模的 110 A 或 110 P 接线块。110A 交连硬件备有 100 对线和 300 对线的接线块。110P 接线块有

300 对线和 900 对线两种规模。

- 蓝场面向用户端，接线规模规定为基本型和增强型都是 4 对线。

60 个语音信息点的线对数为 4 × 60 = 240 对，如果选择能接 300 对线的 110A 接线块，只需要一个。

- 白场面向干线，接线规模规定为基本型 2 对线，增强型 3 对线。

60 个语音信息点的线对数为 2 × 60 = 120 对或 3 × 60 = 180 对，因此也只需要 1 个 300 对线规格的 110A 接线块。

整个管理系统总共需要两个 110A 接线块。

再为数据信息点选择合适的接线硬件。数据布线根据集线板的端口数是 16 口、24 口或 48 口计算，取整数。光纤布线使用光纤分线盒，适用于 4 芯、6 芯、12 芯等多种室内光纤。

如果干线介质为双绞线，需要的集线板数目指定为 24 口，则共需要

$$60/24 + 1 = 2 + 1 = 3 \text{ 块}$$

如果干线介质为室内 6 芯光纤，接线硬件选择带 6 个光纤接头的分线器即可。

③ 设计管理间的位置（楼层配线间），包括下列内容：

- 干线电缆孔；
- 电缆和电缆孔的配置；
- 电缆布线的空间；
- 房间进出管道和电缆孔的位置；
- 根据电缆直径确定的干线接线间和卫星接线间的馈线管道；
- 管道内要安装的电缆；
- 110 型硬件空间；
- 其他设备（如多路复用器、集线器或供电设备等）的安装空间。

④ 指定管理标识，做好文档记录。

配线架和面板插座上的接头复杂繁多，时间久了容易忘记。管理标识用于标记线缆的连接情况，结合详细的文档记录，日后维护的时候可以经常查阅。

4. 管理标识设计

管理标识是管理子系统设计过程中很重要的一个环节，它的设计方法在 TIA/EIA-606 标准即《商业建筑物电信基础结构管理标准》中有详细的规定，即要求传输机房、设备间、介质终端、双绞线、光纤和接地线等都有明确的编号标准和方法。

（1）标识位置

① 电缆标识——水平和主干子系统电缆在每一端都要标记。

② 跳接面板/110 块标识——每一个端接硬件都应该标记一个标识符。

③ 插座/面板标识——每一个端接位置都要被标记一个标识符。

④ 路径标识——路径要在所有位于通信柜、设备间或设备入口的末端进行标记。

⑤ 空间标识——所有的空间都要求被标记。

⑥ 结合标识——每一个结合终止处要进行标记。

（2）标识类型

① 粘贴型：粘贴标签应满足 UL[1]969 中规定的清晰、磨损性和附着力的要求，还应满足 UL969

---

[1] UL——美国保险商实验所是一个独立的、非营利性质的产品安全试验和认证的组织。

第 6 章　网络物理设计

中规定的室内一般外露使用的要求。厂房外使用的标签应满足 UL969 中规定的室内和室外外露要求。

② 插入型：插入标签应满足 UL969 中规定的清晰、磨损性和一般外露要求。设备外的标签应满足 UL969 中列出的室内和室外的要求。插入标签根据标记单元，在正常操作和使用情况下应牢固地放置到位。

③ 其他标签：包括不同方法粘贴的特殊用途的标签。

（3）设计标识

设计标识没有统一的要求，实际应用中系统管理人员和工程设计人员根据具体情况考虑，要求尽可能简单好记。

一个管理标识是跟管理对象有关的字母和数字的组合，其中部分信息可以预先印制好，部分信息则由安装人员在安装过程中填写，例如标识通往某栋大楼某层工作区的标识可以按如下格式制订：

楼号	楼层	工作区	编号
B4	04	402	001

（4）标签材质标准

线缆标签要有一个耐用的底层，材质要柔软易于缠绕。建议选用乙烯基材质的标签，因为乙烯材质均匀、柔软，易弯曲，便于缠绕。

一般推荐使用的线缆标签由两部分组成，上半部分是白色的打印涂层，下半部分是透明的保护膜，使用时可以用透明保护膜覆盖打印的区域，起到保护作用。透明的保护膜应该有足够的长度以包裹电缆一圈或一圈半。同时标签还要符合 UL969 的要求。UL969 实验分为暴露实验和选择实验两部分。暴露实验包括温度、湿度和抗磨损实验；选择实验包括粘性强度、防水、防紫外线、抗化学腐蚀、耐气候性和抗低温能力实验等。

6.4.7　建筑群子系统

一个较大企事业单位的各部门可能分布于不同大楼，构成楼群。在完成了各幢大楼内部的布线工作之后，还需要使用布线设备将各办公楼内的干线子系统连接起来，构成一个完整的布线系统。完成这个任务的布线子系统被称为建筑群子系统，它包括建筑群间电缆、架空线杆和布线管道等。

1. 建筑群子系统设计步骤

建筑群子系统布线时遵循以下步骤。

① 确定敷设现场的特点：

- 确定整个工地的大小；
- 确定工地的地界；
- 确定共有多少座建筑物；
- 确定电缆系统的一般参数。

② 确定电缆系统的一般参数：

- 确认起点位置；
- 确认端接点位置；
- 确认涉及的建筑物和每座建筑物的层数；
- 确定每个端接点所需的双绞线对数；
- 确定有多个端接点的每座建筑物所需的双绞线总对数。

175

③ 确定建筑物的电缆入口：

● 对于现有建筑物，要确定各个入口管道的位置，每座建筑物有多少入口管道可供使用；

● 入口管道数目是否满足系统的需要。如果入口管道不够用，则要确定在移走或重新布置某些电缆时是否能腾出某些入口管道，在不够用的情况下应另装多少入口管道；

● 如果建筑物尚未建起来，则要根据选定的电缆路由完善电缆系统设计，并标出入口管道的位置，选定入口管理的规格、长度和材料，在建筑物施工过程中安装好入口管道。

④ 确定明显障碍物的位置：

● 确定土壤类型，如砂质土、黏土或砾土等；

● 确定电缆的布线方法；

● 确定地下公用设施的位置；

● 查清拟定的电缆路由中沿线各个障碍物位置或地理条件。

⑤ 确定主电缆路由和备用电缆路由。对于每一种待定的路由，确定可能的电缆结构。

⑥ 选择所需电缆类型和规格。现在建筑群子系统布线使用的电缆主要是室外多模光缆，芯数在 12 芯以上。

⑦ 确定每种备选方案所需的劳务成本。

⑧ 确定每种选择方案的材料成本：

● 把每种备选方案的劳务费成本加在一起，得到每种方案的总成本；

● 比较各种方案的总成本，选择成本较低者；

● 确定比较经济的方案是否有重大缺点，以致抵消了经济上的优势。如果发生这种情况，应取消此方案，考虑经济性较好的设计方案。

⑨ 选择最经济、最实用的设计方案。

2. 电缆布线方法

在建筑群子系统中的电缆布线方法有如下 4 种。

（1）架空电缆布线

架空安装方法通常只用于现成电线杆，通信电缆与电力电缆之间的距离必须符合我国室外架空线缆的有关标准。架空电缆通常穿入建筑物外墙上的 U 形钢保护套，然后向下（或向上）延伸，从电缆孔进入建筑物内部，如图 6-37 所示，电缆入口的孔径一般为 50mm，建筑物到最近处的电线杆通常相距应小于 30m。

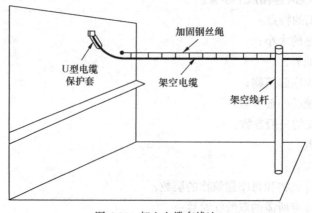

图 6-37　架空电缆布线法

（2）直埋电缆布线

直埋电缆布线法优于架空电缆布线法，因为它有初始成本低、安全性高、不影响建筑物和场地外观等优点，如图 6-38 所示。

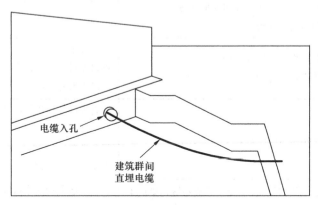

图 6-38　直埋电缆布线法

切记不要把任何一个直埋施工结构的设计或方法看做是提供直埋布线的最好方法或唯一方法。在选择某个设计或几种设计的组合时，重要的是采取灵活的、思路开阔的方法。这种方法既要适用，又要经济，还能可靠地提供服务。直埋电缆布线的地址选取和布局实际上是针对每项作业对象专门设计的，而且必须对各种方案进行工程研究后再做出决定。

在选择最灵活、最经济的直埋电缆布线线路时，主要考虑的物理因素如下：

① 土质和地下状况；

② 天然障碍物，如树林、石头以及不利的地形；

③ 其他公用设施（如下水道、水、气、电）的位置；

④ 现有或未来的障碍，如游泳池、表土存储场或修路。

（3）管道电缆布线

管道电缆布线就是在直埋电缆布线方法的基础上，添加具有一定保护功能的混凝土管道，再在管道中布线，如图 6-39 所示。为了便于连接和维护，每隔一定距离（约 80m）会给管道增设一个结合井。结合井的设计应具有防水功能。

（4）隧道内电缆布线

在建筑物之间通常有地下通道，大都是供暖供水的，利用这些通道来敷设电缆不仅成本低，而且可利用原有的安全设施。例如考虑到暖气泄漏等条件，电缆安装时应与供气、供水、供暖的管道保持一定的距离，安装在尽可能高的地方，可根据民用建筑设施的有关条例进行施工。

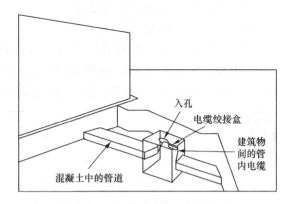

图 6-39　管道电缆布线方法

上述 4 种建筑群布线方法，它们的优缺点如表 6-4 所示。

表6-4   4种建筑群布线方法的优缺点

方　　法	优　　点	缺　　点
管道	提供最佳的机构保护 任何时候都可以敷设电缆 电缆的敷设、扩充和加固都很容易 保持建筑物的外貌	挖沟、开管道和入孔的成本很高
直埋	提供某种程度的机构保护 保持建筑物的外貌	挖沟成本高 难以安排电缆的敷设位置 难以更换和加固
架空	如果本来就有电线杆，则成本最低	没有提供任何机械保护 灵活性差 安全性差 影响建筑物美观
隧道内	保持建筑物的外貌，如果本来就有隧道则成本最低，安全	热量或泄漏的热水可能会损坏电缆 可能被水淹没

网络工程设计人员在设计时，不但自己要有一个清醒的认识，还要把这些情况向用户方说明。

6.4.8　综合布线测试技术

在一个布线工程项目结束后，还有一个很重要的环节不能被忽视，那就是一系列的测试工作。综合布线测试遵循 EIA/TIA 的测试标准对包括电缆、跳线架和信息插座等在内的整个链路进行测试，只有被测试确认为合格的布线工程才能通过验收投入使用。

对于安装人员来说，每安装一条 Link 链路（即两个压接点之间的链路），都必须用基本链路（Basic Link）的规范对该链路的性能加以测试，否则等到整个信道安装好后，再进行检修就比较困难了；而另一个通道（Channel）测试，则是对系统的验收测试配置。

1. 综合布线测试连接方式定义

（1）水平布线测试连接方式

① 基本连接方式：基本连接是指通信回路的固定线缆安装部分，它不包括插座至网络设备的末端连接电缆。基本连接通常包括水平线缆和双端测试跳线，其中 $F \leqslant 90\,\mathrm{m}$，$G$ 和 $H \leqslant 2\,\mathrm{m}$。连接到测试仪上的连接头不包括在基本回路的定义中。

F——信息出口或转接点和水平跳线之间的连接线；G——测试跳线；H——测试跳线。

② 通道连接方式：通道连接是指网络设备的整个连接。通过通道回路测试，可以验证端到端回路（包括跳线、适配器）的传输性能。通道回路通常包括水平线缆、工作区子系统跳线、信息插座、靠近工作区的转接点及配线区的两个连接点。

③ 水平布线光纤测试连接方式：光纤链路长度只要在楼宇内进行，就不受严格限制。

（2）楼宇内主干布线

楼宇使用多模光纤、单模光纤和大对数铜缆布线均可，测试起点为楼层配线架，测试终点为楼宇总配线架，主干链路长度 $\leqslant 350\,\mathrm{m}$。

2．测试参数和技术指标

（1）双绞线系统的测试元素及标准

① 连接图。连接图显示了双绞线的详细情况。连接图测试通常是一个布线系统的最基本测试，因而对于 3 类、5 类布线系统，都要求连接图测试。

② 线缆长度。3 类、5 类布线系统都要求对线缆长度进行准确测试。

对于线缆长度要求有如下规定：

基本回路线缆长度≤94m（包括测试跳线），通道回路线缆长度≤100m（包括设备跳线和快接式跳线）。

③ 衰减（Attenuation）。由于集肤效应、绝缘损耗、阻抗不匹配和连接电阻等因素，造成信号沿链路传输损失的能量，称为衰减。衰减是针对"基本回路"/"通道回路"信号损失程度的量度。最坏线对的衰减应小于表 6-5 所示的"基本回路"/"通道回路"允许的最大衰减值。

表 6-5　　　　　　　　　3 类线和 5 类线在最大传输长度下的极限衰减值

频率（MHz）	3 类（dB）	5 类（dB）
1.00	3.2	2.1
4.00	6.1	4.0
8.00	8.8	5.7
10.00	10.0	6.3
16.00	13.2	8.2
20.00	—	9.2
25.00	—	10.3
31.25	—	11.5
62.50	—	16.7
100.00	—	21.6

注：①表 6-9 中的数值为 20℃下的标准值，通道回路总长度为 94m 以内，基本回路总长度为 100m 以内；②实际测试时，根据现场温度，对 3 类线和接插件构成的链路每增 1 度，衰减量增加 1.5%。

④ 近端串音衰减（NEXT）。电磁波从一个传输回路（主串回路）串入另一个传输回路（被串回路）的现象称为串音，能量从主串回路串入回路时的衰减程度称为串音衰减。在 UTP 布线系统中，近端串音为主要的影响因素。布线系统都应通过 NEXT 衰减的测试，而且 NEXT 衰减的测试必须从两个方向进行，也就是双向测试。特定频率下的 3 类线与 5 类线的近端串扰值如表 6-6 所示。

表 6-6　　　　　　　　　特定频率下的 3 类线与 5 类线的近端串扰值

频率（MHz）	3 类（dB）	5 类（dB）
1.00	40.1	60.0
4.00	30.7	51.8
8.00	25.9	47.1
10.00	24.3	45.5
16.00	21.0	42.3
20.00	—	40.7
25.00	—	39.1
31.25	—	37.6
62.50	—	32.7
100.00	—	29.3

（2）光缆布线系统的测试元素及标准

① 光缆测试的主要内容包括：

- 对整个光纤链路（包括光纤和连接器）的衰减进行测试；
- 光纤链路的反射测量以确定链路长度及故障点位置。

② 光缆布线链路在规定的传输窗口测量出的最大光衰减（介入损耗）应不超过表 6-7 中的规定，该指标已包括链路与连接插座的衰减在内。

表 6-7　　　　　　　　　　　　　　光纤布线链路的最大衰减值

布　　线	链路长度（m）	衰减（dB）			
		单 模 光 缆		多 模 光 缆	
		1 310nm	1 550nm	850nm	1 300nm
水平	100	2.2	2.2	2.5	2.2
建筑物主干	500	2.7	2.7	3.9	2.6
建筑物主干	1 500	3.6	3.6	7.4	3.6

③ 光缆布线链路的任一接口测出的光回波损耗大于表 6-8 给出的值。

表 6-8　　　　　　　　　　　　　　　最小光回波损耗值

类　　别	单 模 光 缆		多 模 光 缆	
波长	1 310nm	1 550nm	850nm	1 300nm
光回波损耗	26dB	26dB	20dB	20dB

3. 测试条件

为了保证布线系统测试数据的准确可靠，对测试环境有严格规定。

（1）测试环境

综合布线最小模式带宽测试现场应无产生严重电火花的电焊、电钻和产生强磁干扰的设备作业，被测综合布线系统必须是无源网络、无源通信设备。

（2）测试温度

综合布线测试现场温度宜为 20℃～30℃，湿度宜为 30%～80%，由于衰减指标的测试受测试环境温度影响较大，当测试环境温度超出上述范围时，需要按有关规定对测试标准和测试数据进行修正。

4. 对测试仪表的性能和精度要求

（1）测试仪表的性能要求

可用于综合布线现场测试的仪表应符合下列要求。

① 在 1MHz～31.25MHz 测量范围内，测量最大步长不大于 150kHz；在 31.26MHz～100MHz 测量范围内，测量最大步长不大于 250kHz；100MHz 以上测量步长待定。上述测量扫描步长的要求是满足设计量和近端串扰指标测量精度的基本保证。

② 用于 5 类以下（含 5 类）链路测试，测量单元最高测量频率极限值不低于 150MHz。在 1MHz～100MHz 测试频率范围内应能提供各测试参数的标称值和阈值曲线。

用于高于 5 类的链路参数时，参数系统测量频率应扩展至 250MHz 在 0～250MHz 参数频率范围内提供各测试参数的标称值和阈值曲线。

③ 每测试一条链路时间不大于 25s，且每条链路应具有一定的故障定位诊断能力。

④ 具有自动、连续和单项选择测试的功能。

（2）测试仪表的精度要求

测试仪表的精度表示综合布线电气参数的实际值与仪表测量值的差异程度，测试仪的精度直接决定着测量数值的准确性，用于综合布线现场的测试仪表至少满足实验室二级精度，具有向上溯源能力，测试仪本身参数与参数频率直接有关。光纤测试仪测量信号动态范围 ≥60dB。

① 测试判断临界区：测试结果以"通过"和"失败"给出结论，由于仪表存在测试精度和测试误差范围，当测试结果处在"通过"和"失败"临界区内时，以特殊标记如"*"表示测试数据处于该范围之中。测试数值处于临界区时，即使报告"通过"，也应视为已接近"不通过"的危险边缘，应作为"不通过"处理。

② 测试接头误差补偿：由基本连接方式和通道方式可知，在定义链路时并未包括测试仪远、近两端的接头部分，但只要进行测试，这两个接头就会客观存在，由前述测试 NEXT 可知，接头是造成整个链路串扰 NEXT 的主要因素。因此，解决测试仪接头带来的测试误差问题，有以下两种方法。

一种是由测试仪制造方提供专用测试线，该测试线配用的缆线和接头是特制的，这种特制测试线测试时带来的 NEXT 很小，但存在下述严重缺点：

● 该测试线造价昂贵而且是易磨损的消耗器材；

● 在通道连接方式，用户末端线缆是要包括在链路之中的，无法由测试仪制造商给这些末端用户线缆——配接专用插头，故这种解决办法仅仅对基本连接方式链路测试可行。

另一种方法是采用近端串扰数字分析技术（TDX）的补偿法，该方法能够根据时域分析原理计算整条链路各位置的 NEXT 值，可以准确地找出定位在链路两端的接头所造成的 NEXT 值并从总测试结果中予以扣除，对测试插头带来的影响有效地起到补偿作用，克服了第一种方法的缺点，测试精度得到提高。

5. 测试程序

在开始测试之前，应该认真了解布线系统的特点、用途和信息点的分布情况，确定测试标准，选定测试仪后按下述程序进行：

① 测试仪测试前自检，确认仪表是正常的；

② 选择测试了解方式；

③ 选择设置线缆类型及测试标准；

④ NVP 值核准（核准 NVP 使用缆长不短于 15m）；

⑤ 设置测试环境湿度；

⑥ 根据要求选择"自动测试"或"单项测试"；

⑦ 测试后存储数据并打印；

⑧ 发生问题修复后复测；

⑨ 测试中出现"失败"，查找故障。

6. 测试结果应报告的内容

除长度、特性阻抗和环路电阻等项测试外，其余各测试项都是与频率有关的技术指标，测试仪测试结果应报告表中所规定的各项目，并按测试结果内容说明规定做出报告。

习 题

一、填空题

1. 广泛使用的同轴电缆中，用于基带传输的同轴电缆的阻抗为_____，用于模拟传输的同轴电缆的阻抗为_____。

2. 在双绞线电缆的分类中，UTP 指的是_____，STP 指的是_____。

3. PnP 的含义是_____，它是 PCI 网卡的重要特性。

4. 在目前的市场和工程应用中，最常见的光纤规范是直径为_____的多模渐变折射率光纤。

5. 无线传输介质包括_____、_____和_____3 种形式。

6. 高档交换机使用_____芯片提供线速转发能力，将_____降低到最小。

7. _____是交换机接口处理器或接口卡和数据总线间所能吞吐的最大数据量。

8. _____是指发送者可以同时向指定的多个发送者发送数据包，被应用于多媒体视频服务中。

9. 服务器的核心技术可以用 4 个字母表示：SUMA，即_____（Scalability）、_____（Usability）、_____（Manageability）和_____（Availability）。

10. IA 架构的服务器可以分为_____、_____和_____3 种类型，分别应用于不同规模的网络中。

11. 在综合布线的增强型设计中，每个工作区有_____或以上的信息插座，每个工作区的配线电缆为_____条独立的 4 对双绞线电缆；每个工作区的干线电缆至少有_____对双绞线。

12. 用于语音布线管理的 110 型连接块分两大类：_____和_____，均是每行端接_____对线。

13. 在为线缆标签选择材质时，建议选用_____的标签，因为它具有均匀、柔软、易弯曲、便于缠绕等特性。

二、问答题

1. 双绞线的电气特性是双绞线测试过程中关注的几个重要因素，结合本章内容加以简要说明。

2. 比较和分析多模光纤与单模光纤在传输光信号特性上的不同之处。

3. 作为网络布线介质，光缆与普通铜缆相比，具有哪些优点？

4. 简要介绍服务器网卡有哪些特殊的性能要求。

5. 叙述端口聚合（Port Trunking）的原理，试说明在交换机的上行链路中使用端口聚合的必要性。

6. 局域网内使用的路由器通常分为两大类型，即内部路由器和边界路由器，试说明它们都有哪些功能。

7. 什么是结构化综合布线系统，它包含哪几个部分？

8. 请简要介绍建筑群间布线有哪几种布线方式。

三、案例

1. Cisco 网络交换机 Catalyst 2900 系列是性能很好的组网设备，试通过网址 http://www.cisco.com 查阅该产品系列的信息以及相关的组网方案，并记录一两种。

2. 国内外知名的网络设备厂商除了本书中列举的例子以外, 还有哪些? 介绍他们的知名度和影响力, 并列举代表性的产品作为有力证据, 分小组讨论并做记录。

3. 题图 6-1 所示为某部门内的交换连接。其中, 交换机 1 和交换机 2 分别通过两个 100Mbit/s 高速端口中的一个级连到交换机 3, 交换机 1 和交换机 2 都连接了 16 个工作站。初始设计为下连 1Mbit/s 带宽。现有新的需要将下行带宽提升到 10Mbit/s, 要求在保留现有设备的前提下用最小的代价完成该升级方案, 已知交换机 1 和交换机 2 的两个 100Mbit/s 端口以及交换机 3 的所有端口都支持 Port Trunking 技术, 给出新的网络拓扑结构图和必要的方案说明。

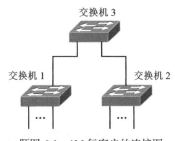

题图 6-1　1M 每客户的连接图

4. 某公司大楼共 5 层, 平均每层的有效使用面积为 $800m^2$, 楼层之间的净高为 3m, 现在准备采用增强型方案重新设计该大楼的布线系统, 要求在一个系统中完成语音和数据布线的全部方案, 且数据端接线路的传输速率不低于 10Mbit/s。给出下列各步骤的设计方案。

（1）如果以每 $10m^2$ 一个工作区计算, 该幢大楼共有多少个语音信息点和数据信息点?

（2）各楼层的水平布线采用何种传输介质? 据测算, 过道长度为 20m, 计算该传输介质的用量。

（3）垂直干线子系统采用何种传输介质? 计算该传输介质的用量。

（4）为了实现语音布线管理, 应该采用多少块 110 型连接块? 按楼层计算后再汇总。

（5）为了实现数据布线管理, 应该采用多少块 24 口的集线板? 按楼层计算后再汇总。

（6）设备间如何设置比较安全? 给出理由。

5. 某企业机房管理员暂时离职, 临时招聘的管理员对计算机管理与维护的知识很精通, 但对机房管理的一些必备知识却了解甚少, 用设备间的设计要求告诉他应该如何应付未来的工作。

第7章

IPv6 网络设计

经过 30 多年的发展，互联网在 2011 年迎来了"改朝换代"的时刻。2011 年 2 月 3 日，国际互联网名称与数字地址分配机构（ICANN）宣布，全球最后一批 IPv4 地址分配完毕。IPv4 已经面临枯竭，IP 地址短缺的问题也摆在了人们面前。因此，发展 IPv6 已经成为紧迫的现实需要，互联网向 IPv6 过渡已由实验阶段转入实施阶段，IPv6 商用技术正在稳步推进中。2011 年底，国务院常务会议明确了我国发展下一代互联网的主要目标和路线图：2013 年底前，开展 IPv6 网络小规模商用试点，形成成熟的商业模式和技术演进路线；2014～2015 年，开展大规模部署和商用，实现 IPv4 与 IPv6 主流业务互通。

7.1 IPv6 概述

本节首先介绍 IPv6 协议特点，使读者对下一代互联网协议有一个初步的了解，充分认识到 IPv6 替代 IPv4 的必然趋势。

7.1.1 什么是 IPv6

IPv6 是 Internet 协议第六版本的简写，它代表全新的互联网技术规范。IPv6 最显著的特征是通过采用 128 位的地址空间替代 IPv4 的 32 位地址空间来提高下一代 Internet 的地址容量。除此之外，IPv6 在安全性、服务质量（QoS）和移动性等方面具有比 IPv4 更好的特性，采用 IPv6 的下一代网络比现有网络更具扩展性，更安全，且更容易为用户提供高质量的服务。换言之，以 IPv6 为基础的下一代网络既可以更好地支持和保障传统业务应用，更可以支持丰富多彩的新业务应用。

20 世纪 90 年代初，IETF 开始"下一代网络互连协议"（IPng）的研究，至 1995 年 9 月正式形成 IPv6 的核心协议。1997 年，制订下一代移动通信系统"IMT-200"标准的 3GPP 标准化组织最早提出采用 IPv6 的 3G 框架（即 GPRS）。在该版本中，用户层主要采用 IPv6 的 PDP，传输层 IPv6 则作为可选项；而 3GPP 在 R99 版本中采用终端支持的 PPPv6，IPv6 地址分配机制以及 IPv6 报头压缩等标准，R4 版本中则采用新的 IPv6 报头压缩等标准，R5 版本则规定 IU 接口强制性采用 IPv6，即在多媒体核心子网中采用 IPv6。无论是下一代 Internet，还是下一代移动网，都将把 IPv6 作为基本的网络协议。IPv6 是下一代网络的必然发展方向。

随着 CNGI（中国下一代互联网）项目的启动，IPv6 在我国的发展已经进入了实质性阶段，各种网络之间、不同业务之间的融合将逐步展开，IPv6 市场以及整个产业链的上、下游将被带动起来，并通过大规模应用的展开为我国的信息产业带来无限商机。许多国内专家认为：CNGI 的部署，将推动我国成为全球 IPv6 产业的引擎。换而言之，这不仅给全球的 IPv6 产业带来了发展良机，同时也给我国带来跨越式发展的良机，使我国有机会进入世界信息技术领域的第一阵营，甚至成为被追赶的对象。

7.1.2　IPv6 的新特点

与 IPv4 相比，IPv6 具有许多新的特点，如简化的 IP 包头格式、主机地址自动配置、认证和加密以及较强的移动支持能力等。概括起来，IPv6 的优势体现在以下 5 个方面。

（1）巨大的地址空间

IPv6 的 128 位地址长度形成了一个巨大的地址空间。在可预见的很长时期内，它能够为所有可以想象出的网络设备提供一个全球唯一的地址。128 位地址空间包含的准确地址数是340282366920938463463374607431768211456 个。这个数目"足够为地球上每一粒沙子提供一个独立的 IP 地址"。

（2）高效的层次寻址及路由结构

IPv6 采用聚类机制，定义非常灵活的层次寻址及路由结构，同一层次上的多个网络在上层路由器中表示为一个统一的网络前缀，这样可以显著减少路由器必须维护的路由表项。在理想情况下，一个核心主干网路由器只需维护不超过 8 192 个表项。这大大降低了路由器的寻路和存储开销。

（3）移动性

移动 IP 需要为每个设备提供一个全球唯一的 IP 地址。IPv4 没有足够的地址空间可以为在 Internet 上运行的每个移动终端分配一个这样的地址。而移动 IPv6 能够通过简单的扩展，满足大规模移动用户的需求。这样，它就能在全球范围内解决有关网络和访问技术之间的移动性问题。

（4）内置的安全特性

在安全性方面，IPv6 内置标准化的 IP 安全性（IPSec）机制。除了必须提供网络层这一强制性机制外，IPSec 还提供两种服务。其中，认证报头（AH）用于保证数据的一致性，而封装的安全负载报头（ESP）用于保证数据的保密性和数据的一致性。即使终端用户用"实时在线"方式接入企业网，这种安全机制也是可行的；而这种"实时在线"的服务类型在 IPv4 技术中是无法实现的。

（5）服务质量

从协议的角度看，IPv6 的优点体现在能提供不同水平的服务。这主要是由于 IPv6 报头中新增加了字段"业务级别"和"流标记"。有了它们，在传输过程中，中间的各节点就可以识别和分开处理任何 IP 地址流。尽管对这个流标记的准确应用还没有制订出有关标准，但将来它会用于基于服务级别的新计费系统。

另外，在其他方面，IPv6 也有助于改进 QoS。这主要表现在支持"实时在线"连接，防止服务中断以及提高网络性能方面。同时，更好的网络和 QoS 也会提高用户的期望值和满意度。

（6）即插即用的配置

IPv6 还有一个基本特性是它支持无状态和有状态两种地址的自动配置方式。无状态地址自动配置方式是获得地址的关键。在这种方式下，需要配置地址的节点使用一种邻居发现机制获得一个局部连接地址。一旦得到这个地址之后，它使用另一种即插即用的机制，在没有任何人工干预的情况下，获得一个全球唯一的路由地址。有状态配置机制如 DHCP（动态主机配置协议）需要一个额外的服务器，因此也需要很多额外的操作和维护。

7.1.3　IPv6 的报文格式

IPv6 数据报文有一个 40 字节的基本首部（Base Header）。其后可允许有零个或多个扩展首部（Extension Header），再后面是数据，如图 7-1 所示。

图 7-1　IPv6 数据报文的一般形式

图 7-2 所示为 IPv6 基本首部的格式。每个 IPv6 数据报文都从基本首部开始。IPv6 基本首部的不少字段可以和 IPv4 首部中的字段直接对应。

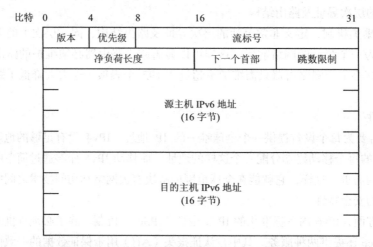

图 7-2　IPv6 数据报文基本首部的格式（40 字节长）

下面介绍 IPv6 基本首部中的各个字段。

① 版本（Version）：版本字段的长度为 4 位，它指明了协议版本号，对 IPv6 该字段总是 6。

② 优先级（Priority）：这个 8 位字段可以为包赋予不同的类型或优先级。它类似 IPv4 的服务类型字段，为差异化服务留有余地。首先，IPv6 把流分成两大类，即可进行阻塞控制的与不可进行阻塞控制的。每一类又分为 8 个优先级。优先级的值越大，表明该分组越重要。优先级仅在类别之内有意义。对于可进行阻塞控制的业务，其优先级为 0～7。当发生阻塞时，这类数据报文的传输速率可以放慢。对于不可进行阻塞控制的业务，其优先级为 8～15。这些都是实时性业务，如音频或影像业务的传输。这种业务的数据报文的发送速率是恒定的，即使丢掉了一些，也不进行重发。

③ 流标（Flow Label）：流标字段是 IPv6 的新增字段。源节点使用这个 20 位字段，为特定序列的包请求特殊处理（效果好于尽力转发）。实时数据传输如语音和视频可以使用流标号字段以确保 QoS。

④ 净负荷长度（Payload Length）：这个 16 位字段表明了有效载荷长度。与 IPv4 包中的报文长度字段不同，这个字段的值并未算上 IPv6 的 40 位报头，计算的只是报头后面的扩展和数据部分的长度。因为该字段长 16 位，所以能表示高达 64KB 的数据有效载荷。

⑤ 下一个首部（Next Header）：在 IPv6 中，扩展首部插在 IP 报头和传输层报头当中。这类扩展首部包括验证、加密和分片功能。下一个首部字段表明了紧接着 IPv6 首部的下一首部的类型。图 7-3 所示为 3 种可能的 IPv6 数据包的扩展首部构成情况。

⑥ 跳数限制（Hop Limit）：此字段用来防止数据报文在网络中无限期地存在。它使得包经过规定数量的路由段后会被丢弃，从而防止了包被永远转发。包每经过一个路由器，跳数限制字段的值就减少一个。当跳数限制的值为 0 时，就要将此数据报文丢弃。

⑦ 源主机 IP 地址（Source Address）：该字段指明了始发主机的起始地址，其长度为 128 位。

⑧ 目的主机 IP 地址（Destination Address）：该字段指明了传输信号的目标地址，其长度为 128 位。

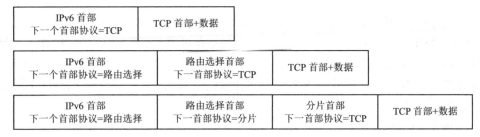

图 7-3　IPv6 数据包结构举例

7.2　IPv6 地址设计

7.2.1　IPv6 地址表示

IPv6 地址支持 3 种表示形式：

1. 标准形式

由于 IPv6 地址多达 128 位，为了便于记忆，通常是用冒分 16 进制法表示，即 X:X:X:X:X:X:X:X。其中，X 为一个 16 字节长的地址段，由四个十六进制数表示。例如，fec0:ffe0:c512:4ab0:000a:aa12:0000:3cc3。每一组 16 进制数开头的 0 可以省略，如前述地址又可表示成 fec0:ffe0:c512:4ab0:a:aa12:0:3cc3。

2. 压缩形式

IPv6 地址中通常包含多个连续的 0 位，可以使用 "::" 符号代替以简化书写形式，但 "::" 符号在 1 个地址中仅能出现一次。该符号也可以用来压缩地址中前部和尾部的 0。例如，fec0:0:0:0:ff0c:0:0:e1c1 地址可用下面的压缩形式表示：fec0::ff0c:0:0:e1c1 或 fec0:0:0:0:ff0c::e1c1。

3. 兼容 IPv4 的表示形式

为了与原 IPv4 地址兼容，IPv6 地址的后 32 位仍然以标准的 IPv4 地址形式（点分十进制法）表示，即 X:X:X:X:X:X:d.d.d.d。例如，IPv4 主机 218.197.12.101 的 IPv6 兼容地址可以记为 0:0:0:0:0:0:0:218.197.12.101 或 ::218.197.12.101。嵌入 IPv4 地址的 IPv6 地址写成压缩形式为 ::ffe0:218.197.12.101。

为了简化路由寻址，IPv6 还支持前缀表示。前缀表示法为 "前缀/前缀长度"，前缀长度指明前缀地址段所占的位数。例如"2001::1/64"表示该地址中前缀码位占 64 位，前缀码可记为"2001::/64"。

例如，地址 2001:0000:0000:00d8:0000:0000:1428:57ab 的如下写法：

2001: 0000:0000:00d8:0000::1428:57ab、

2001:0:0:0:d8:0:1428:57ab、

2001:0:0:d8::1428:57ab、

2001::d8:0:0:1428:57ab 都是合法的地址。

2001::d8::1428:57ab 是非法的。

7.2.2 IPv6 地址类型

IPv6 地址是独立接口的标识符，所有的 IPv6 地址都被分配到接口，而非节点。由于每个接口都属于某个特定节点，因此节点的任意一个接口地址都可用来标识一个节点。在 IPv6 地址中也做了相应分类，主要是通过其格式前缀（Format Prefix, FP）来识别，但它与 IPv4 的分类意义不同。格式前缀就是 IPv6 地址最前面那段固定位数的数字。格式前缀的不同取值表示不同的传输类型，主要有以下几种。

1. 单播（Unicast）地址

单播地址标示一个网络接口。协议会把送往地址的分组投送给其接口。IPv6 的单播地址可以有一个代表特殊地址名字的范畴，如 Link-Local 地址和唯一区域地址（Unique Local Address, ULA）。IPv6 中，单播地址也分好几种，常用的包括：Link-Local Address（链路本地地址），Unique Local Address（本地站点地址），Aggregatable Global Address（可聚合全球地址），回环地址等。

（1）链路本地地址

在 IPv6 网络中，两个 IPv6 的节点通过链路相连，必须在这条链路之间为各自确立一个链路本地地址，使得节点能够确定对方节点的身份。这个链路本地地址只在一条链路中有效，也不能被路由，链路本地地址可以看做 IPv6 中的二层地址，与数据链路层地址作用相似。当一个节点上正常启动了 IPv6 之后，链路本地地址是自动生成的，但也可以自己手工配置链路本地地址。自动生成的链路本地地址，有默认的特殊格式，是以 FE80::/10（1111111010）打头，再加 54 个 0 和 EUI-64 来填充的，其格式如图 7-4 所示。

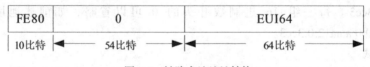

图 7-4　链路本地地址结构

一个链路本地地址的后 64 位使用 EUI-64 来填充，EUI-64 其实是由接口的 MAC 地址转换而来的。MAC 地址共长度为 48 位，而要填充 64 位的 EUI-64，还少 16 位。完整的 EUI-64 转换方法是将 MAC 地址的 48 位平均分成两部分，前面 24 位，后面 24 位，然后在中间补上 FFFE（16 位），再将第 7 位取反。如一个 MAC 地址为 00:25:86:8E:BE:AF，经过 EUI64 转换后的结果为 0225:86FF:FE8E:BEAF。具体步骤如图 7-5 所示。

（2）本地站点地址

本地站点地址是单播中一种受限制的地址，只在一个站点内使用，不会默认启用。这种地址不能在公网上路由，只能在一个指定的范围内路由，需要手动配置。IPv6 中的本地站点地址作用相当于 IPv4 中的私有地址。得不到合法 IPv6 地址的机构可配置本地站点地址，也可用于永远不会与全球 IPV6 Internet 进行通信的设备，如打印机、内部网服务器、网络交换机等。本地站点地址前缀为 FEC0::/10，其后的 54 位用于子网 ID，最后 64 位用于主机 ID，其结构如图7-6 所示。

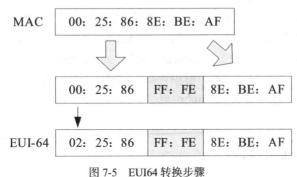

图 7-5　EUI64 转换步骤

图 7-6　本地站点地址结构

（3）可聚合全球地址

可聚合全球单播地址相当于 IPv4 的公网地址，可以在全网范围内正常路由。可聚合全球单播地址结构使用严格的路由前缀聚合，以限制全球 Internet 路由选择表的大小。每个可聚合全球单播 IPv6 地址由 3 部分组成：由 ISP 商指定给一个组织机构的可聚合前缀，至少是/48 前缀；站点（子网）利用 ISP 分配的/48 前缀，就可以将网络分为 65 535 个子网（每 49 到 64 位：2^{16}）；主机位使用第 65 位到 128 位，称为接口标识符。可聚合全球单播地址结构如图 7-7 所示。

图 7-7　可聚合全球单播地址结构

可聚合全球单播地址的范围是 2000:0000:0000:0000:0000:0000:0000:0000 到 3FFF:FFFF:FFFF:FFFF:FFFF:FFFF:FFFF:FFFF。因为 IPv6 地址中目前用于分配的可聚合 ISP 前缀的前三位固定为"001"，那么可聚合全球单播地址首字节取值仅为 2 和 3。可聚合全球单播地址仅占 IPv6 全部地址空间的八分之一。其中，2001::/16 为目前实际用于 IPv6 Internet 运作的前缀，2002::/16 为使用6to4 过渡机制的节点保留，3ffe::/16 用于 6bone 测试目的。

（4）回环地址

回环地址表示节点自身，其作用类似于 IPv4 的 127.0.0.0，回环地址表示为 0000:0000:0000:0000:0000:0000:0000:0001、0:0:0:0:0:0:0:1 或::1。

2. 任播（Anycast）地址

任播地址用于指定给一群接口，通常这些接口属于不同的节点，适合于"One-to-One-of-

Many"（一对组中的一个）的通信场合。目标地址是任播地址的数据包将发送给其路由意义上最近的一个网络接口。接收方只需要是一组接口中的一个即可，如移动用户上网就需要因地理位置的不同，而接入离用户最近的一个接收站，这样才可以使移动用户在地理位置上不受太多的限制。

3. 多播（Multicast）地址

多播地址也被指定到一群不同的接口，送到多播地址的分组会被传送到所有的地址。IPv6 多播地址相当于 IPv4 中的 224.0.0.0，前缀码为 FF0x::/8。其中的 x 用以标明"范围"，可取值有 node-local（0x1）、link-local（0x2）、site-local（0x5）、organization-local（0x8）和 global（0xE）。多播地址中的最低 112 位会组成多播组群识别码，不过因为传统方法是从 MAC 地址产生，故只有组群识别码中的最低 32 位有效。常用的组群识别码包括用于所有节点的多播地址 0x1 和用于所有路由器的 0x2。

7.2.3 IPv6 地址规划

IPv6 地址规划主要涉及网络资源的利用以及方便有效的管理网络的问题。在 RFC1884 中，IPv6 地址的八分之一是基于 ISP 的可聚合全球单播地址，人们希望地址的分配可以根据网络服务供应商或者用户所在网络的物理位置进行。基于 ISP 的聚合，要求网络从提供 Internet 接入的供应商那里得到可聚合的 IP 地址。但是，这种方法对于具有距离较远的分支机构的大型机构来说并不是一种完美的解决办法，因为其中许多分支机构可能会使用不同的 ISP，而基于供应商的聚合将为这些大单位带来更多的 IP 地址管理问题。因此，IPv6 实际上还划出了八分之一地址空间用作基于地理位置的单播地址。这些地址与基于 ISP 的地址不同，以一种非常类似 IPv4 的方法分配地址。这些地址与地理位置有关，且 ISP 将不得不保留额外的路由器来支持 IPv6 地址空间中可聚合部分外的这些站点。但这个方法目前还没有得到 ISP 的赞同。由于 IPv6 还未全面部署，绝大部分的地址空间并没有被分配，更好的地址分配方案还在讨论和改进中。

IPv6 地址分配原则如下。

① 根据 IPV6 工作组的建议，IPV6 网络设备全局互联地址采用/48 或/64 的地址块。IPV6 网络设备的 Loopback 地址采用/128 的地址。

② 主机地址：为了与 EUI-64 格式兼容，主机地址通常使用剩下的全部 64 位。

③ 子网地址：虽然 IPv6 并不建议划分子网，但 IPv6 仍然可以通过指定前缀长度来划分子网。在/48 地址块中，预留的子网位可以由 ISP 分配。在站点内部，子网位还可以通过更大的前缀长度进一步划分子网，类似于 IPv4 的 CIDR 方式。

例如，在一个局域网内有 500 台主机，10 个 VLAN，每个 VLAN 分配一个子网，ISP 分配的前缀码为 fec0::/48，地址如何配置和使用？

（1）主机地址

```
fec0:0:0:0001::1/64～fec0:0:0:1::FFFF:FFFF:FFFF:FFFF/64
fec0:0:0:0002::1/64～fec0:0:0:2::FFFF:FFFF:FFFF:FFFF/64
……
fec0:0:0:000a::1/64～fec0:0:0:A::FFFF:FFFF:FFFF:FFFF/64
```

（2）子网地址

```
fec0:0:0:1::/64、fec0:0:0:2::/64、……、fec0:0:0:a::/64
```

（3）路由器接口地址

`fec0:0:0:1::1/64`、`fec0:0:0:2::1/64`、……、`fec0:0:0:a::1/64`

7.3　部署 IPv6 的总体设计原则

7.3.1　IPv6 网络建设的原则

IPv6 网络需要全面支持 IPv6，并具有支持 IPv6 和 IPv4 的接入能力。IPv6 网络的设计应该本着以下几个原则进行。

- 经济性：节省成本，充分利用现有的 IPv4 网络和设备。
- 实用性：网络可以提供各种类型用户的 IPv6 接入。
- 可用性：网络不能是一个空网，需要支持一定的基本业务。
- 先进性：开通和试验一些具有 IPv6 特点的业务。

7.3.2　IPv6 路由协议的选择

1. 外部网关协议

IPv6 网关协议只能使用 BGP4＋，由 RFC2858、RFC2545 定义。

2. 内部网关协议

① RIPng（RFC2080）：同 RIPv2 特性基本相同，一般在较小的网络中应用，具备如下特性：

- RIPng 是距离矢量路由协议，利用 UDP 传输机制（端口号为 521）；
- RIPng 用跳数度量路由，16 跳为不可达；
- RIPng 利用水平分割与毒性逆转技术来减少环路发生可能性；
- RIPng 必须支持 IPv6，所以 RIPng 报文格式及路由数据库与 RIPv2 不同。

② OSPFv3（RFC2740）：OSPFv3 在如洪泛、DR 选举、分区、生成树计算等基本运行机制上没有变化，但 OSPFv3 在如下意义上被重新定义：

- OSPFv3 报文和基本的 LSA 去除了编址语义以更好地支持多协议；
- OSPFv3 新定义了一些 LSA 以携带地址和前缀；
- OSPFv3 基于链路而不是基于网段运行；
- OSPFv3 认证机制被去除。

③ IS-ISv6（单拓扑结构和多拓扑结构）：单拓扑结构的 IS-IS 只支持单个 SPF 算法，多拓扑结构的 IS-IS 可以支持多个 SPF 算法。

7.3.3　IPv6 路由器的选择

1. 稳定性和可靠性

现行的 IPv4 路由器都可以通过在线升级相关的软硬件，使之从只支持 IPv4 过渡到支持双协议栈。

2. 性能

① 路由器 IPv6 软件转发：软件转发具有低成本的优点，但对不同大小的包性能差异较大，只适合于转发 1.5KB 左右的包。

② 路由器 IPv6 硬件转发：高性能的 IPv6 路由器都采用了新型的 ASIC 芯片技术，支持线速

转发能力。线速转发指的是对路由器所有端口的任意输入情况都无延迟，RFC 规定测试线速转发能力时使用 64 字节的小数据包，速率在 14 000Packets/s 以上就可以称为线速。

③ 对于核心路由器来说，如果路由器只支持 IPv6 转发，网络的性能将会受到影响，应采用能够支持硬件 IPv6 转发的路由器。

3. 功能

① 支持双协议栈，既支持手工隧道，也支持多种的自动隧道方式。

② 边缘路由器应具有支持 NAT-PT 和 Mobile IPv6 的能力。

几乎所有的路由器设备商的产品都可以支持 IPv6，目前做得好的国外设备商主要有 Cisco、Juniper、Hitachi 等，国内设备商有华为 3Com、紫光、锐捷等。

7.4　IPv6 路由配置

IPv6 协议的优点之一就是提供灵活的 IPv6 路由机制。由于分配 IPv4 网络 ID 所用的方式，要求位于 Internet 中枢上的路由器维护大型路由表。这些路由器必须知道所有的路由，以便转发可能定向到 Internet 上的任何节点的数据包。通过其聚合地址能力，IPv6 支持灵活的寻址方式，大大减小了路由表的规模。本节举例说明 IPv6 中静态路由和动态路由的配置方法。

7.4.1　IPv6 静态路由

在 Cisco IOS 中实现 IPv6 静态路由与缺省路由的配置命令如下。

① 静态路由：

```
ipv6 route ip-address/prefix-length { interface-name [ nexthop-address ] |
gateway-address } [ preference preference-value ]
```

② 缺省路由：

```
ipv6 route ::0 { interface-name [ nexthop-address ] | gateway-address }
```

如图 7-8 所示，R1 和 R2 分别为支持 IPv6 协议的 Cisco2811 路由器，连接三个子网，接口地址已经分配，完整的接口配置和静态路由配置命令如下。

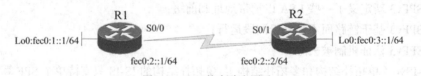

图 7-8　IPv6 静态路由图示

① R1 路由器的 IPv6 配置：

```
R1(config)#ipv6 unicast-routing              ; 启用 IPv6 协议
R1(config)#interface Lo0
R1(config-if)#ipv6 address fec0:1::1/64      ; 给 Lo0 接口配置 IPv6 地址
R1(config)#interface s0/0
R1(config-if)#ipv6 address fec0:2::1/64
R1(config)#ipv6 route fec0:3::/64 s0/0       ; 配置 IPv6 静态路由
```

② R2 路由器的 IPv6 配置：

```
R2(config)#ipv6 unicast-routing              ; 启用 IPv6 协议
```

```
R2(config)#interface Lo0
R2(config-if)#ipv6 address fec0:3::1/64          ; 给 Lo0 接口配置 IPv6 地址
R2(config)#interface s0/1
R2(config-if)#ipv6 address fec0:2::2/64
R2(config)#ipv6 route ::/0 s0/1                  ; 配置 IPv6 默认路由, ::/0 指任意地址
```

当全部实验命令完成后，即可使用调试命令测试连通性，主要调试命令包括：

① 使用 "show ipv6 interface" show ipv6 interface 查看接口 IPv6 配置；

② 使用 "show ipv6 route" 查看 IPv6 路由表；

③ 使用 "ping [目地 IPv6 地址]" 查看接口是否可达。

7.4.2　动态路由

RIPng 和 OSPFv3 仍然保留了早期版本易于配置、使用的优点，下面重点讨论它们的配置方法。

1. RIPng

如图 7-9 所示，R1、R2、R3 分别为运行 RIPng 协议的路由器，连接四个子网。

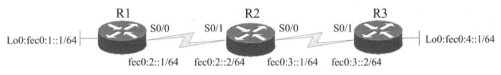

图 7-9　IPv6 RIPng 路由图示

① R1 路由器的 IPv6 配置：

```
R1(config)#ipv6 unicast-routing      ; 启用 IPv6 协议
R1(config)#ipv6 router rip cisco      ; 启用 IPv6 Ripng 进程, cisco 是自定义进程名称
R1(config-rtr)#split-horizon         ; 启用水平分割
R1(config-rtr)#poison-reverse        ; 启用毒性反转
R1(config)#interface Lo0
R1(config-if)#ipv6 address fec0:1::1/64          ; 给 Lo0 接口配置 IPv6 地址
R1(config-if)#ipv6 rip cisco enable  ; 在 Lo0 接口启用 RIPng 路由
R1(config)#interface s0/0
R1(config-if)#ipv6 address fec0:2::1/64
R1(config-if)# ipv6 rip cisco enable  ; 启用 IPv6 Ripng 进程, cisco 是自定义进程名称
```

② R2 路由器的 IPv6 配置：

```
R2(config)#ipv6 unicast-routing      ; 启用 IPv6 协议
R2(config)#ipv6 router rip cisco      ; 启用 IPv6 Ripng 进程, cisco 是自定义进程名称
R2(config-rtr)#split-horizon         ; 启用水平分割
R2(config-rtr)#poison-reverse        ; 启用毒性反转
R2(config)#interface s0/1
R2(config-if)#ipv6 address fec0:2::2/64   ; 给 s0/1 接口配置 IPv6 地址
R2(config-if)#ipv6 rip cisco enable   ; 启用 IPv6 Ripng 进程, cisco 是自定义进程名称
R2(config)#interface s0/0
R2(config-if)#ipv6 address fec0:3::1/64
R2(config-if)# ipv6 rip cisco enable   ; 启用 IPv6 Ripng 进程, cisco 是自定义进程名称
```

2. OSPFv3

如图 7-10 所示，R1、R2 和 R3 分别为运行 OSPFv3 协议的路由器，连接四个子网。

图 7-10   IPv6 OSPF 路由图示

① R1 路由器的 IPv6 配置：

```
R1(config)#ipv6 unicast-routing              ; 启用 IPv6 协议
R1(config)#ipv6 router ospf 100              ; 启用 IPv6 OSPFv3 进程,100 是自定义进程号
R1(config-rtr)#router-id 1.1.1.1             ; 设置自定义路由器 ID,32 位
R1(config)#interface Lo0
R1(config-if)#ipv6 address fec0:1::1/64      ; 给 Lo0 接口配置 IPv6 地址
R1(config-if)#ipv6 ospf 100 area 0           ; 启用 OSPFv3 路由,宣告所在区域
R1(config)#interface s0/0
R1(config-if)#ipv6 address fec0:2::1/64
R1(config-if)# ipv6 ospf 100 area 0          ; 启用 OSPFv3 路由,宣告所在区域
```

② R2 路由器的 IPv6 配置：

```
R2(config)#ipv6 unicast-routing              ; 启用 IPv6 协议
R2(config)# ipv6 router ospf 100             ; 启用 IPv6 OSPFv3 进程,100 是自定义进程号
R2(config-rtr)# router-id 2.2.2.2            ; 设置自定义路由器 ID,32 位
R2(config)#interface s0/1
R2(config-if)#ipv6 address fec0:2::2/64      ; 给 s0/1 接口配置 IPv6 地址
R2(config-if)# ipv6 ospf 100 area 0          ; 启用 OSPFv3 路由,宣告所在区域
R2(config)#interface s0/0
R2(config-if)#ipv6 address fec0:3::1/64
R2(config-if)# ipv6 ospf 100 area 1          ; 启用 OSPFv3 路由,宣告所在区域
```

7.5   IPv6 过渡技术

尽管 IPv6 技术已从实验阶段进入商用运营阶段，但 IPv4 技术预计到 2025 年以后才会完全退出现有网络平台，因此 IPv6 与 IPv4 技术会在较长时间内共存，这个阶段占据主流应用的将是从 IPv4 到 IPv6 迁移的各种过渡技术栈。

7.5.1   双协议栈

双协议栈是指在单个节点同时支持 IPv4 和 IPv6 两种协议栈。由于 IPv6 和 IPv4 是功能相近的网络层协议，两者都应用于相同的物理平台，而且加载于其上的传输层协议 TCP 和 UDP 也没有任何区别。因此，支持双协议栈的节点既能与支持 IPv4 的节点通信，又能与支持 IPv6 的节点通信。

双协议栈技术并不要求建立隧道，只有当 IPv6 节点需利用 IPv4 的路由机制传递信息包时隧道才是必需的，但隧道的建立却需要双协议栈的支持。另外，如果这台双协议栈主机配置了 6To4

地址 (可以通过 IPv4 网络隧道的特殊 IPv6 地址)，则也可以通过 6To4 地址和其他 6To4 主机通信。

需要指出的是，允许两个协议栈并行工作的主要困难在于需要同时处理两套不同的地址方案。首先，双栈技术应该能独立地配置 IPv4 和 IPv6 的地址。IPv6/IPv4 节点的 IPv4 地址能使用传统的 DHCP、BOOTP 或手动配置的方法来获得。IPv6 的地址应能通过手动配置或借助 IPv6 的非静态或静态的自动配置机制来完成。另外，采用双栈技术还要解决域名服务器（DNS）问题，现有的 32 位域名服务器不能控制 IPv6 使用的 128 位地址命名的问题。IETF 定义了一个 IPv6 DNS 标准（RFC1886），该规定定义了"AAAA"型的记录类型，用以实现主机域名与 IPv6 地址的映射。

双协议栈技术的优点是互通性好、易于理解，缺点是需要给每个新的运行 IPv6 的网络设备和终端分配 IPv4 地址，不能解决 IPv4 地址短缺问题。在 IPv6 网络建设的初期，由于 IPv4 地址相对充足，这种方案的实施具有可行性；当 IPv6 网络发展到一定阶段，为每个节点分配两个全局地址的方案将很难实现。

7.5.2　隧道

隧道（Tunnel）技术的核心思想是通过把 IPv6 数据报文封装入 IPv4 数据报文中，让现有 IPv4 网络成为载体以建立 IPv6 的通信，隧道两端的节点间数据报文的传送通过 IPv4 机制进行，隧道被看成一个直接连接的通道。隧道策略的思路简而言之就是：路由器将 IPv6 的数据报文封装入 IPv4，IPv4 数据报头的协议域设置为"41"，致使这个分组的净荷是一个 IPv6 的分组，IPv4 数据报文的源地址和目的地址分别对应隧道入口和出口的 IPv4 地址，到了隧道的出口处，再将 IPv6 数据报文取出转发给目的站点。

一个隧道具有一个入口点和一个终点，为了让数据通过，必须知道两个端点的地址。确定入口点是直接的，因为它出现在 IPv4 网络的边界。确定隧道的终点要复杂一些，根据隧道终点地址的获得方式可将隧道分为手动隧道和自动隧道。

1. 手动隧道

如图 7-11 所示，两台 IPv6 主机通过双栈路由器 R1 和 R2 上配置的手动隧道实现连接。

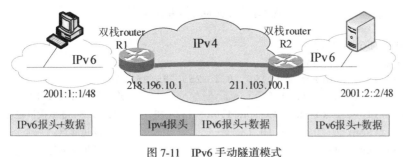

图 7-11　IPv6 手动隧道模式

① R1 路由器的 6to4 配置：

```
R1(config)#interface s0/0
R1(config-if)#ip address 218.196.10.1 255.255.255.0
R1(config)#interface tunnel 0                          ;进入隧道虚拟接口 0
R1(config-if)ipv6 address 2001:3::1/48                 ;隧道接口地址
R1(config-if)source 218.196.10.1                       ;隧道起点 IP 地址
R1(config-if)tunnel-protocol ipv6-ipv4                 ;隧道封装协议类型
```

② R2 路由器的 6to4 配置：

```
R1(config)#interface s0/0
R1(config-if)ip address 211.103.100.1 255.255.255.0
R1(config)#interface tunnel 0                          ;进入隧道虚拟接口 0
R1(config-if)ipv6 address 2001:3::2/48                 ;隧道接口地址
R1(config-if)source 211.103.100.1                      ;隧道起点 IP 地址
R1(config-if)tunnel-protocol ipv6-ipv4                 ;隧道封装协议类型
```

手动隧道只适用于点到点连接。为了便于管理，现行的 IPv6 实验网中普遍使用自动隧道技术。

2. 自动隧道

（1）6to4 隧道

RFC3056 建议使用 6to4 隧道技术来实现自动隧道配置。隧道端点由可路由的 IPv4 公有地址所决定，并在主机接口上嵌入 IPv4 地址信息到 IPv6 地址中。如今 6to4 隧道技术应用最广泛。6to4 地址结构如图 7-12 所示。

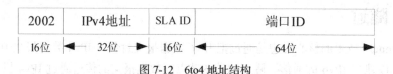

图 7-12　6to4 地址结构

图 7-13 中，R1 和 R2 分别为 6to4 边缘路由器，运行 IPv6 协议的主机 C1 希望通过 IPv4 网络访问同样支持 IPv6 协议的服务器 S1，则需要在边缘路由器 R1 和 R2 上配置 6to4 隧道。

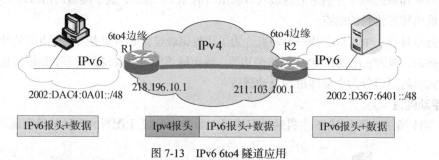

图 7-13　IPv6 6to4 隧道应用

① R1 路由器的 6to4 配置：

```
R1(config)#interface s0/0
R1(config-if)#ip address 218.196.10.1  255.255.255.0
R1(config)#interface tunnel 0                          ;进入隧道虚拟接口 0
R1(config-if)ipv6 address 2002:DAC4:0A01::1/48         ;配置 6to4 隧道接口地址
R1(config-if)source 128.196.10.1                       ;配置隧道起点,IPv4 公有地址
R1(config-if)tunnel-protocol ipv6-ipv4 6to4            ;配置隧道类型为 6to4
R1(config)ipv6 route-static 2002::/16 tunnel 0         ;配置静态路由通过 tunnel0 接口转发
```

② R2 路由器的 6to4 配置：

```
R1(config)#interface s0/0
R1(config-if)ip address 211.103.100.1 255.255.255.0
R1(config)#interface tunnel 0                          ;进入隧道虚拟接口 0
R1(config-if)ipv6 address 2002:D367:6401::1/48         ; 配置 6to4 隧道接口地址
R1(config-if)source 211.103.100.1                      ;配置隧道起点,IPv4 公有地址
R1(config-if)tunnel-protocol ipv6-ipv4 6to4            ;配置隧道类型为 6to4
```

```
R1(config)#ipv6 route-static 2002::/16 tunnel 0     ;配置静态路由通过 tunnel0 接口转发
```

6to4 隧道的优点是不需要为每条隧道预先配置，维护方便，缺点就是整个 IPv6 网点使用特殊的 6to4 地址，必须要求映射到一个唯一 IPv4 公有地址。

（2）隧道自动编址

隧道自动编址（Intra site Automatic Tunnel Address Protocol，ISATAP）是一种地址分配和主机到主机、主机到路由器和路由器到主机的自动隧道技术，它为 IPv6 主机之间提供了跨越 IPv4 内部网络的单播 IPv6 连通性。ISATAP 一般用于 IPv4 网络中的 IPv6/IPv4 节点间的通信。在这个 Tunnel 中不用指出目的地址。实际上 IPv4 网络节点的 IPv6 地址是根据本地 IPv4 地址自动生成的。IPv6 地址的前缀 64 位是使用可聚合的全球单播 IPv6 地址（2001::/16、2002::/16、3ffe::/16），后 64 位是使用 0000:efe 加上 32 位 IPv4 地址。其中:0:5EFE 部分是由 IANA 所分配的机构单元标识符（00-00-5E）和表示内嵌的 IPv4 地址类型的类型号（FE）组合而成的，如图 7-14 所示。

图 7-14　IPv6 ISATAP 隧道地址结构

图 7-15 中，双栈主机在 IPv4 网络中通过 ISATAP 隧道访问 IPv6 主机和其他双栈主机。

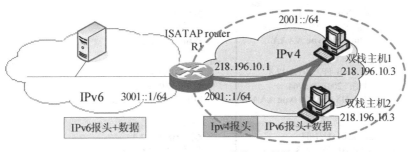

图 7-15　IPv6 ISATAP 隧道地址结构

```
R1(config)#interface tunnel 0                       ;进入编号为 0 的隧道接口
R1(config-if)#ipv6 address 2001::/64 eui-64         ;配置地址前缀,eui-64 不可省略
R1(config-if)#no ipv6 nd suppress-ra                ;开启 IPv6 无状态地址配置
R1(config-if)#tunnel source 218.196.10.1            ;隧道起点地址
R1(config-if)#tunnel mode ipv6ip isatap             ;设置隧道模式为 isatap
```

ISATAP 将 IPv4 地址映射到 IPv6 的本地链路地址，从而将 IPv4 网络视为一种虚拟的 IPv6 区域连接。不像 6to4 是站点间的隧道机制，ISATAP 是一种站点内机制，意味着它是用来设计提供在一个组织内节点之间的 IPv6 连接性，即被用来在园区网内实现 IPv4 到 IPv6 的互连互通。

7.5.3 网络地址转换/协议翻译

网络地址转换/协议转换技术（NAT-PT）将协议转换、传统的 IPv4 下的动态地址翻译（NAT）以及适当的应用层网关（Application Layer Gateway，ALG）几种技术结合起来，将 IPv4 地址和 IPv6 地址分别看做 NAT 技术中的内部地址和全局地址，同时根据协议不同对分组做相应的语义翻译，从而实现纯 IPv4 和纯 IPv6 节点之间的相互通信。NAT-PT 简单易行，它不需要 IPv4 或 IPv6

节点进行任何更换或升级，实现技术上主要有三种。

1. 静态 NAT-PT

NAT-PT 设备提供一对一的 IPv6 地址和 IPv4 地址的映射，配置复杂，使用大量的 IPv4 地址。

2. 动态 NAT-PT

NAT-PT 服务器提供多对一的 IPv6 地址和 IPv4 地址的映射，采用上层协议复用的方法。

3. NAT-PT + DNS ALG

动态 NAT-PT 与 DNS ALG 联合使用，转换 DNS 请求，可利用原有的 DNS 服务器，但需要安装 IPv6 DNS 支持，如图 7-16 所示。

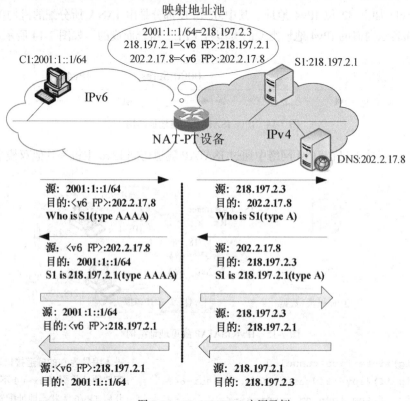

图 7-16 IPv6 NAT-PT 应用示例

NAT-PT 技术需要在网络交界处安装 NAT-PT 设备，它较适用于只有一个路由器出口的 STUB（存根网络）网络，能有效地解决 IPv4 节点与 IPv6 节点互通的问题。但 NAT-PT 设备容易成为网络瓶颈，且不支持 IPSec，使 IPv6 网络丧失端到端的安全性。

习　题

一、填空题

1. IPv6 完整地址 2001:0420:0000:0002:0000:0000:0000:102D 的最简化压缩表示形式记为_____。

2. IPv6 可聚合全球单播地址的开头数字通常为_____和_____。

3. 等同于 IPv4 回环地址_____的 IPv6 回环地址是_____。

4. 在 IPv6 地址前缀中，本地链路地址前缀为_____::/10、本地站点地址前缀为_____::/10，组播地址前缀为_____::/8。

5. 在 IPv6 过渡技术中，6to4 隧道地址使用的前缀是_____。

6. IPv6 地址自动配置包括无需 DHCPv6 支持的_____自动配置和需要 DHCPv6 支持的_____自动配置两种。

7. IPv6 目前常用的动态路由协议包括_____、_____、IS-IS 和 BGP4＋。

8. IPv6 过渡技术包括_____、_____、_____三种。

9. IPv6 报文格式为 IPv6 报头、_____、上层协议数据单元，IPv6 报文基本头部大小为_____字节，报文头部字段中版本号取值为_____。

二、问答题

1. 有专家称 IPv6 将带来互联网新的革命，对中国互联网的发展尤其是一次重要的机遇，IPv6 和传统的 IPv4 相比究竟有哪些技术优势？

2. 解释 IPv6 报头每一项的含义。

3. 目前在 IPv4 设备上专门针对 IPv6 的过渡技术有哪些？

4. IPv6 路由测试主要使用的命令有哪些？

5. 目前的网络设计中，部署 IPv6 应遵循的设计原则包含哪些？

三、案例

1. 在路由器接口配置模式下，使用 IPv6 地址配置命令 ipv6 address 2001:1:1001:abcd::/64 eui-64，再使用 show interface ip 查看接口配置信息，试分析已生成的 IPv6 地址中本地链路地址和全球单播地址的区别。

2. MAC 地址为 00-D0-F8-00-BE-AF，根据 EUI-64 规范，生成的 64 位 IPv6 接口地址是多少？请写出简要计算步骤。

3. 如果在教育网内使用静态 IP 上网，请使用网站 http://ipv6.sjtu.edu.cn/news/041231.php 介绍的方式配置 IPv6 ISATAP 隧道接入 IPv6 网络，然后访问 http://test-ipv6.com/测试网速，就可以开始 IPv6 网络冲浪了。如果使用 ipconfig 命令测试，注意观察结果。

4. 请问以下需求中如何设计 IPv6 过渡技术。

（1）某企业一直使用 IPv4 网络，但因为网络中有少数主机偶尔访问 IPv6 资源主机，为了满足这些用户，应该选用何种过渡技术？

（2）某企业一直使用 IPv4 网络，现计划建立一个独立的 IPv6 子网，以满足一部分用户访问 IPv6 资源的需要，以后企业中就会同时有 IPv6 和 IPv4 两种子网，IPv6 和 IPv4 子网可互相访问，请问选用何种过渡技术？

（3）某企业以前没有连入 Internet，现计划建立 Internet 网络，欲同时支持 IPv6 和 IPv4 两种连接，该选用何种过渡技术？

第8章
企业 Intranet 应用实例分析

Internet 的迅速发展让人们充分认识到了 Internet 技术的魅力，并将它引入局域网，给局域网应用带来新的技术变革，这种变革就是创建了与 Internet 无缝集成的 Intranet/Extranet 技术。它的深远影响就是局域网的基础结构改变了，安全结构的地位日益突出，服务方式改变了，应用模式也更加简洁高效，这一切都将在本章得到充分阐述。

Intranet 是目前主要的网络构建模式。本章给出了构建 Intranet 的系统设计过程，理论联系实际。案例中省去了一些无关紧要的内容，突出了重要的技术环节，有助于中小企业构建 Intranet 应用时作为决策的依据。

8.1 Internet/Intranet 技术概述

Internet 让人们熟悉了网络，而熟悉了网络的人们又纷纷建立了各自的 Intranet，壮大了 Internet。Intranet 和 Internet 都采用了相同的协议——TCP/IP，而且在应用层也提供一些大家所熟知的 WWW 服务和 E-mail 服务等公共服务。除此之外，Intranet 上灵活简洁的 B/S 应用才真正符合用户的最终需求。

8.1.1 什么是 Intranet

企业 Intranet 是 Internet 技术、WWW 技术和企业内部局域网、广域网技术相结合的产物，它还在硬件结构上继承了局域网和广域网的特点。两个或多个具有业务伙伴关系的企业将各自的 Intranet 集成起来构成的公共信息平台称为 Extranet。目前业界公认的 Intranet/Extranet 所包括的 8 项服务是：Web 电子出版、目录服务、电子邮件、安全性管理、广域网络互连、文件、打印和网络管理。因此，组建 Intranet 成为企事业单位集成各类网络应用的标准模式。

在 Intranet 中，Web 服务器与 E-mail 服务器都要与 Internet 连接，Web 服务器一般通过防火墙或代理服务器与 Internet 连接；E-mail 服务器可以通过防火墙与 Internet 连接，也可以直接与 Internet 连接。Intranet 的客户端、服务端以及与外部 Internet 连接的逻辑关系如图 8-1 所示。

8.1.2 Intranet 的特点

Intranet 具有以下特点。

① Intranet 十分容易实现，设置也很方便。Intranet 的基本组成——Web 服务器软件可以很方便地安装和配置，目前提供 Web 服务的软件有很多，如 PWS、IIS、Apache 等，适用于不同的系

统平台，而且 PWS 还是免费的。作为 Web 的开发语言，HTML、ASP、PHP、JSP 等也较容易学习，不需要专业的程序员就可以设计出高效的 Web 服务程序。

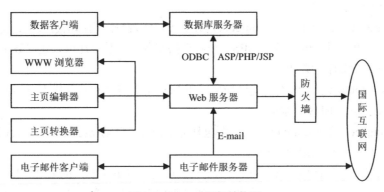

图 8-1 Intranet 逻辑结构图

② B/S 型解决方案耗费资金较少，所用的服务器软件不贵，Apache/Nginx 等是免费的，IIS 捆绑在 Windows Server 系统中；浏览器则基本上都是免费的，可供选择的品种也很多。

③ 超文本链接使用户只要简单地使用鼠标就能浏览和发掘信息，界面简单、友好，易于导航信息。由于它提供随机访问信息的灵活机制，所以可以节省搜索信息的时间。

④ 相比传统的客户机/服务器系统的生成和维护，Intranet 的生成和维护要简单得多，因此只要很少的人力就能维护 Intranet。

⑤ 使用 Intranet 之后，信息的发布直接通过 Web 服务器，不需要消耗大量的纸张来打印和分发信息；可以方便地更新信息，使企业员工随时可以取得需要的信息；将 Intranet 用于发送电子邮件要比传统的传真便宜得多，进一步可利用 Intranet 和 Internet 进行电子数据交换（EDI），由于人机接口简单，也节省了成本，并且可以降低培训费用。

⑥ Intranet 都采用开放的标准，如 TCP/IP、HTTP、HTML、CGI、MIME 等。由于采用了开放式的标准，所以大大增强了系统的灵活性，可以连接各种不同类型的计算机和网络，用同样的方法访问和显示，不需做任何转换。

⑦ 用户可以控制自己的信息。在集中式的信息系统转向个人计算机时，往往形成信息孤岛。Intranet 既可控制市场信息用于内部各部门，也可给其他部门共享。

⑧ Intranet 的规模可配置成很小，也可配置很大，这种配置的伸缩性十分灵活。由于应用的开发是基于 WWW 网的服务器，所以不需考虑用户的多种平台，因此，可快速地开发应用以满足企业经营的动态需求。

⑨ 多媒体宽带网络的发展使得 Internet 承载图像、视频、声音等多种媒体的能力大大增强，新型的 Intranet 可以实现视频会议、网络传真、IP 电话等多种用途，大大增强了网络的业务能力。

⑩ 采用 Intranet 技术，还有利于保护企业的投资和已有的硬件和软件，因为 Intranet 的硬件结构可以建立在现有的各种局域网中，只需要添加若干台服务器和安装相关的网络服务软件即可，不需要任何其他的改动。

由于 Intranet 与外部网络互连，网络的安全性就显得尤为重要。尤其一部分信息要通过 Web 服务器向外发布，外部用户随时可能进入企业内部网，因此设计适当的安全结构，架设合适的防火墙等安全措施对于 Intranet 是否成功实施是至关重要的。

8.1.3 Intranet 的应用范围

Intranet 的应用范围如下。

① 校园 Intranet：在校园内实施 Intranet 应用，可以实现校园内部信息共享，包括各部门和社团网站的发布、FTP 文件传输、校园 BBS、视频点播服务等，甚至还可以建立数字化课堂，实现网络教学，加强课堂教学的效果。

② 智能小区 Intranet：小区网络建设如果采用 Intranet，可以在较低成本下实现物业管理自动化以及视频点播、小区 BBS 等服务。

③ 政府 Intranet：政府 Intranet 应用主要包括电子政务、自动化办公和视频会议等，可以提高行政办公效率，树立良好的政府形象。

④ 企业 Intranet：企业 Intranet 应用相当丰富，可以开发 B/S 模式的 ERP、EC、OA 和 CIMS 等，建立现代企业管理制度，包括信息化的资源计划体系、电子商务营销体系、生产智能决策体系等。

⑤ 企业 Extranet：企业 Extranet 是 Intranet 技术的延伸，指的是企业与其供应商、合作伙伴或客户关系系统作用范围内的网络。也就是说，Extranet 连接的用户是一组有合作关系的企业，相互通过授权/信任的方式访问对方资源，实现信息共享、资源共享，提高整体的竞争优势。

8.1.4 Intranet 技术综述

1. 网络操作系统

能够架设 Intranet 服务的局域网操作系统主要有 Windows Server 和 Unix/Linux。Windows Server 的特点就是具有图形化的界面，方便使用和管理。Linux 系统作为 Intranet 网络服务器有更大的优势，Linux 的内核是基于 TCP/IP 的，所以它天生就是一个好的 IP 网络服务器，有一整套的提供 Internet 服务的软件，还可以取得源代码进行二次开发，便于服务器的安全配置和优化。据测算，Linux 处理 IP 数据包的速度比 Windows Server 要快 50%左右。

2. TCP/IP

TCP/IP 是一种标准的互连网络协议。在 Intranet 中采用统一的 TCP/IP，便于接入 Internet，架设各种应用层规范的服务。

3. 代理服务器

为了提高网络安全性或共享 Internet 连接，代理服务（Proxy）也是 Intranet 中可选的一个重要配置。

4. 目录服务

目录服务不仅是 Internet/Intranet 平台的重要内容，同时也是应用平台的重要基础，用来为各种网络服务、管理系统和应用系统提供用户管理、配置信息管理、存取控制管理以及客户桌面管理等的集中的入口和操作界面，所有用户信息被所有应用共享，简化了传统系统中信息的冗余和管理的复杂度。

5. Web 服务

静态的 Web 页面可以用来发布通知、公告、公文等信息，动态的 Web 页面可以开发办公自动化应用、企业资源计划（ERP）、客户关系管理（CRM）、电子商务等各种应用，建立基于各种应用的信息管理软件。

6. E-mail 服务

多数企业都不满足使用各大 ISP 提供的公共电子邮件服务，希望建立自己企业内部的邮箱服务器，提高企业内部通信的便利性和快捷性，同时也是从安全方面进行了考虑。如果要建立 E-mail 服务，使用 Linux 系统作为平台比较合适。E-mail 服务器的配置方式很灵活，可以配置成 C/S 模式，也可以配置成 Web 模式，还可以将两者结合起来。

7. 文件传输协议（FTP）服务

FTP 可以说是将局域网中常用的文件服务器搬到了 Internet 上，用来向 Intranet 上的用户发送文件，如发送一份最新的报表，发送一份需要填写的个人简历等，但速度比局域网内的文件服务器慢得多。而且还是有很多人使用 FTP 方式下载电影、音乐和软件等，毕竟它可以为远程用户提供很方便的下载方式。

8. IRC/News/BBS 服务

这 3 种方式都是 Intranet 内公共信息讨论和信息交流的方式，借助视频工具和高速的局域网硬件，很容易在 Intranet 内实施视频会议。

9. 防火墙

防火墙是架设安全的 Intranet 所必需的设备，谁都不想让自己的网络完全暴露在外部用户的面前，也不希望内部用户将敏感的资料传输到外部网络。架设防火墙的方法及产品的选购详见第 5 章。

8.2　企业 Intranet 的建设

下面举例说明一个以销售为主的企业如何架设 Intranet 以及开发相关的 Intranet 应用，也是前面各章所介绍的网络工程设计技术的示例。

8.2.1　某企业网络业务简介

① 某代理国外机电产品的公司有一幢四层办公楼，分别设立研发一部和研发二部，每部门 30 人左右，预计未来 5 年将增加到每部门 60 人，另外公司还设有人事部、营销部、企划部、财务部、秘书处和总经理办公室等，总体员工人数在 300 人左右。

② 公司在其他大城市派驻有 7 个办事处，负责产品销售、技术支持和产品调研等，需要给公司获取和反馈最新信息。

③ 为了适应办公信息化的需要，节约办公经费，公司决定实施网络自动化办公，选择 Intranet 平台，并在原有软硬件基础上开发网络自动化办公系统，实现自动化办公（Office Automation, OA），并在将来有选择地实施 EC（B2B）、CRM（客户关系管理）等。

④ 公司原有一套 C/S 的财务管理系统，并且在部分部门连接有简单的 10Base-T 对等网，为了保护已有的投资，公司希望能尽可能地保留可用的设备和软件。

8.2.2　需求分析设计书

1. 背景需求说明

某公司是一家从事各类机电产品销售的企业，主要代理国外几家著名厂家产品，长期为国内各大国营企业提供安装、调试、维护和研发等服务，分别在全国 7 个大城市派驻有办事机构。

随着业务规模的发展，传统的办公模式存在办公效率低下，资源浪费，经费居高不下的问题。公司领导决定在企业内部推行网络自动化办公系统，提高公司整体办公效率，压缩办公经费，并最终提高公司效益。网络自动化办公系统初期投资费用较高，包括网络系统建设，软件开发、维护和运行，但正常运行后，维护和升级费用可以控制在较低水平，保证20年内的投资效益稳步增长。

2. 业务需求分析

① 公司目前的园区网应用包括文件共享服务、打印共享服务和财务管理等，未来将实施 Intranet 应用，主要面向 OA，需要新增 Web 服务、E-mail 服务等，还需要采购专门的 OA 办公软件，添置防火墙等安全设施。

② 公司广域网包括将本地园区网接入 Internet，以及对外地办事处提供远程接入，可以考虑的方案有多种，如 DDN 专线、ISDN、xDSL 等。

③ 公司未来20年内业务增长规模主要在研发部门，需要引进更多的技术人才，但估计不会超过两倍的增长。

④ OA 系统应该提供的功能包括信息公告、BBS 讨论组、电子邮件群发、日程管理、文件交换、短信息服务、资源管理、会议管理、考勤管理、办公物品管理、人事管理和通讯簿等服务，未来还要向视频会议等多媒体业务发展。

3. 流量分析

综合考虑公司的各项业务需求，给出了如表 8-1 所示的流量分析表（流量估计标准为基本要求）。

表 8-1 流量分析统计表

部门（楼层）	业务类型	流量	节点数	利用率（%）	总流量
总经理办公室（二楼）	办公自动化	1Mbit/s	5	60	3Mbit/s
秘书处（二楼）	办公自动化	1Mbit/s	10	60	12Mbit/s
	文件传输	1Mbit/s			
人事部（一楼）	办公自动化	1Mbit/s	8	60	4.8Mbit/s
财务部（二楼）	财务管理	1Mbit/s	15	100	30Mbit/s
	办公自动化	1Mbit/s			
营销部（一楼）	办公自动化	1Mbit/s	25	100	25Mbit/s
企划部（一楼）	办公自动化	1Mbit/s	10	30	6Mbit/s
	文件传输	1Mbit/s			
开发一部（三楼）	文件传输	1Mbit/s	30	30	30Mbit/s
	Internet	56kbit/s			
开发二部（四楼）	文件传输	1Mbit/s	30	30	30Mbit/s
	Internet	56kbit/s			
远程办事处 x	办公自动化	128kbit/s	10	100	1.84Mbit/s
	Internet	56kbit/s			

① 一楼和二楼汇聚层提供 100Mbit/s 带宽基本够用，但为了扩展性的需要，增加一条冗余线路，使用 Trunking 技术，将带宽提高到 200Mbit/s，同时保证了汇聚层链路的可用性。

由于研发一部和研发二部未来节点数目将成倍增长，所以三楼和四楼汇聚层带宽按 1Gbit/s

设计，同样使用 Trunking 技术，既提供了一定的冗余性，又将带宽提高了一倍，硬件开销比较划算。

② 公司有 4 台内网服务器和一台网管工作站，访问 Web 服务器和财务数据库服务器是网络的主要流量。网络流量符合 80/20 规律，绝大部分流量需要在核心层交换，因此将服务器直接接入核心交换机。

为了便于集中管理，管理工作站也放置在核心层，直接连入核心交换机的 100Mbit/s 端口。

4. 广域网需求

① 总部使用宽带接入 Internet，带宽约 10Mbit/s，可以考虑使用 xDSL、以太网接入等方案。

② 各远程连接节点都申请 2Mbit/s 以内的宽带方案接入 Internet，可以申请 ISDN、xDSL 等，具体方案参考所在城市的资费标准，建议使用 ADSL。

③ 为了保证远程连接的安全性，广域网技术还要在接入设备上能支持 VPN 技术，构建虚拟专用网络。

④ 移动办公用户也通过 VPN 接入总部 Intranet。

5. 安全性需求

① 内部网络使用 VLAN 分段，隔离广播域，防止网络窃听和非授权的跨网段访问。

② 使用防火墙分割内部网和外部网，不允许外部用户访问内部 Web 服务器、财务数据库和 OA 服务器等，内部网用户都必须经过代理服务器转发数据包。

③ 远程接入用户使用 VPN 方式访问总部网络，并且限制远程用户可以访问的主机范围。

6. 环境需求分析

① 公司分总部和办事处两大块，10 个办事处分布在全国若干个大城市。

② 总部只有一幢办公楼，共四层，楼层净高 3.5m，其他环境状况依据大楼建筑结构图确定。

8.2.3　逻辑结构设计与地址分配

1. 网络技术选型

吉比特以太网是最新的高速局域网技术，它的主要特点表现在以下几个方面。

（1）经济、实用且具有较高的性能价格比

吉比特以太网的速度 10 倍于快速以太网，但其价格只为快速以太网的 2~3 倍；与 ATM 相比，也有很大的优势。

（2）吉比特以太网获得广泛支持

目前 GEA 组织有 100 个成员，大部分厂商正在生产或准备生产吉比特以太网设备，全球以太网节点共上亿个，它是吉比特以太网巨大的潜在市场。相比之下，到 1997 年全球才有 10 万个 ATM 适配器。

（3）吉比特以太网的兼容性

吉比特以太网采用与传统以太网及快速以太网相同的载波监听多路访问/冲突检测（CSMA/CD）机制，从现有的传统以太网与快速以太网可以平滑地过渡到吉比特以太网。

（4）QoS 服务

IEEE 正在制订两种规范帮助吉比特以太网提供 QoS，其一是 802.1q，用于标识 VLAN 的网络交通；另一规范是 802.1p 信号标准，旨在使端站点具有申请优先级的能力，并允许交换机传输这些请求。人们可以使用流式 VLAN 标志识别不同的业务类型，使用交换机和路由器的资源保留协议（RSVP）进行缓冲和保留带宽。

（5）升级性能

吉比特以太网与另一高性能网络——ATM 技术相比，可以实现传统以太网或快速以太网的平滑升级及无缝连接，并不需要掌握新的配置、管理与排除故障技术，且有很高的性能价格比。吉比特以太网目前获得广泛支持，尤其是 3Com 公司的全系列吉比特以太网解决方案及产品，使得吉比特以太网络的互连和设计都极其灵活和方便。

2. 网络拓扑结构

网络拓扑结构采用树型结构和分层设计思想，优点是能够准确定位网络需求，扩展性和升级性较好，便于网络管理。核心设备及主干网络技术采用 1000Base-T 技术，汇聚层设备及线路采用 100Base-T 技术，接入层设备采用 10Base-T 技术。10Mbit/s 的桌面带宽足以满足企业当前的各种应用，公司未来即使上多媒体业务应用也不会有问题，因此节约了公司的投资。各层次网络都提供足够的带宽保证网络流量畅通无阻，将丢包率降低到最小，且都属于以太网家族技术，保持了良好的兼容性和升级性。

公司主办公楼网络的拓扑结构图如图 8-2 所示。

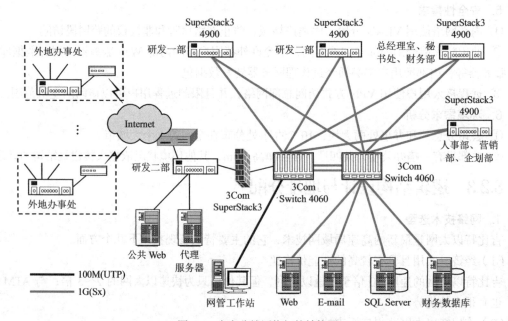

图 8-2 主办公楼网络拓扑结构图

（1）虚拟局域网划分及地址分配方案

在公司总部划分虚拟局域网，实现逻辑隔离。为了便于配置和管理，采用按部门划分虚拟局域网的方法，并给每一个虚拟网络指定一个子网号。VLAN 与地址分配表如表 8-2 所示。

（2）地址分配方案

表 8-2 　　　　　　　　　　　　　　VLAN 与地址分配表

部　　门	工作组名	VLAN 号	IP 地址	掩　　码
总经理办公室	Zjl	Vlan1	172. 16. 1. 0	255. 255. 255. 0
秘书处	Msc	Vlan2	172. 16. 2. 0	255. 255. 255. 0
人事部	Rsb	Vlan3	172. 16. 3. 0	255. 255. 255. 0
财务部	Cwb	Vlan4	172. 16. 4. 0	255. 255. 255. 0

续表

部 门	工作组名	VLAN 号	IP 地址	掩 码
营销部	Yxb	Vlan5	172. 16. 8. 0	255. 255. 255. 0
企划部	Qhb	Vlan6	172. 16. 9. 0	255. 255. 255. 0
研发一部	Yfb1	Vlan7	172. 16. 10. 0	255. 255. 255. 0
研发二部	Yfb2	Vlan8	172. 16. 12. 0	255. 255. 255. 0
网管处	Wgc	Vlan9	172. 16. 14. 0	255. 255. 255. 0

公司购买的 IP 地址是 C 类地址，只能满足 254 台主机接入 Internet，对全公司 300 个节点而言，略显不足。为了解决地址缺乏的问题，同时也是为了安全性的需要，采用 NAT 技术实现内外地址结合使用。

内部地址使用 B 类私有地址 172.16.0.0，使用掩码 255.255.255.0，分别给每一部门分配一个 254 台主机的地址区间，其中由于研发一部和研发二部主机数目较多，相邻的一个 254 地址区间也留作备用。

公开 IP 地址除给防火墙、公共 Web 服务器和代理服务器外，其余部分全部作为 NAT 地址池使用。

（3）服务子网设计

服务子网设计选择集中式设计和分布式设计相结合的方法。

财务数据库服务器相对于公司业务非常重要，集中存放在机房，由管理员专人看管，大大降低了其被盗的可能性。

Web 服务器经常要被局域网内的所有用户访问，不属于任何一个部门或网段，所以应该作为公共服务设备放置在机房。

研发部内自建的应用服务器和虚拟 Web 服务器架设在各研发部内部，由各研发部门指派专人管理，实现该部门内部的文件共享服务和 Web 信息发布。

（4）广域网设计

① ADSL10Mbit/s 接入 Internet。

随着 Internet 的爆炸式发展，在 Internet 上的商业应用和多媒体等服务也得以迅猛推广。各种各样的宽带技术进入企业网接入领域，相对于传统的 E1 线路，这些宽带接入都具有无法比拟的优势，即带宽高、费用低。其中 ADSL（非对称数字用户环路）是最具前景及竞争力的一种，将在未来十几年甚至几十年内占主导地位。

本公司结合自身的业务特点制订了使用 ADSL 接入 Internet 的方案。该方案首先是向本地电信局申请 10Mbit/s ADSL 业务，并且购买了一个 C 类公开网络地址。

个人用户可以申请 2Mbit/s 以下的带宽，使用虚拟拨号软件，IP 地址是动态的。

② 远程接入 ADSL 2M + VPN。

远程接入仍然申请 ADSL 连接，但带宽选择 2Mbit/s 就够用了，为了保证安全性，应该使用支持 VPN 连接的终端设备。

3. OA 功能模块简介

自动化办公是对传统办公形式的一种革命，是对未来办公形式的全面创新。利用 B/S 模式自动化办公软件，公司领导和员工可以随时随地办公，不受地域和时间的限制，提高了办公的灵活性，减少了行政周转环节，节约了办公经费，简化了办公流程，有助于提升公司自身的凝聚力和行业内的竞争力。

本公司 OA 软件委托某软件公司开发，订制符合公司自身需要的各模块，各模块功能简介如下。

（1）行政管理

① 会议安排：组织、规划内部会议，发布、管理会议信息。

主要菜单：创建新会议、发送会议通知、查看会议内容、修改会议内容、删除会议、结束会议、查看未开会议、上传会议记录、查看会议记录、共享会议记录、删除会议记录、会议查询。

② 内部通讯录：查看内部人员的基本信息及当前状态。

主要菜单：查看其他人员状态、改变自己的状态、查看其他人员的基本信息、发送短消息。

③ 公文管理：实现公文上报、登记、拟办、中转、转发、处室拟办、领导审核、承办单位办理、归档和相关单位查询公文等。在系统中特别注重数字化数据的一次性录入，减少重复劳动，提高办公效率。

主要菜单：文件浏览、阅读文件、发送文件、用户提交文件、目录浏览、目录创建、目录管理、电子印章。

（2）信息发布与交流

① 公告栏：用于发布单位的公共信息，如新闻、领导讲话、红头文件等。

主要菜单：发布新闻、查看全部新闻、搜索新闻。

② 论坛：提供给员工一个交互沟通的平台。员工可在此讨论工作生活中的各类问题，加强人员沟通。

主要菜单：添加论题、发表文章、删除文章、版主信箱。

③ 电子邮件：利用企业邮箱实现接收、发送和回复普通邮件，且支持邮件群发功能和新邮件提醒功能。

主要菜单：写邮件、新邮件、收件夹、回复邮件、删除邮件到垃圾箱、永久删除邮件、定义群、发送到群、新邮件提醒设置。

（3）资产管理

① 资产卡片：设置和维护固定资产类目，并管理各类目下的固定资产，制订资产更新、维修、报废等内容。

主要菜单：类目维护、类目列表、资产列表、新增资产、资产查看、资产变动、打印资产卡片、资产统计列表。

② 办公用品管理：分类管理办公用品，记录办公用品的购入、领用、数据维护和统计，实现办公用品的定额、足额发放，杜绝冒领、错领、浪费等不良现象。

主要菜单：办公用品查询、购入新品种、购入已有品种、领用办公用品、数据维护、删除、修改、增加办公用品分类、查询、修改进货单、统计报表。

③ 车辆管理：管理本单位的员工用车，实现车辆使用按级别申报、领导审批、还车登记的高效用车程序。

主要菜单：车辆登记、司机登记、领导审批、车辆调度、返回登记、车辆保养登记、综合报表、申请用车、申请查询。

（4）个人管理

① 我的日程表：日程表为用户提供一个时间合理安排运用的工具，节省时间，提高工作效率。

主要菜单：添加日程计划、删除日程计划、修改日程计划、日程查询、日程提醒设置。

② 我的名片夹：我的名片夹是用户的个人通讯录，可记录管理客户、朋友和相关业务部门的

通信信息，并可打印信签。

主要菜单：增加新的名片、查看名片内容、对名片夹内的名片进行条件查询、打印名片。

（5）业务管理

① 项目文档：在指定的人员范围内实现项目的分配，验收和责任提醒，保证整个项目按计划进行。

主要菜单：创建新项目、增加/删除项目文件、增加/删除项目成员、制订项目计划、查询项目计划、修改项目计划、查看项目文件内容、项目检查和审核。

② 客户信息管理：管理、查询和本公司有业务来往的客户信息。

主要菜单：公司记录添加、公司记录删除、公司记录修改、公司记录查询、联系人记录添加、联系人记录删除、联系人记录修改、联系人记录查询、业务记录添加、业务记录删除、业务记录修改、业务记录查询、业务权限设置。

（6）人事管理

① 人力资源管理：管理各部门的人员配属情况，为新进人员建档，为离职人员撤档，避免文档管理的繁琐和查询困难等弊端。

主要菜单：人事增加、人事档案查看、打印人事卡片、人事档案编辑、删除人事档案、人事档案查询、人事统计。

② 工资管理：负责公司人员的定级、调级和奖金、福利等的发放以及每个月的工资条打印。

主要菜单：制订工资、工资查询、发放分类奖金、查询分类奖金表、发放福利计划、福利计划查询、修改工资、打印工资条、打印奖金分类表。

③ 考核管理：对公司员工业绩的考核管理，在每年的年终公布考核结果。

主要菜单：制订考核标准、考核成绩登记、考核成绩查询、考核结果公布。

（7）权限管理

可以根据每个员工或每个职位进行权限设置，还可以管理员工的用户信息，部门管理员可以管理本部门的员工权限。

8.2.4　网络安全设计

网络安全设计包括以下几个方面。

① VLAN 设计为局域网内部提供了最大的安全性。各 VLAN 网段的主机被限定在本网络内部，可以自由访问，跨虚拟网段的访问必须通过核心交换机路由，符合访问规则集的数据包才会被转发。而访问规则集由管理员根据安全需求信息制订，任何人都无权获悉，管理员拥有保守公司秘密的责任和义务。

② 使用公共子网隔离内部网络和外部网络，将公共 Web 服务器放在公共子网，在内部与外部网络之间提供防火墙，只允许 7 个远程办公室的外部访问通过防火墙。

③ 远程办事处与公司主网络连接均使用支持 VPN 技术的 OfficeConnect DSL 网关，创建安全的专用网连接。

④ 允许内部用户通过代理主机访问 Internet，降低了内部主机的可跟踪性。

⑤ 3Com SuperStack 3 防火墙可有效保护网络免遭未经授权访问和其他来自 Internet 的外部威胁和侵袭。该防火墙预配置的安全解决方案已获得 ICSA 实验室的验证，可探测和防止"拒绝服务"（DOS）以及"分布式拒绝服务"（DDOS）等黑客侵袭（此外还包括诸如"死亡之 Ping"、"SYN 洪水"、"Land Attack"、"IP 欺骗"等侵袭方式）。通过完整的包检测，该防火墙可拒绝所有未经

授权的网络访问尝试，并生成实时报警和报告。

为了实现对网络使用的跟踪和管理，SuperStack 3 防火墙可按域名或关键字过滤 URL，按一天中的具体时间限制访问，阻碍特洛伊木马入口（还包括 Cookies、Java、ActiveX 程序等）。可选的 SuperStack 3 防火墙网站过滤器可限制对 12 种分类内容（包括赌博、色情、体育、种族歧视等）的访问。

8.2.5 物理设计与设备选型

1. 路由器选型

由于采用 ADSL 接入方案，远程分支结构接入 Internet 选用 3Com 公司的 OfficeConnect Cable/DSL 安全网关，如图 8-3 所示。该路由器不仅能够提供分支机构内部的工作站共享高带宽的 Internet 接入，还可以提供 VPN 连接，与总部公司网络构成虚拟专用网，具有价格低廉、安全性较高、带宽足够等优点。其主要性能如下：

图 8-3　3Com OfficeConnect Cable/DSL 安全网关

- 支持缆线或 DSL 调制解调器，提供配置灵活性；
- 能让最多 253 个用户利用 ISP 单用户定价模式共享 Internet；
- 动态数据包检查防火墙可针对黑客和病毒提供保护；
- VPN 启动/终止及业界标准 IPSec（IP 安全）；
- 带有 PPTP 的 VPN 终止，与 Microsoft PPTP 兼容；
- IP 功能（如 PPP/PPPoE、网络地址转换和 DHCP）可提供广域网性能，增强寻址隐私保护和经济性；
- 黑客模式检测防火墙功能可自动检测和阻塞拒绝服务攻击及其他常见入侵，提供额外的安全；
- 安装向导和其他功能简化了非技术用户的安装、配置和管理任务；
- 终身有限保修支持。

2. 交换机选型

（1）核心层交换机 3Com Switch 4060

3Com Switch 4060 是基于 3Com 开发的 ASIC 体系结构，可为带宽密集的核心主干网和要求苛刻的企业应用提供 56Gbit/s 多层交换能力；每台交换机均可跨所有端口提供无阻塞的第二层和第三层交换，转发速率超过 40Mpackets/s（分组数据/秒）；支持使用多模和单模光纤来连接分布式布线间，同时也支持铜缆来提供与数据中心服务器和主机的高带宽连接。

3Com Switch 4060 能提供让服务器直接连接交换机的 12 个 1000Base-SX 端口、6 个 GBIC 端口（通常用于园区主干网连接）和 6 个 10/100/1 000Mbit/s 端口，集成方式灵活。此外，可选的扩展插槽能插接 4 端口吉比特模块，可提供更大的灵活性。

3Com Switch 4060 是一款高性能的吉比特以太网第三层核心交换机，可以在一个具备容错功能和可升级的平台上支持 24 个配置灵活的吉比特以太网端口，满足了用户对企业级吉比特以太网核心骨干的要求。3Com Switch 4060 交换机配备多种用以维持网络高可用性的功能，其中包括双路模块化负载均衡供电系统、热插拔风扇架以及可热插拔的 GBIC 模块。背板扩展插槽可以容纳一个能够支持 1000Base-T 接口、1000Base-SX/LX 接口和 GBIC 接口的 4 端口千兆以太网扩展模块。

3Com Switch 4060 的特性总结如下：

① 高性能的吉比特网络核心交换机；

② 通过强大可靠的容错硬件实现高可用性；

③ 弹性平台可容纳众多的千兆位介质；

④ 支持 3Com XRN 技术，提供增强的网络可扩展性和对未来的保障；

⑤ 高效经济的吉比特网络骨干解决方案。

（2）工作组交换机 SuperStack 3 Switch 4900 SX

SuperStack Switch 4900 SX 分别提供两个 1 000Mbit/s 带宽到三四层楼，两个 100Mbit/s 带宽到一二层楼，分别双归接入。

① 成本有效，易于管理，高密度交换机：最小的接线间空间要求，减少管理成本，拥有更低的成本。

② 热插拔，弹性链路，RPS，生成树：单点失败的减少意味着网络能更可靠地运行，提高了员工的工作效率。

③ 所有端口线速工作：应用运行起来平滑而迅速，缩短了满足用户需求的时间。

④ 业务关键传输能被自动识别并获得优先级（第四层）：确保网络即使在严重拥挤时仍能保持平滑运行，提供极佳的客户体验。

SuperStack 3 Switch 4900 SX 外观如图 8-4 所示。

（3）桌面型交换机 BaseLine Switch 10/100Mbit/s（24 Port）

该系列交换机性能稳定，通用性强，且端口平均成本较低，特别适用于桌面连接。

3. 防火墙选型

3Com SuperStack 3 防火墙可有效保护网络中的 Internet 服务器，使其免遭未经授权访问和其他来自 Internet 的外部威胁和侵袭。该预配置的安全解决方案已获得 ICSA 实验室的验证，可探测和防止"拒绝服务"以及"分布式拒绝服务"等高级黑客侵袭方式。每一个防火墙均被预设置以阻止"拒绝服务"黑客的攻击，如 Ping 攻击、SYN 攻击、LAND 攻击和 IP 欺骗攻击。

SuperStack 3 防火墙的外观如图 8-5 所示，其 DMZ 均有一个解除防卫端口，可以允许外部伙伴或是客户访问公共服务器，如 Web、FTP 和电子商务服务器，尽管对 DMZ 的访问是公开的，DMZ 上的服务器仍可受到保护，不受"拒绝服务"黑客的攻击。

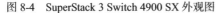

图 8-4　SuperStack 3 Switch 4900 SX 外观图　　　图 8-5　3Com SuperStack 3 防火墙外观图

3Com SuperStack 3 防火墙具有强大的实时状态包过滤功能，可以在防火墙的内部建立一个实时更新的状态列表，每个会话在列表中都有相应的连接状态与之相对应，所以当属于同一个连接的响应数据包从外网进来时，将经过连接状态列表进行检查，确认该数据包是否属于同一个会话，如果确认则被允许入内。在会话结束时，整个会话状态将被从状态列表中及时删除，以保证内网的安全。通过完整的状态包检测技术，该防火墙可拒绝所有未经授权的网络访问尝试，并生成实时报警和报告。

3Com SuperStack 3 Firewall 提供 NAT 功能，提供 ONE-ONE 和 ONE-MANY 地址转换的功能，支持静态（1∶1）和动态的内部网和外部网的地址转换和映射。

3Com SuperStack 3 Firewall 还支持 Web 管理方式和 SNMP/SNMP v2 网络管理协议，能够在线升级防火墙软件，增加最新的功能，并且自动转存日志文件，将日志文件备份到磁盘。

4．设备清单表

设备名称及型号如表 8-3 所示。

表 8-3　　　　　　　　　　　　　　设备清单报价表

序　号	产　品　名　称	型　号	单价（元）	数　量
1	Switch 4060	3C17709	88 000	2
2	SuperStack 3 Switch 4900 SX	3C17700	12 300	4
3	SuperStack 3 FireWall	3CR16110-95	14 800	1
4	4900 交换机吉比特模块（SX）	3C17710	86 000	2
5	Baseline 10/100 Switch 24-Port	3C16465C	1 400	12
6	3Com OfficeConnect Cable/DSL	855	1 600	1

8.2.6　综合布线及设备清单

综合布线设计图如图 8-6 所示。

1．工作区子系统

① 增强型，每个工作区布设两个信息点，实际使用过程中只使用一个信息点，另一个备用。

② 每个办公室配置一台 16 端口的 100Mbit/s 有源集线器，用户计算机直接连接到集线器，集线器 Uplink 口连接信息插座。

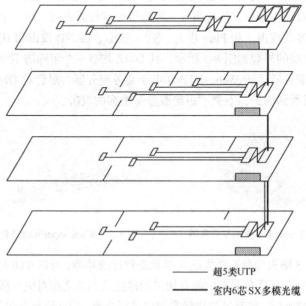

超5类UTP
室内6芯SX多模光缆

图 8-6　综合布线设计图

2．垂直干线子系统

垂直干线子系统是指从核心层交换机 Switch 4060 到楼层交换机 SuperStack 3 Switch 4900 交

换机的配线。

① 垂直干线子系统选用两根 62.5μm 6 芯室内多模光纤布线和 6 根超 5 类 UTP 双绞线引入楼层交换机，除了满足基本需要外，剩余的线缆全部作为备份。

② 线缆长度根据楼层高度测算决定，预留 30%作以后维修。

③ 垂直布线线标格式制订如下。

线标：

楼层	部门	端口号

3. 水平布线子系统

水平布线子系统是指从 SuperStack 3 Switch 4900 到工作区插座或 Baseline 系列交换机的水平配线。

① 水平布线子系统全部选用 AMP 超 5 类双绞线，长度根据实际距离测算，预留 15%作以后维修。

② 水平布线线标格式制订如下。

线标：

楼层	部门	工作区

4. 设备间子系统

设备间是主机房，存放各种服务器和核心交换机，符合机房建设要求：

① 设备间设置在 4 楼东侧机房，防盗、通风，湿度合适；

② 设备间存放两台 4060 交换机和 4 台服务器以及管理工作站；

③ 离楼梯较近，便于搬运设备；

④ 在楼层东侧选择一间通风良好的房间作为小机房。

5. 管理子系统

楼层管理区主要安放 SuperStack 3 Swich 4900 交换机，使用壁挂式机柜即可。

管理标签和材质均按 TIA/EIA-606 标准设计。

6. 布线产品清单

布线产品名称及型号如表 8-4 所示。

表 8-4　　　　　　　　　　　　　配线器材报价表

序号	产品名称	型号	单价（元）	数量
1	AMP 超 5 类 4 对非屏蔽双绞线	6-219507-4	450/箱	5
2	AMP 6 芯室内多模光	769509-2	26/m	120
3	AMP 超 5 类平行跳线	406483-5	4.50/根	320
4	MDVO 嵌装插座，双孔、白色	A0405262	13.50/个	24
5	BIX 标识条，白色	A0270169	3/条	60
6	Optimax 2 光纤工具	AX100947	5 930/个	1
7	MicroScanner Pro 便携包	MT-8202-04	240/个	2

序号	产 品 名 称	型 号	单价（元）	数 量
8	AMP RJ-45 水晶头		60/盒	2
9	光纤耦合器，多模，装有 6 个 SC 单工耦合器，灰色	AX100093	250/个	4
10	墙挂式机柜（600 × 450）	F500418	1 821/个	3
11	标准型机柜（800 × 900）	F50028942	8 800/个	1

8.2.7 系统管理与维护

（1）网络管理使用 Transcend Enterprise Manager 网管软件

3Com Transcend 实现对网卡、集线器、交换机、路由器及访问设备等全部网络产品进行统一管理，并提供分布式的网管模式。Transcend 不仅可实现网络配置、网络流量数据监测以及 VLAN 管理等操作管理（Operation Management）功能，还支持更高层次的决策——业务管理（Business Management），实现对网络中应用的管理。

（2）专职网管员

网络中心配备 1 名专职网管员，拟向社会公开招聘，要求有 2~3 年相关工作经验。

（3）培训计划

① 定期计划：系统完工前 1 个月，对所有员工进行为期 60 小时的培训，培训内容为网络基础知识，OA 系统的基本功能及使用，Internet 网络实用操作。培训时间安排在每个星期的星期六全天，培训地点在一楼会议室。

② 不定期计划：

● OA 系统的使用及提高；

● 网络故障及简单维护；

● Internet 网页制作与发布。

习 题

一、问答题

1. 什么是 Intranet？

2. Intranet 有哪些特点？

3. Intranet 有哪些技术优势？

4. 结合本章 Intranet 系统实例，以及前面几章的学习内容，回顾建立一个企业 Intranet 应该遵循的步骤有哪些。

5. Intranet 网络中为什么需要设计 DMZ，DMZ 中放置的 Web 服务器和内网中放置的 Web 服务器如何分配访问权限？

6. 多出口 Internet 设计有助于提高 Intranet 应用的可用性吗，理由呢？

二、案例

1. 网络方案因设备商的不同都会有些变化，能不能以 Cisco 同类型交换设备制订一个新的网络方案？

2. 如果该公司销售部希望增加电子商务（EC）应用，你了解电子商务模块的功能吗？

3. 如果要在一楼增加一个视频会议室，需要做何种改动？

4. 如果你是该公司的网管员，应该在动态培训计划中给公司的同事制订哪些培训内容？请给出你的计划。

5. 如果该公司在主厂区实施无线网络（WLAN）计划，你认为应该怎么做，有些什么样的技术可供选择，又有哪些值得考虑的设备解决方案？

6. 由于网民数量的急剧增长，网吧已经成为社区生活的必需配套设施。网吧的硬件设备主要包括主机、交换设备和 Internet 接入设备，而其中交换设备是整个网吧的核心，对于网吧的经营者而言，应综合考虑网络流量，计算核心交换机流量和 Internet 接入带宽。现初步调研一个网吧，其经营状况如下。

（1）网吧总主机数设计为 80 台，上座规模估计上午为 60%，下午为 80%，晚上为 90%，其中上座用户约 40% 使用 Internet 网络浏览网页、收发邮件、游戏等，其他用户约 60% 进行局域网游戏对战，而 40% 用户使用网吧内的 VoD 服务器点播高清电影节目。

（2）计划 Internet 用户不低于 512kbit/s/人，游戏用户不低于 2Mbit/s/人，VoD 用户不低于 10Mbit/s/人

第9章
网络系统管理与维护

网络系统建设完成后，将会面临一个长期而艰巨的任务——网络管理与系统维护。只有建立高效的网络管理团队，网络系统的内在潜力才会彻底释放出来，网络建设的预期目的才能最终实现。在实施网络管理计划之前，必须首先系统地学习网络管理的基本知识，熟悉目前关键性的网络管理技术（SNMP），以及未来网络管理技术的发展方向。

由于网络系统的复杂性，网络运行过程中会暴露出各种各样的问题。例如，有些是线路故障，接触不良或老化；有些是设备故障，如集线器烧毁，网卡松弛；还有些可能是性能下降，如交换机、路由器过载，广播风暴频繁，路由收敛时间过长等。成熟的管理员在解决这些问题时，从收集信息到分析故障点再到排除故障等有一套完整的步骤。

9.1 网络管理的主要功能

网络管理（Network Management）是指在网络运行过程中对网络的配置、性能、故障、费用和安全等因素进行管理，保障网络的功能得到发挥。因此，网络管理的基本功能包括配置管理、性能管理、计费管理、故障管理和安全管理5项，下面分别加以说明。

9.1.1 配置管理

配置管理（Configuration Management）的目标是监视网络和系统的配置信息，以便跟踪和管理不同的软、硬部件对网络操作的作用。

1. 配置管理的监控对象

该功能需要监视和控制的对象包括：

① 网络资源及其活动状态；

② 网络资源之间的关系；

③ 新资源的引入和旧资源的删除。

2. 配置管理的操作

配置管理需要进行的操作内容包括：

① 网络资源之间关系的监视与控制；

② 新资源的加入，旧资源的删除；

③ 定义新的管理对象；

④ 识别被管对象，标识被管对象；

⑤ 初始化对象，启动、关闭对象；

⑥ 管理各个对象之间的关系；

⑦ 改变管理对象的参数。

9.1.2　性能管理

性能管理（Performance Management）主要是指调整和优化网络性能的管理活动，经常要考虑的性能变量有网络吞吐量、用户响应时间和线路利用率等。典型的网络性能管理分为性能监测和网络控制两部分。

1. 性能管理的功能

网络性能管理的功能应该包括：

① 从被管对象中收集与性能有关的数据；

② 被管对象的性能统计，与性能有关的历史数据的产生、记录和维护；

③ 分析当前统计数据以检测性能故障，产生性能告警，报告性能事件；

④ 将当前统计数据的分析结果与历史模型比较以预测性能的长期变化；

⑤ 形成改进性能评价准则和性能限度；

⑥ 以保证网络的性能为目的，对被管对象和被管对象组的控制。

2. 性能管理的步骤

性能管理包含如下 3 个主要步骤：

① 收集网络管理者感兴趣的那些变量的性能数据；

② 分析这些数据，以判断是否处于正常（基线）水平并产生相应的报告；

③ 为每个重要的变量确定一个合适的性能阈值，超过该阈值就意味着出现了应该注意的网络故障。

管理实体不断地监视性能变量，当某个性能阈值被超过时，就产生一个报警，并将该报警发送给网络管理系统。

上面所描述的每个步骤是反映系统建立过程的一部分，当用户定义的某个阈值被超过而使性能变得不可接受时，系统通过发送一个消息来做出反应。性能管理也可以采用预动的方法，例如，可以使用网络仿真来预测网络增长将如何影响性能尺度。这种仿真可提醒管理者将要面临的问题，并及时采取相应的对策。

3. 确定基线

基线（Baseline）是指衡量某项网络性能的度量标准，有了这个标准就能够深入地了解到哪些网络部件可以被改进，改进后网络性能能够得到哪些提高，能够得到多大程度的提高。确定基线的方法非常简单，它包括在一个可行的时间内记录系统的各方面或各个部件的性能信息。通过收集这些数据，测算出各个部件的平均性能级别即可得到该部件的基线。Windows Server 2003/2008 系统中有很好的工具——性能监视器，可以帮助我们确定服务器中各主要部件如 CPU、内存、硬盘和网卡等的基线。

4. 仿真

网络仿真（Simulation）通过建立网络设备和网络链路的统计模型，模拟网络流量的传输，从而获取网络设计或优化所需要的网络性能数据。网络仿真技术能够以其独有的方法为网络的规划设计提供客观、可靠的定量依据，缩短网络建设周期的投资风险。

网络仿真的技术特点包括：

① 离散事件驱动的模拟机制，使其具有在高度复杂的网络环境下得到高可信度结果的特点；

② 网络仿真的预测功能是其他任何方法都无法比拟的；

③ 使用范围广，既可以用于现有网络的优化和扩容，也可以用于新建网络的设计，而且特别适于大中型网络的设计和优化；

④ 初期应用成本不高，而且建立的网络模型可以延续使用，后期投资还会不断下降；

⑤ 完备的系统模型库和精确的性能参数保证了仿真的准确性。

9.1.3 计费管理

计费管理（Fee Management）记录网络资源的使用，目的是控制和监测网络操作的费用和代价。它可以估算出用户使用网络资源可能需要的费用和代价，以及已经使用的资源。网络管理者还可以规定用户可使用的最大费用和使用时段，从而限制用户不能过多地占用和使用网络资源。目前我国的网络计费方式主要是针对 Internet 的使用进行计费。

1. 计费管理的功能

计费管理的功能包括：

① 统计网络的利用率等效益数据，以使网络管理人员确定不同时期和时间段的费率；

② 允许根据服务类型进行计费，同类型的服务在不同时间段的费率也可能会有差别，例如同样访问 Internet 的用户在早上 8:00 和晚上 8:00 费率就应该有较大区别；

③ 根据用户使用的业务特点在若干用户之间公平、合理地分摊费用，就像一个企业经常给业务员报销通信费用，而一般的员工则得不到这个待遇一样；

④ 当多个资源同时用来提供一项服务时，也能单独计算各个资源的费用。

2. 计费管理的操作

① 建立和维护一个目标机器地址数据库，能对该数据库中的任意一台机器（一个 IP 地址）进行计费；

② 能够对指定 IP 地址进行流量限制，当超过使用限额时，即可将其封锁，禁止其使用；

③ 能够按天、按月、按 IP 地址或按单位提供网络的使用情况，在规定的时间到来（如一个月）的时候，根据本机数据库中的 E-mail 地址向有关单位或个人发送账单；

④ 可以将安装有网络计费软件的计算机配置成 Web 服务器，允许使用单位和个人随时进行查询。

9.1.4 故障管理

故障管理（Failure Management）的目标是检测、记录网络故障并通知用户，尽可能自动地修复网络故障以使网络能够有效地运行。由于网络故障可以导致系统的瘫痪或不可接受的网络性能下降，所以故障管理也是 ISO 网络管理元素中被最广泛实现的一种管理。

1. 故障管理的功能

故障管理的功能包括：

① 检测被管对象的差错，或接收被管对象的差错事件通报；

② 当存在空闲设备或迂回路由时，提供新的网络资源用于服务；

③ 创建和维护差错日志库，并对差错日志进行分析；

④ 进行诊断和测试，以追踪和确定故障位置、故障性质；

⑤ 通过资源更换或维护，以及其他恢复措施使其重新开始服务。

2. 故障管理的步骤

故障管理实施的步骤如下：

① 判断故障症状；

② 隔离该故障；

③ 修复该故障；

④ 对所有重要子系统进行故障修复后测试；

⑤ 记录故障的检测及其解决结果到文档。

9.1.5　安全管理

安全管理（Security Management）的目标是按照确定的方针来控制对网络资源的访问，以保证网络不被有意或无意地侵害，并保证敏感信息不被那些未经授权的用户访问。

安全管理的功能包括：

① 物理安全管理；

② 身份控制、鉴别；

③ 网络入侵检测；

④ 访问权限管理；

⑤ 信息机密管理。

9.2　简单网络管理协议（SNMP）

SNMP 是目前标准的网络管理协议，它的应用简化了网络的管理工作，并且在开放式网络中具有良好的扩展性。很多设备和网络操作系统中都加入了对 SNMP 的支持。

9.2.1　SNMP 的发展

国际标准化组织（ISO）1979 年开始针对 OSI（开放系统互连）7 层协议的传输环境建立网络管理标准，并且制订了公共管理信息服务（CMIS）和公共管理信息协议（CMIP）。CMIS 支持管理进程和管理代理之间的通信要求，CMIP 则是提供管理信息传输服务的应用层协议，二者规定了 OSI 系统的网络管理标准。后来，Internet 工程任务组（IETF）为了管理以几何级数增长的 Internet，决定采用基于 OSI 标准的 CMIP 作为 Internet 的管理协议，并对它做了修改，修改后的协议被称做 CMOT（Common Management Over TCP/IP）。但由于 CMOT 迟迟未能出台，IETF 决定把已有的简单网关监控协议（SGMP）进一步修改后，作为临时的解决方案。这个在 SGMP 基础上开发的解决方案就是著名的简单网络管理协议（Simple Network Management Protocol，SNMP），也称 SNMPv1。

SNMPv1 最大的特点是简单实用，容易实现且成本低。此外，它的特点还有：可伸缩性——SNMP 可管理绝大部分符合 Internet 标准的设备；扩展性——通过定义新的"被管理对象"，可以非常方便地扩展管理能力；"健壮性"（Robust）——即使在被管理设备发生严重错误时，也不会影响管理者的正常工作。SNMP 发展速度很快，已经超越传统的 TCP/IP 环境，受到更为广泛的支持，成为网络管理方面事实上的标准。支持 SNMP 的产品中最流行的是 IBM 公司的 NetView、Cabletron 公司的 Spectrum 和 HP 公司的 OpenView。除此之外，许多其他生产网络通信设备的厂家，如 Cisco，Crosscomm，Proteon，Hughes 等也都提供基于 SNMP 的实现方法。

IETF 在 1992 年雄心勃勃地开始了 SNMPv2 的开发工作。IETF 为 SNMP 的第二版做了大量的工作，其中大多数是为了寻找加强 SNMP 安全性的方法。然而不幸的是，涉及的方面依然无法取得一致，从而只形成了现在的 SNMPv2 草案标准。1997 年 4 月，IETF 成立了 SNMPv3 工作组。SNMPv3 的重点是安全、可管理的体系结构和远程配置。目前 SNMPv3 已经是 IETF 提议的标准，并得到了供应商们的强有力支持。

9.2.2　SNMP 原理

SNMP 是由一系列协议组和规范组成的，它们提供了一种从网络上的设备中收集网络管理信息的方法。从被管理设备中收集数据有两种方法：一种是轮询（Polling-only）方法；另一种是基于中断（Interrupt-based）的方法。

SNMP 使用嵌入到网络设施中的代理软件（Agent）来收集网络的通信信息和有关网络设备的统计数据。代理软件不断地统计数据，并把这些数据记录到一个管理信息库（MIB）中。网络管理员使用网管软件通过向代理的 MIB 发出查询信号可以得到这些信息，这个过程就叫轮询。为了能全面地查看一天的通信流量和变化率，管理软件必须不断地轮询 SNMP 代理，每分钟轮询一次。这样，网络管理员可以使用 SNMP 来评价网络的运行状况，并提示出通信的趋势，例如哪一个网段接近通信负载的最大能力或正使通信出错等。先进的 SNMP 网络管理工作站甚至可以通过编程来自动关闭端口或采取其他矫正措施来处理历史的网络数据。

如果只是用轮询的方法，那么网络管理工作站总是在控制之下。这种方法的缺陷在于信息的实时性，尤其是错误的实时性。多久轮询一次，轮询时选择什么样的设备顺序都会对轮询的结果产生影响。轮询的间隔太小，会产生太多不必要的通信量；间隔太大，而且轮询时顺序不对，那么关于一些大的灾难性事件的通知又会太慢，这就违背了积极主动的网络管理目的。

与之相比，当有异常事件发生时，基于中断的方法可以立即通知网络管理工作站，实时性很强。但这种方法也有缺陷，产生错误或自陷需要系统资源。如果自陷必须转发大量的信息，那么被管理设备可能不得不消耗更多的事件和系统资源来产生自陷，这将会影响到网络管理的主要功能。

因此，以上两种方法的结合：面向自陷的轮询方法（Trap-Directed Polling）可能是执行网络管理最有效的方法。一般来说，网络管理工作站轮询由在被管理设备中的代理来收集数据，并且在控制台上用数字或图形的表示方法来显示这些数据。被管理设备中的代理可以在任何时候向网络管理工作站报告错误情况，并不需要等到管理工作站为获得这些错误情况而轮询它的时候才会报告。

网络管理的 SNMP 模型由以下 4 部分组成：

- 管理节点（Management Node）；
- 管理站（Management Station）；
- 管理信息库（Management Information Base）；
- 管理协议（Management Protocol）。

管理节点可以是主机、路由器、网桥、打印机以及任何可以与外界交流状态信息的硬件设备，如图 9-1 所示。

为了便于 SNMP 直接管理，节点必须能运行 SNMP 进程，即 SNMP 代理（SNMP Agent）。每个代理都要维护一个本地数据库，存放它的状态、历史并影响它的运行。所有的计算机以及具有可网管能力的路由器和外部设备都能够满足这个要求。SNMP 负责在管理软件与被管对象之间传送命令和负责解释管理操作命令，它保证了管理进程中的数据与具体被管对象中的参数和状态的一致性。

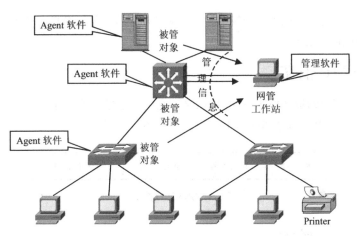

图 9-1　SNMP 管理实物图

SNMP 管理系统模型图如图 9-2 所示。

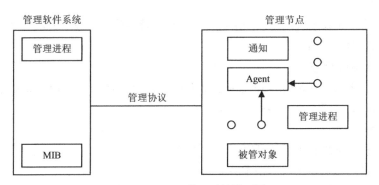

图 9-2　SNMP 管理系统模型图

　　网络管理由管理站完成，它实际上是一台运行网络管理软件的计算机。管理站运行一个或多个管理进程，它（或它们）通过 SNMP 在网络上与代理通信、发送命令以及接收应答。SNMP 允许管理进程查询代理的本地对象的状态，必要时对其进行修改。许多管理站都具有图形用户界面，允许网络管理者检查网络状态并在需要时采取行动。管理进程和代理之间的信息交换以 SNMP 信息的形式进行，SNMP 信息的负载可以是 SNMPv1 或 SNMPv2 的协议数据单元（PDU）。PDU 表示某一类管理操作（例如取得和设置管理对象）和与该操作有关的变量名称。SNMPv3 规定了可以使用信息头的用户安全模块（USM），与安全有关的处理在信息一级完成。

　　大多数实际网络都采用了多个制造商的设备，为了使管理站能够与所有这些不同设备进行通信，由这些设备所保持的信息必须严格定义。如果一个路由器根本不记录其分级丢失率，那么管理站向它询问时就得不到任何信息。所以 SNMP 极为详细地规定了每种代理应该维护的确切信息以及提供信息的确切格式。SNMP 模型的最大部分就是定义谁应该记录什么信息以及该信息如何进行通信。总之，每个设备都具有一个或多个变量来描述其状态。在 SNMP 中，这些变量叫做对象（Object）。网络的所有对象都存放在一个叫做管理信息库（MIB）的数据结构中。

　　在 SNMP 中，加密和验证起着特别重要的作用。管理站具有了解它所控制的众多节点的能力以及关闭它们的能力。因此，对于代理来说很重要的一点是，必须弄清楚那些宣称来自管理站的查询是否真的来自管理站。在 SNMPv1 中，管理站通过在每条信息中设置一个明文密钥来证明自身。在 SNMPv2 中，使用了现代加密技术，但大大增加了协议的复杂性。SNMPv3 则通过简明的方式实现了加密和验证功能。

9.2.3　SNMP 报文

SNMP 实体间交换的报文称为 SNMP 报文，它由版本号、请求标识符、SNMP 共同体名和 SNMP 协议数据单元（PDU）类型等字段组成，如图 9-3 所示。

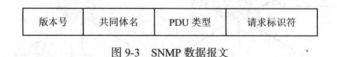

版本号	共同体名	PDU 类型	请求标识符

图 9-3　SNMP 数据报文

9.2.4　SNMP 操作

SNMP 定义了 5 个协议操作：Get、Get-Request、Get-Next、Set-Request、Trap。

1．Get 操作

Get 操作基本上是要求代理返回一个或多个对象或特定信息片段的请求。对于请求的每个对象，代理将返回该对象的值。

2．Get-Request 操作

Get-Request 操作是 SNMP 代理为响应接收到的 Get、Get-Next、Set-Request 数据包而发送的数据包类型。管理站发送一个 Get-Response 操作进行确认。

3．Get-Next 操作

Get-Next 操作使网络管理系统可以请求代理支持 MIB 中的"下一个"或多个对象。这个操作允许网络管理系统可以向一个代理请求特定的信息。

4．Set-Request 操作

Set-Request 操作基本上跟 Get 操作相同，除了需要管理器填写所要的对象值，同时要求代理改变这些对象的值。代理返回一个具有新对象值的 Get-Response 包以及 Set-Request 操作的状态。

5．Trap 操作

Trap 操作使 SNMP 代理可以发送报告事件发生的异步通知，通常在一个新事件发生时执行。

9.3　网络管理新技术

网络正在向智能化、综合化和标准化发展，先进的计算机技术、ATM 交换技术和神经网络技术正在不断应用到网络中来，给网络管理提出了新的挑战。与之相适应，网络管理也有较大的发展，并在 SNMP 的基础上产生了更多更有效的技术来管理新型的网络。

9.3.1　远程监控技术

远程监控（RMON）是 Internet 工程任务组为突破 SNMP 的限制而开发的，允许对大型分布式网络进行有效管理。

与 SNMP 类似，RMON 是基于客户机/服务器结构的，但 RMON 代理的功能类似于服务器，通过探测来维护历史统计数据，也称为探测器。代理的这种附加功能免除了网络管理系统（NMS）

定期发送调查测试来建立网络运行趋势历史记录的需要。

RMON 代理可作为单机设备（带有专用 CPU 和内存）配置，也可嵌入集线器、交换机或者路由器。例如，3Com 系统的 LAN 交换机配置就在每个交换机中安装有相应软件来跟踪流经的数据流量，并在 MIB 中记录，通过图形用户界面（GUI）向管理员提供信息。

NMS 作为客户机运行，它组织和分析由探测器诊断到的网络故障数据。而 NMS 与分布式 RMON 探测器间的通信采用 SNMP 进行，它提供了远程网络分析的基础。

RMON 统计数据存档能力使得管理员可以为网络运行开发基线模型。管理员可利用趋势模型分析一组计数器，确定网络使用中有规律的、可预见的变化，从而决定是应该增加带宽、增强其任务量还是需要附加带宽。在基线模型配置妥当后，管理员就可以确定网段正常运行状态的阀值。如果监视网段的数据流量偏离这个阀值量，探测器就会给 NMS 发出警告。

NMS 接收到警告后，激活高级 RMON 性能来诊断该故障。例如，RMON 内的主机 TopN 组可确定哪一个主机在处理网段的大部分对话通信，主机组决定谁在与谁进行对话通信，以及对话是在本地网段还是在整个 Intranet 范围。利用这些信息，管理员可用主机组的某个指定的主机来响应这个警告。最后，数据包截获组和过滤器用探测器将数据包截获，并利用协议分析器来辅助解决这种异常情况。

与传统的 SNMP 相比，RMON 是比较高级的 Intranet 工具，具体表现如下。

① RMON 极大地降低了网络管理的数据流量，从而为提高整个网络性能起了很好的作用。因为 WAN 通道提供的带宽比 LAN 的带宽要小得多，管理员应认真利用 RMON 探测器，而不是用 SNMP 调查调试，从而充分利用有限的 WAN 带宽。

② RMON 提供有关整个网络的信息，例如所有网络设备、服务器、应用程序和所有用户。虽然专用管理工具很重要，但对企业 Intranet，它们不能提供网络运行状况和数据量的整体情况。

9.3.2　基于 Web 的网络管理技术

随着 Web 的流行和技术的发展，可考虑将网络管理和 Web 结合起来。基于 Web 网络管理系统的根本点就是允许通过 Web 浏览器进行网络管理。

基于 Web 的网络管理模式（Web-Based Management，WBM）的实现有两种方式。第一种方式是代理方式，即在一个内部工作站上运行 Web 服务器（代理）。这个工作站轮流与端点设备通信，浏览器用户与代理通信，同时代理与端点设备之间通信。在这种方式下，网络管理软件成为操作系统上的一个应用，它介于浏览器和网络设备之间。在管理过程中，网络管理软件负责将收集到的网络信息传送到浏览器（Web 服务器代理），并将传统管理协议（如 SNMP）转换成 Web 协议（如 HTTP）。第二种实现方式是嵌入式。它将 Web 功能嵌入到网络设备中，每个设备有自己的 Web 地址，管理员可通过浏览器直接访问并管理该设备。在这种方式下，网络管理软件与网络设备集成在一起。网络管理软件无需完成协议转换。所有的管理信息都是通过 HTTP 传送。

在未来的 Intranet 中，基于代理与基于嵌入式的两种网络管理方案都将被应用。大型企业通过代理来进行网络监视与管理，而且代理方案也能充分管理大型机构的纯 SNMP 设备；内嵌 Web 服务器的方式对于小型办公室网络则是理想的管理。将两种方式混合使用，更能体现它们的优点。

现在人们花费许多精力扩展 Web 的范围和能力。但要让 Web 真正应用于网络管理，以取代传统的网络管理模式，还需要国际标准组织、网络设备供应商、网络管理系统供应商和用户做大量的基础性工作。

9.4　网络维护与故障排除

在网络运行过程中，不免会出现各种各样的故障。故障的表现形式是多样的，但任何网络故障的产生都有一定的内在原因，例如网络物理结构所导致，网络配置所导致，网络软件不兼容所导致等。网络维护的主要任务就是透过现象探求故障的内在原因，从根本上消除故障的存在，防止故障的再生。

9.4.1　网络维护的流程

要想保证网络提供稳定、可靠、高效的服务，必须有一套行之有效的维护措施，尤其是针对网络故障，更要有一个系统完备的分析和解决方法，否则就会出现"头痛医头，脚痛医脚"的做法，而不能从根本上解决问题。

图 9-4 给出了网络维护流程图。这个流程揭示了从收集故障现象、分析故障现象到找出故障原因，再排除故障的基本框架，对于具体出现的网络故障，可以利用这个带规律性的框架，采用适合的解决步骤。

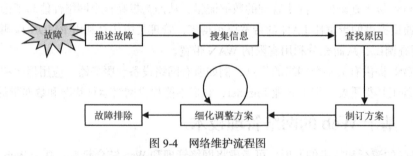

图 9-4　网络维护流程图

下面对图 9-4 所描述的流程进行简单介绍。

① 当分析网络故障时，首先应对故障现象进行清楚地描述，做好详细的文档记载，然后判断哪些原因会导致这些现象。

② 搜集尽可能多的信息，向受故障影响的用户、网络管理员以及其他有关人员询问相关的问题，通过在线帮助或者知识库查询已有的记录，同时从网络管理系统软件、协议分析器、路由器诊断命令结果等，分析数据，搜索更多的信息。

③ 在分析以上信息的基础上，考虑可能会存在的原因。在这一阶段可以采用排除法，即依据掌握的信息，将不可能的原因排除掉，从而缩小查找范围，这样可以大大缩短故障排除时间周期。

④ 针对可能存在的问题，制订一个实施方案，这个方案包括分析问题的主次顺序和针对每个现象所采用的解决办法。

⑤ 在排除故障的过程中，调整、细化制订的实施方案，加强解决问题的针对性，提高排除故障的效率。

⑥ 观察采取措施后，故障是否被排除，重复上面的步骤，分析原因，调整方案，直至故障消除。

9.4.2　故障排除的两个常用方法

在实际应用中经常有效解决问题的方法包括替换法和最小系统法。

1. 替换法

替换法是指首先确定故障点，找出被怀疑的故障设备、端口、部件或软件，换装被确认为工作正常的部件，如果故障消失，说明故障原因就是该硬件或软件失效。

2. 最小系统法

在故障发生的网络范围内，找出一个最小的且正常工作的网络系统，然后逐个添加网络中的其他设备或配置，使得网络不能正常工作的那个设备或配置就是故障点所在。

9.4.3　常见的网络故障及排除方法

1. 在工作组内找不到要访问的主机

① 网络设备故障：连接局域网的硬件出现故障，例如网卡未安装好或出现硬件问题不能正常工作，通过网卡指示灯的颜色即可判断出，一般绿色表示网卡工作正常，黄色表示网卡工作不正常。

② 传输介质故障：有时候，连接网卡和集线器的双绞线出现问题，也会导致网络不通，例如双绞线内部发生短路，RJ-45 插头接触不良，干扰源离双绞线太近等都容易产生这样的问题，使用测试仪检测即可。

③ 集线器或交换机故障：检查有源集线器或交换机的电源是否插好，开机时检查集线器各端口指示灯是否都是亮的，如果端口指示灯不亮说明端口失效，应将双绞线换接到有效的端口。

④ 未正确安装 NetBEUI 协议，不支持主机名查询。

⑤ 网络名称设置好后，系统未及时更新，但可以通过"查找计算机"工具查找网络中的主机。

2. 局域网的计算机访问不到 Internet

① TCP/IP 配置不正确。局域网中的计算机要连接到 Internet 必须通过代理服务器或路由器，因此需要配置正确的 IP 地址、网络掩码和网关。

- IP 地址容易发生重名的错误，Windows 系统都能提示这种错误。
- 当连接方式是路由器连接时，使用的 IP 地址不是合法的公开地址，而是私有 IP 地址。
- 子网掩码不正确，向系统管理员询问相关配置。
- 浏览器中未建立正确的连接方式，如"通过局域网连接"。

② DNS 域名服务器效率不高，导致 Internet 效率降低。改进的方法是尽量选择离本网较近的域名服务器，提高域名的解析速度从而提高 Internet 的访问速度。过去，访问一级域名必须通过国外的根域名服务器解析，最近，中国获得了建立根域名服务器的资格，这将极大地提升国内 Internet 的发展速度。

3. 路由器故障排除

（1）Cisco 路由器的引导方式

① Netboot：路由器可以使用简单文件传输协议（TFTP）、DEC 的维护操作协议（MOP）或远程复制协议（RCP），通过以太网（Ethernet）、令牌环（Token Ring）、FDDI、高速串行接口（HSSI）或串行线路，从服务器引导。

② Flash Memory：路由器可以从闪存中引导。

③ ROM：路由器可以从只读存储器中引导。

④ PC Flash Memory Card：路由器可以从系统的可插拔闪存卡中引导。

以上 4 种引导方式相互独立，互不影响，用户可以配置多种引导方式，在某种引导方式失效时，可以启用其他方式。

（2）Cisco 系列路由器的故障排除

当用户引导 Cisco 系列路由器时，应当产生如下现象：

① 电源指示灯 OK LED 应当点亮，并且只要系统处于加电状态，LED 就不会熄灭；

② CPU 风扇应当工作；

③ 路由交换处理器（RSP）和面板指示正常的 LED 指示灯应当是亮的（表示系统操作正常），而且在系统工作时应当保持在点亮状态；CPU 暂停，LED 指示灯应当不亮；

④ 每个接口的 LED 指示灯应当点亮（表示 RSP 完成了接口处理器的初始化）。

如果出现了故障，首先应尽量判明故障出现在哪一个子系统中。Cisco 系列路由器包括如下 3 个子系统。

● 电源子系统：电源供给，外接线缆以及主板。

电源子系统出现故障，排除方法如下。

第 1 步，检查电源风扇是否工作，处理器模块的 LED 指示灯是否点亮。如果吹风机和指示灯都正常，但电源指示灯是灭的，就可能是电源的 LED 出了问题。

第 2 步，确认电源开关的位置是正确的。

第 3 步，确认电源、电源线以及电源供应工作正常。将各个组件互换，查看是在哪一个组件出了故障。

● 冷却子系统：由路由器的系统配置决定。

冷却子系统出现故障，排除方法如下：

第 1 步，检查引导系统后风扇是否工作。如果风扇不工作，就可能是风扇故障或 +24V 直流电源出现了问题。

如果指示输出错误的 LED 是亮的，就可能是吹风机的 +24V 直流电源或电源或风扇控制板的风扇底板出现了问题。

如果风扇不工作且指示输出错误的 LED 不亮，确认风扇模块是否正确安装，确认风扇控制板是否完全插入到了插槽中。

第 2 步，如果系统和风扇可以运转，但大约两分钟后就关闭了，可能是其中一个或多个风扇模块出现了故障。如果风扇或风扇控制板出现了故障，那么就必须更换风扇模块。

第 3 步，判断是否环境温度过高或者主板中电源超负荷。如果系统关闭是由于电源超负荷，则指示输出错误的 LED 指示灯在系统关闭之前会亮。

第 4 步，确认其他部件产生的热没有进入进气孔，并且主板周围是清洁的，冷却气流可以流动。

● 处理器子系统：由路由器的系统配置决定，包括所有的接口处理器以及 RSP1 或 RSP2。

处理器子系统出现故障，排除方法如下。

第 1 步，检查 RSP 指示灯。如果没有任何 LED 亮，确定电源供应和风扇是否工作正常。

第 2 步，检查 RSP 的安装。如果 RSP 没有正确安装，系统就此会挂起。

第 3 步，如果 RSP CPU 暂停 LED 指示灯点亮，说明系统检测到了处理器硬件故障。与技术支持人员联系寻求帮助。

第 4 步，检查指示 RSP 正常的 LED 灯是否点亮。该灯亮表明系统软件已成功初始化，系统可以正常操作。

第 5 步，检查每个接口处理器上的 Enabled LED 是否点亮，当 RSP 将接口处理器初始化之后此灯应当是亮的。

第 6 步，如果接口处理器上的 Enabled LED 没有点亮，可能借口处理器从插槽脱落了，如果接口处理器安装不正确，系统将会挂起。

（3）路由配置故障排除

如果路由协议配置好，从源端主机到目的主机不能连通，可以按照以下步骤排除故障。

第 1 步，从源主机出发，检查源主机接口配置、IP 地址、掩码和缺省网关。

第 2 步，Ping 最近的路由器，如果 Ping 通，继续 Ping 路由路径中的下一个路由器；如果 Ping 不通，检查路由器的接口配置，包括 IP 地址、掩码、波特率、静态路由表或动态路由协议、访问控制列表（ACL）、no shut 状态，注意按上述顺序检查可以节约时间，问题肯定出在其中之一。

第 3 步，对路由路径上的每一台路由器重复第 2 步，直到目的主机。

第 4 步，检查目的主机接口配置、IP 地址、掩码和缺省网关，还要检查防火墙设置，直到网络能够连通。

第 5 步，网络故障排除后，对每一台路由器，使用"show ip route"命令察看网络中已生成的路由表，分析故障原因，做好记载。

9.5　典型的网络管理软件

网络管理的需求决定网络管理系统的组成和规模，任何网络管理系统无论其规模大小，基本上都是由支持网络管理协议的网络管理软件平台、网络管理支撑软件、网络管理工作平台和支撑网络管理协议的网络设备组成。其中，网络管理软件平台提供网络系统的配置、故障、性能及网络用户各方面的基本管理。也就是说，网络管理的各种功能最终会体现在网络管理软件的各种功能的实现上，软件是网络管理系统的"灵魂"，是网络管理系统的核心。

网络管理软件的功能可以归纳为 3 个部分：体系结构、核心服务和应用程序。

① 首先，从基本的框架体系方面，网络管理构件需要提供一种通用的、开放的、可扩展的框架体系。为了向用户提供最大的选择范围，网络管理软件应该支持通用平台，例如既支持 UNIX 操作系统，又支持 Windows Server 操作系统。网络管理软件既可以是分布式的体系结构，也可以是集中式的体系结构，实际应用中一般采用集中管理子网和分布式管理主网相结合的方式。同时，网络管理软件是在基于开放标准的框架的基础上设计的，它应该支持现有的协议和技术的升级。开放的网络管理软件可以支持基于标准的网络管理协议，如 SNMP 和 CMIP，也必须能支持 TCP/IP 协议簇及其他的一些专用网络协议。

② 网络管理软件应该能够提供一些核心的服务来满足网络管理的部分要求。核心服务是一个网络管理软件应具备的基本功能，大多数的企业网络管理系统都用到这些服务。各厂商往往通过重要的核心服务来增加自己的竞争力。他们通过改进底层系统来补充核心服务，也可以通过增加可选组件对网络管理软件的功能进行扩充。核心服务的内容很多，包括网络搜索、查错和纠错、支持大量设备、友好操作界面、报告工具、警报通知和处理、配置管理等。

③ 此外，为了实现特定的事务处理和结构支持，网络管理软件中有必要加入一些有价值的应用程序，以扩展网络管理软件的基本功能。这些应用程序可由第三方供应商提供，网络管理构件集成水平的高低取决于网络管理系统的核心服务和厂商产品的功能。网络管理软件中的应用程序主要有：高级警报处理、网络仿真、策略管理和故障标记等。

下面介绍两种典型的网络管理软件。

1. HP OpenView

HP 是最早开发网络管理产品的厂商之一，其著名的 HP OpenView 已经得到了广泛的应用。

OpenView 集成了网络管理和系统管理各自的优点，形成一个单一而完整的管理系统，轻松而顺利地实现了网络运作从被动无序到主动控制的过渡，帮助 IT 部门及时了解整个网络当前的真实状况，掌握主动控制，而且 HP OpenView 解决方案的预防式管理——临界值设定与趋势分析报表，让 IT 部门可以采取更具预防性的措施，管理网络系统的健全状态。

HP OpenView 应用和系统管理解决方案是由一个个套件解决方案组成的，其中包括：

- 一体化网络和系统管理平台 HP OpenView Operations；
- 功能强大的管理报告解决方案 HP OpenView Reporter；
- 端到端资源和性能管理解决方案 HP OpenView Performance；
- 具有实时诊断和监控功能的 HP OpenView GlancePlus；
- 提供可全面管理系统可用性与性能的综合性产品 HP OpenView GlancePlus Pak 2000；
- 对服务器与数据库的性能和可用性进行管理的 HP OpenView Database Pak 2000；
- 这些模块相互依存，相互支持，集成为功能强大的系统和应用管理平台，为企业提供最全面的集成化应用和系统管理功能。

HP OpenView 各套件功能简介如下。

① HP OpenView Operations 是一种集成化网络与系统管理解决方案，它使网络管理与系统管理集成在一个统一的用户界面，共享消息数据库、对象数据库、拓扑数据库等中的数据。其集中和分布式管理功能能够积极地监视和管理网络、系统、应用程序以及数据库的所有方面，还可以自动发现问题，并在不与中央管理控制台进行交互的情况下迅速解决问题。

② HP OpenView Operations for Windows 管理服务器能支持数百个受控节点和数千个事件。它不仅可以通过服务视图来扩展企业的传统运营管理，还可以从任意地点进行跨平台电子商务基础设施的管理。借助它，企业可从服务角度进行管理，管理混合电子商务基础设施并获得在基本运行管理基础上创新的能力。

③ HP OpenView Operations for UNIX 是由业务驱动的管理解决方案，它使企业快速控制电子化服务。作为分布式大型管理解决方案，它能监视、控制和报告 IT 环境的状态，实现深入的超大型混合管理，延长组成电子企业环境的各个部件的正常运行时间。正是因为该管理模块具有如此强大的功能，运用它复杂的 IT 系统进行管理，使系统拥有了高效性、实用性、可扩展性特点，提高工作效率，减少资源和成本的浪费，保障了各业务系统平稳、可靠地运行。

④ HP OpenView Reporter 模块为企业分布式的 IT 环境提供了廉价、灵活、易用的管理报告解决方案。它提供了标准和可定制报告，自动将 HP OpenView 在所有支持平台上获取的数据转化为企业可利用的重要管理信息。Reporter 使报告能经由 Web 浏览器发布，企业中能访问 Web 浏览器的每个人都可立即获得报告，并无缝地集成在 HP OpenView 系列之中，使企业根据所收集的数据提供集成化的中央管理报告解决方案。

⑤ HP OpenView Performance 是一种强大的端到端资源和性能管理解决方案，而无论用户的环境是由单一系统构成还是由大型系统网络构成。它收集、总结和记录来自应用、数据库、网络和操作系统的资源和性能测量数据，并把这些数据进行整理后转为对用户有用的信息，最终以经济有效的方式为用户提供最佳的服务级别。

HP OpenView Performance 可深入检查资源使用率和性能趋势，通过这一信息，可以发现系统瓶颈。通过比较活动水平，可均衡工作负载，提供保持系统平滑运行的信息，使用户可以有效地控制和利用资源，及时调整多个分布式的系统环境，对系统中影响服务层和用户层的故障做出响应；同时还使系统管理员能有效扩展其管理范围，对本地和远地的系统进行有效管理和监控，此外，HP

OpenView Performance 数据可以多种格式输出, 用于容量规划、统计数据分析和电子数据表应用中。从而在性能管理和问题分析、资源规划和服务管理等主要领域满足企业的分布式管理要求。

⑥ HP OpenView Database Pak 2000 管理模块, 对服务器与数据库的性能和可用性进行管理。它提供强大的系统性能与诊断功能; 有效收集并记录系统与数据库统计数据并进行告警; 能够检测关键事件并采取修复措施; 提供 200 多种测量数据和 300 多种日志文件状态。利用安装在服务器上的 Database Pak 2000, 用户可以及时地发现数据库与系统资源的性能问题, 以防止进一步恶化, 及时有效地对系统和数据库进行管理。

⑦ HP OpenView GlancePlus Pak 2000 解决方案是可以全面管理系统可用性与性能的综合性产品。作为一种集成性产品, 它不但具有 GlancePlus Pak 系列产品的所有功能, 还增加了单一系统事件与可用性管理。其组件包括功能强大的系统性能监控与诊断工具 GlancePlus; 用于记录系统性能并针对即将发生的性能问题发送警报的 PerformanceAgent; 允许企业检测影响系统性能与可用性的关键事件并在这种事件发生时及时获得通知的 Single-System Event and Availability Management。这样, GlancePlus Pak 2000 不仅具有 Glance Plus 的实时诊断与监控功能以及 Performance Agent 软件的历史数据收集功能, 还可监控企业系统中可能会影响性能的关键事件。利用 GlancePlus Pak 2000, 企业可以解决各种与系统性能和可用性相关的问题, 从而实现系统及其所运行应用的最佳可用性与性能。

以上模块既相对独立, 又可完全集成在一起, 为企业提供高可用性的系统管理解决方案。例如, HP OpenView Operations 可以与 Network Node Manager, Reporter 及 Performance 等结合在一起, 完全集成于 HP OpenView 系列之中, 共同构成 HP OpenView 解决方案的中央控制台, 对 IT 系统提供全面的管理。正是由于 HP OpenView 应用和系统管理解决方案拥有如此强大的集成功能, 才适合于不同规模的企业使用。

2. 3Com Transcend

3Com 网络管理的优势是牢靠、全面的三层 Transcend 结构。SmartAgent 管理代理软件是这个结构的基础, 它们嵌入各种 3Com 产品中, 能自动搜集每个设备的信息并把这些信息有机联系起来, 同时只占用很小的网络流量开销。中间层是针对 Windows, UNIX 平台和基于开放式工业标准 SNMP 的各种管理平台, 这些管理平台强化了 SmartAgent 的管理智能, 并支持高层的 Transcend 应用软件。最上层是 Transcend 应用软件, 它们通过图形界面把各种管理功能集成化于 SmartAgent 智能中。分布的 SmartAgent 智能为集成化网络管理提供很强的功能。例如, SmartAgent 能够处理远程的网络查询, 限制查询流量的范围, 减少对网络带宽和中央控制台时间的需求。Transcend Action on Events（事变应急反应）功能可以使用户迅速确定应及时处理的工作或根据预定标准去自动处理相应的任务。Transcend 对所有应用软件和网络设备类型都提供同样的界面, 因而管理信息的比较和分析大为简化。

目前该产品主要应用在政府、服务业、教育、邮政电信、金融、保险、医院等领域。

习　　题

一、填空题
1. 典型的网络性能管理分成_____和_____两个部分。
2. _____通过建立网络设备和网络链路的统计模型, 模拟网络流量的传输, 从而获取网络设计或优化所需要的网络性能数据。

　　3. SNMP 从被管理设备中收集数据有两种方法：一种是＿＿＿＿＿方法，另一种是基于＿＿＿＿＿的方法。

　　4. SNMP 使用嵌入到网络设施中的＿＿＿＿＿来收集网络的通信信息和有关网络设备的统计数据。

　　5. 网络管理的 SNMP 模型由 4 部分组成：＿＿＿＿＿、＿＿＿＿＿、＿＿＿＿＿和＿＿＿＿＿。

　　6. 网络管理软件的功能可以归纳为 3 部分：＿＿＿＿＿、＿＿＿＿＿和＿＿＿＿＿。

二、简答题

　　1. 网络管理的主要功能有哪些？

　　2. 配置管理有哪些内容？

　　3. 性能管理有哪些内容？

　　4. 什么是基线，如何确定基线？

　　5. SNMP 有哪几项操作？

　　6. 网络维护的任务有哪些？

　　7. 故障排除有哪两种常用方法？

　　8. 检查路由配置故障的步骤有哪些？

三、案例

　　1. 题图 9-1 所示为一个路由模拟器软件（Sybex CCNA vitual lab）中某学生完成的实验配置图，但该学生从主机 172.16.10.2 并不能 Ping 通主机 172.16.30.2，根据图中信息回答下列问题。

　　（1）至少回答导致上述路径不通的 4 个还未完成的步骤。

　　（2）图中 Router A 的 To0 是 shut 状态，则 RouterA 的 To0 会不会成为上述路径不通的原因？

　　（3）用图中 Router A 和 Router B 接口的字母序号回答 Host A 和 Host B 的缺省网关分别是什么。

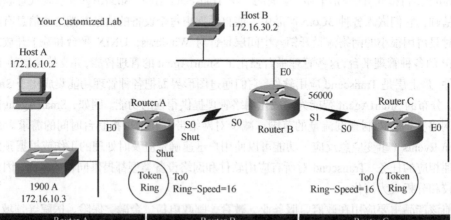

题图 9-1　Sybex CCNA Virtual Lab 模拟实验配置图

（4）如果只配置了从 Router A 到 Router B 的静态路由，则能否从 Host A ping 通 Host B？

2．下面是与网卡有关的故障，逐一说明原因和解决方案。

（1）"网络和拨号连接"窗口中找不到"本地连接"。

（2）网络安装后，在其中一台计算机上的"网络邻居"中看不到任何计算机。

（3）从"网络邻居"中能够看到别人的机器，但不能读取其他计算机上的数据。

3．题图 9-2 所示为在校园网内通过局域网连接访问 Internet 时，主机 218.197.80.232 不能连接到 Internet，按从近到远的原则使用 Ping 命令查找故障，输入每一步的命令。

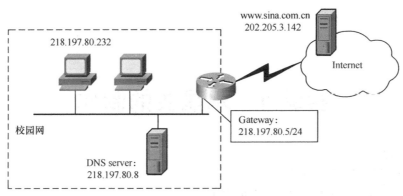

题图 9-2　校园内访问 Internet 示意图

测试步骤如下。

① Ping 回环地址以验证 TCP/IP 已经安装且正确装入。

命令：

② Ping 工作站的 IP 地址以验证工作站是否正确加入，并检验 IP 地址是否冲突。

命令：

③ Ping 默认网关的 IP 地址，以验证默认网关打开且在运行，验证是否可以与本地网络通信。

命令：

④ Ping 远程网络上主机的 IP 地址以验证能通过路由器访问到 Internet。

命令：

⑤ 如果这时候在浏览器中输入 IP 地址可以访问，而输入远程主机的域名却访问不了，则原因可能出现在什么地方？

⑥ 使用 tracert 命令跟踪显示到远程主机（www.sina.com.cn）的路由表。

命令：

第10章
实验

实验1　水晶头的制作

【实验目的】

1. 认识双绞线实物和电气特性。

2. 掌握水晶头制作工具"剥线钳"的用法。

3. 掌握水晶头的制作方法，主要制作符合 T568B 标准的水晶头，有时间可以制作符合 T568A 标准的水晶头。

【实验步骤】

1. 认识双绞线

（1）领取长度约 1m 的双绞线，对照课本第 6 章的内容识别表皮上的字符的含义，其中重点找到下列字符。

CATEGORY 5——5 类双绞线；或 ENHANCED CATEGORY 5——超 5 类双绞线；AWG xx——线规为 xx，即线芯的直径。

（2）查看双绞线对的颜色，是否为橙白、橙、绿白、蓝、蓝白、绿、棕白、棕，线对绕合方向是否相互错开，且绕合得是否较紧。

2. 认识剥线钳

剥线钳是一个制作水晶头的基本工具，如图 10-1 所示。

剥线口：用来剥去双绞线的外皮，中间有 2mm～3mm 的空隙合不上。

压接槽：用来将水晶头的铜片压进线芯，使插头导通。

切线口：用来剪断双绞线或修剪线芯。

手柄：手握的部位。

3. 剥线

右手握钳，左手将双绞线插入剥线口，在大约离线头 2cm 的地方轻压手柄，使刀口接触双绞线外皮，旋转双绞线 360°，右手向外侧用力将外皮剥掉。

剥线不熟练的时候容易切开线芯的绝缘层，这可能

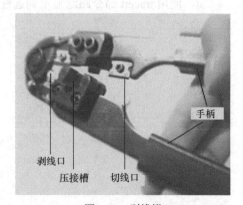

图 10-1　剥线钳

导致信号串线，应该剪掉受损的线头，重做剥线的工作。

4. 排线

将线对反绕打开，拉直，按橙白、橙、绿白、蓝、蓝白、绿、棕白、棕（T568B）的顺序排好线。如果线芯不齐，使用切线口修剪去不齐的部分，如图 10-2 所示。

5. 压接水晶头

将排好的线按正向插入水晶头，水晶头的正向是卡簧朝下。查好线后，正对水晶头看过去时，8 个黄色的铜芯应该清晰可见，再检查一遍，准备压接水晶头。

6. 压线

（1）将整个水晶头插入压接槽，注意水晶头的卡簧仍然朝下，正对压接槽的凹口，插紧的水晶头不会掉出来，如图 10-3 所示。

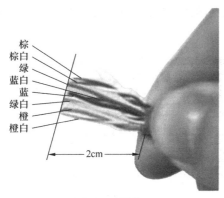

图 10-2　排线

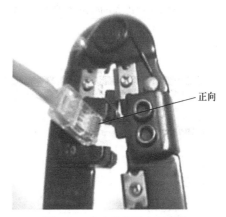

图 10-3　将水晶头插入压线槽

（2）双手紧握手柄，用力压到切线口能够合上为宜，可以多压几次，保证水晶头上的铜片能够刺穿线芯上的绝缘层，因为水晶头传输信号全靠这些铜片，如图 10-4 所示。

7. 制作平行线

用同样的方法做好另一头，是平行线，可以作为工作区跳线。请老师帮助测试一下，测试仪的指示灯按顺序均匀闪亮为成功的跳线。

8. 制作交叉线

如果另一头排线的时候按 T568A 的标准，即绿白、绿、橙白、蓝、蓝白、橙、棕白、棕，则是交叉线，其他步骤相同。

图 10-4　双手用力压手柄

【问题反馈】

1. 测试时，测试仪指示灯为红色或黄色。

答：线路不通或有短路现象。

2. 通信速度很低，用跳线连接的计算机复制文件时速度很慢。

答：近端串扰值过大，线缆质量较差，水晶头与网卡接口接触不好。

3. 测试仪绿灯交叉亮，不是顺序亮，对不对？

答：正确现象，接线方式为交叉线连接方式。

实验 2　用 Visio 2010 绘制网络结构图

【实验目的】

1. 了解 Visio 2010 软件的特性，学会使用 Visio 2010 绘制网络设计图。
2. 掌握网络拓扑图形的基本绘制方法和美化技巧。

【实验步骤】

1. 使用 Visio 2010 绘制网络结构图

根据下面的步骤绘制一个总线以太网的拓扑结构图。

① 打开 Microsoft Visio 的专业版，此时便会出现"选择绘图类型"对话框（见图 10-5）。单击左边窗口中的"网络"标签，选择"基本网络"图标，绘制一个基本网络结构图，进入绘图窗口。

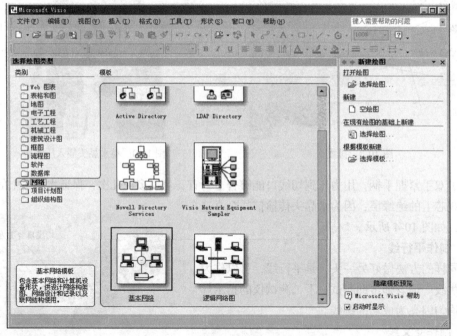

图 10-5　"选择绘图类型"对话框

② 绘图窗口的左边是"形状"对话框，包含一些可用的图符，分为"背景"、"边框和标题"、"三维基本网络形状"、"基本网络形状 2"、"基本网络形状"等，右边是绘图区，如图 10-6 所示。

③ 从"基本网络形状"栏中拖出基本拓扑结构到绘图纸上，如图 10-6 所示，拖动一个"以太网"结构到绘图区。

④ 拖出一个工作节点（台式机或其他设备）到绘图区，并将以太网形状中的连接点拖到设备上的连接点处结合起来，如图 10-7 所示。

⑤ 单击以太网形状后拖动鼠标，可以调整它的位置；拖动以太网形状周围的手柄，可以调整它的大小，直到满意为止。

⑥ 重复上述步骤，直到建立符合要求的网络拓扑结构图为止。

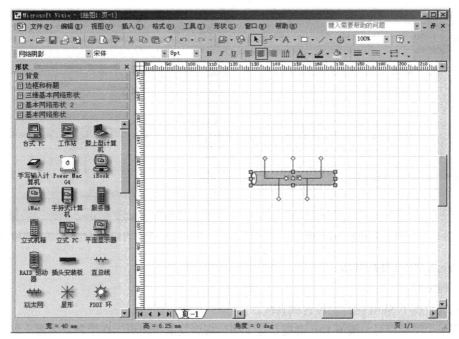

图 10-6　绘图窗口

⑦ 除了这些网络设备形状外，如果想要同时使用更多的设备形状，可选择"文件"/"模具"/"网络"命令，便可加入更多的设备图形。

⑧ 添加形状的自定义属性。

在绘制网络结构图时，还可以为图中的设备添加更多的属性说明。例如，计算机设备上可以标明"中央处理器"、"内存"、"硬盘大小"等信息，从图上就可以很清楚地了解到设备的基本配置。

下面将说明如何在这些完成的计算机设备形状中加入自定义属性。

● 单击想要加入数据的计算机设备装置使之处于选定状态，然后单击鼠标右键，在快捷菜单中选择"属性"命令，如图 10-8 所示，打开"自定义属性"对话框。

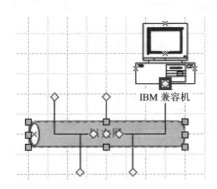

图 10-7　将以太网形状和 PC 形状连接起来

图 10-8　单击形状的属性菜单

● 在"自定义属性"对话框中，可以输入一些由 Visio 自定义好的字段，如制造商、产品编号、部件号等信息，如图 10-9 所示。

● 如果要增加字段，可单击"定义"按钮，为"自定义属性"对话框添加更多的字段，如图 10-10 所示。

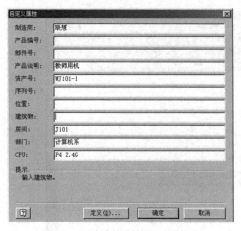

图 10-9 "自定义属性"对话框

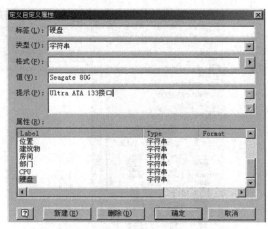

图 10-10 为"自定义属性"对话框添加字段

2. Visio 2010 使用技巧

（1）辅助键

画直线时按下 Shift 键自动拟合成直线。

选定一个图形符号，按下 Ctrl 键拖动这个图形将会复制该图形。在绘制众多客户机和交换机时这个功能非常管用。

同时选定多个图形时，按下 Shift 键，再单击想要选定的图形，这些图形都将处于选定状态。

（2）将图像移动到合适的位置

移动图像时，先使用鼠标找到大致的位置，再使用方向键进行精确定位。

（3）自动吸附功能

自动吸附功能是连接各种网络图形的最佳工具，因为它使线路和图形结合为一个整体，不论如何移动图形，它们的连接关系都不会丢失。使用自动吸附功能时只需将线路拖动到图形上合适的节点×处，使连接点位置出现一个红色的方框◈即可。

（4）绘制结构图

在绘图过程中，如果叠放位置不美观，可以先绘制出理想的路径，再使用图层遮盖功能美化。用鼠标右键单击选中图形，选择快捷菜单中的"形状"/"置于顶层"命令，将某个图形放到最前面，或选择"形状"/"置于底层"命令将线路放到底层，如图 10-11 所示。

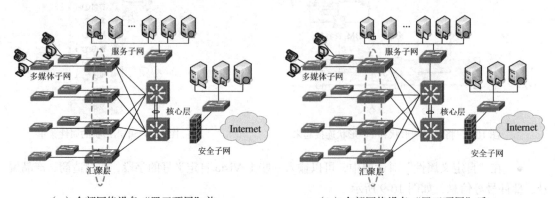

（a）全部网络设备"置于顶层"前　　　　　　　（b）全部网络设备"置于顶层"后

图 10-11 使用图层遮盖功能美化拓扑图

（5）图形编组功能

绘制图纸的时候，如果图纸中的图标很多，应该有选择地将一些已经固定了位置的图标编组，以避免不小心打乱了已经定好的位置。编组时，先选定所有要编组的图形，再单击鼠标右键，选择快捷菜单中的"形状"/"组合"命令即可实现编组。如果以后要单独编辑某个图形，再选择这个分组，选择"形状"/"取消组合"命令即可。

（6）创建自定义的模具

Visio 2010 中自带了很丰富的模具，仅网络绘图就有 15 种预设的模具，使用这些模具绘制一般的网络图形就足够了，但是为了节约时间，可以把一些常用的图形添加到自定义的模具中，每次编辑的时候，打开这个模具即可。使用自定义模具有以下两种情形：

● 经常要用的外部文件，如公司的 logo，装饰画纸的条纹，模具中没有的 Cisco 图标等；

● 未来可能要重用的组件，如教师经常要把一些组件重复应用到所制作的课件中。

创建自定义模具的方法如下。

① 选择"文件"/"模具"/"新建模具"命令，新建一个模具。

② 在"形状"对话框中出现一个模具窗口，标题为"模具 3"，现在修改"模具 3"的标题为好记的名字"常用图形"，修改标题的方法为，在"模具 3"的标题栏上单击鼠标右键，选择快捷菜单中的"属性"命令，在弹出对话框的"标题"文本框中输入标题"常用图形"。

③ 如果要将一个外部文件插入"常用图形"模具，可按以下步骤操作。

● 打开"Cisco_Icons.ppt"文件（专门的 Cisco 网络产品图标，可以从网上找到），选定常用的路由器图标，使用复制命令复制到剪切板。

● 切换到 Visio 的工作区，在"常用图形"窗口中单击鼠标右键，在弹出的快捷菜单中选择"粘贴"命令，粘贴该图标，如图 10-12 所示。

● 再选择"主控形状属性"命令，修改"主控形状属性"对话框中的"名称"的值为"Switch 1900A"。

● 使用自定义模具的时候直接拖动该图标到工作区即可。

④ 如果要将一个已绘制好的图组插入 "常用图形"模具，可按以下步骤操作。

● 将已经绘制好的形状进行编组。

● 将编好组的图形从工作区拖动到"常用图形"窗口中，自动生成一个新的图标，如图 10-13 所示。

● 在"主控形状属性"对话框中将该自定义模具的名称修改为"以太网"。

● 使用该模具的时候，直接拖动图标到工作区即可。

图 10-12　粘贴一个形状到"常用图形"模具窗口

⑤ 保存模具内容。在"常用图形"标题栏上单击鼠标右键，选择快捷菜单中的"保存"命令，选择保存该模具的路径，或选择 Visio 默认放置模具的路径 "…\Program Files\Microsoft Office\Visio10\2052\Solutions\Network"。

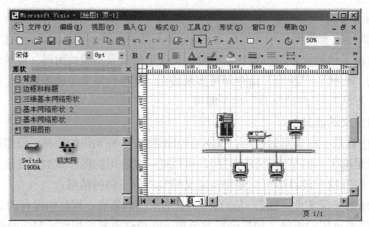

图 10-13　新建一个名称为"以太网"的模具

⑥ 下次使用库的时候直接选择"文件"/"模具"/"网络"/"常用图形"命令即可，也可以通过工具栏图标 打开。

实验 3　Intranet 组建与服务器配置

本次实验共包括 8 个 Windows Server 2008 服务器配置实验，要求学生能在 4～6 课时内完成。

【实验目的】

1. 加深对 Intranet 服务的基本功能和意义的理解。
2. 掌握 Windows 2008 系统的网络管理功能。
3. 掌握 IIS 网络服务的基本功能及配置方法。

【实验步骤】

实验 3.1　建立 Active Directory（活动目录）
实验 3.2　Active Directory 域用户的创建和管理
实验 3.3　Windows 7 客户端的设置
实验 3.4　配置 DNS 服务器
实验 3.5　DHCP 服务器的配置
实验 3.6　建立和管理 Web 服务器
实验 3.7　FTP 服务器的建立
实验 3.8　使用 CMail 建立企业内部邮件服务器

实验 3.1　建立 Active Directory（活动目录）

① 添加域控制器配置向导

选择"开始"/"服务器管理器"，在"选择服务器角色"窗口（见图 10-14）中勾选"Active Directory 域服务"选项框，如图 10-15 所示。

② 域服务器安装完毕后，在"服务器管理器"运行域服务器安装向导（也可以直接在运行中输入"dcpromo.exe"），如图 10-16 所示。

③ 选择"在新林中新建域"，创建一个新管理域，如图 10-17 所示。

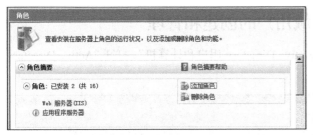

图 10-14　添加服务器角色

图 10-15　添加 AD 服务

图 10-16　开启 AD 域服务安装向导

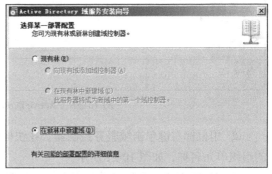

图 10-17　添加新林且新建域

④ 单击"下一步"按钮，如果系统弹出窗口提示管理员账号密码不符合安全性要求，请在"服务器管理器|本地账户管理"中修改 Administrator 账号的密码，新密码要求至少有一个大写字母、小写字母和数字的组合，例如"Server2008"，然后在"运行"窗口中执行"net user administrator /passwordreq:yes"命令。

图 10-18　AD 主域完整名称

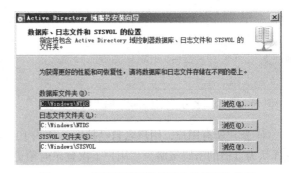

图 10-19　设置域目录数据库文件的存放位置

⑤ 输入新域的全域名为"hongda.com.cn"，如图 10-18 所示，NETBIOS 名称使用默认值。

⑥ 在后面的步骤中选择林功能为"Windows Server 2008"，勾选"DNS 服务器"，选择"IPv4 配置成静态 IP"，指定目录还原模式密码。

⑦ 选择 Active Directory 数据库和日志的保存位置，选择默认设置，一定要是在 NTFS 分区上，如图 10-19 所示。

⑧ AD 的安装时间比较长。耐心等候 20min 左右，提示安装成功后，重启计算机，就可以登录到域了。

实验 3.2　Active Directory 域用户的创建和管理

① 在 "服务器管理器" 中选择 "角色|Active Directory 用户和计算机"，打开 "Active Directory 用户和计算机" 窗口，如图 10-20 所示。

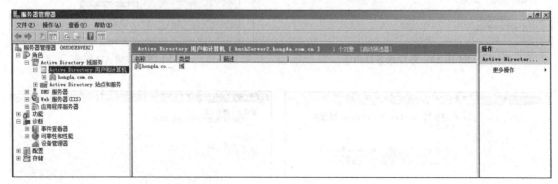

图 10-20　"Active Directory 用户和计算机" 窗口

② 用鼠标右键单击域服务控制器，在快捷菜单中选择 "新建|组织单元" 命令，加入一个新的组织单元名称，如图 10-21 所示。

③ 在 "宏达公司" 组织单元中为每一个部门新建一个全局组，组名应该是事先拟定好的，如图 10-22 所示。

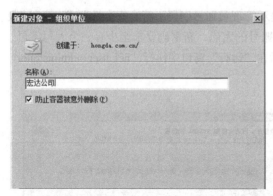
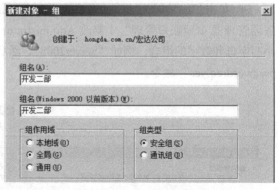

图 10-21　添加名为 "宏达公司" 的组织单元　　　图 10-22　添加名为 "开发二部" 的全局组

④ 新建所有用户，用户名自己拟定，如图 10-23 所示。密码最好使用 "8888" 以避免混淆，选择认为合适的密码策略为 "用户下次登录时须更改密码"，如图 10-24 所示。

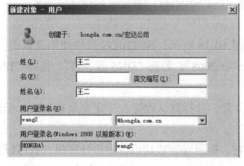
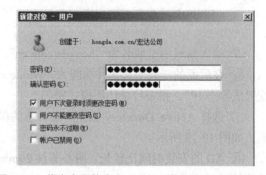

图 10-23　新建一个名为 "王二" 的用户　　　图 10-24　指定密码策略为 "用户下次登录时须更改密码"

⑤ 将用户添加到组。用鼠标右键单击已建的用户名（如开发二部），选择快捷菜单中的"将用户添加到组"命令，在"选择组"对话框中选择一个组名，如图 10-25 所示。

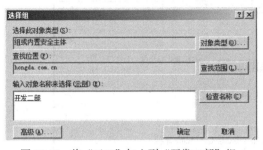

图 10-25　将"王二"加入到"开发二部"组　　　图 10-26　查看"开发二部"组的所有成员

⑥ 查看所有新建的组的成员是否正确，可用鼠标右键单击组，选择快捷菜单中的"属性"命令，在弹出的组属性对话框中，选择"成员"选项卡，如图 10-26 所示。

⑦ 在 Win7 客户端以新建的用户名试登录一次，登录方法见"实验 4.3"。

⑧ 在"服务器管理器"中添加"文件服务"角色，在"共享和存储管理"中选择"设置共享"，打开"设置共享文件夹向导"对话框。单击"浏览"按钮，新建一个名称为"ShareDoc"的文件夹，输入"共享名"和"共享描述"，如图 10-27 所示。

图 10-27　创建名为"ShareDoc"的共享文件夹

⑨ 在"SMB 权限"设置中，选择"用户和组具有自定义共享权限"单选钮，如图 10-28 所示。进入权限设置对话框，删除"Everyone"用户，添加"开发二部"组具有只读权限，"王二"具有全部控制权限，如图 10-29 所示。

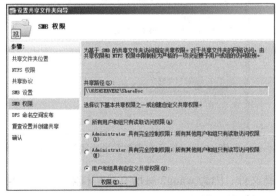

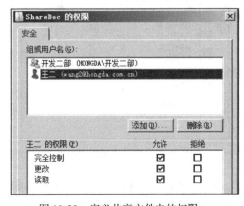

图 10-28　定义共享文件夹的权限　　　　　图 10-29　定义共享文件夹的权限

⑩ 最后复查全部共享设置信息是否与前述步骤一致，如图 10-30 所示。

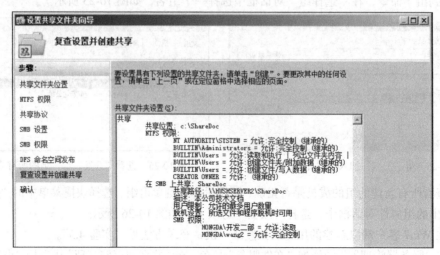

图 10-30　定义共享文件夹的权限

实验 3.3　Windows 7 客户端的设置

① 打开 Windows 7 客户机，用鼠标右键单击"网上邻居"图标，在快捷菜单中选择"属性"命令，打开"TCP/IP 属性"对话框，确定 TCP/IP 地址与服务器在同一个子网内，设置 DNS 为域服务器 IP 地址。

② 在"我的电脑"图标上点击鼠标右键，选择"高级系统属性|计算机名|所属工作组/域名更改"，将计算机所属域改为"HONGDA"，如图 10-31 所示。更改域名过程中会提示输入登录到域的用户名。输入"王二"的用户名和密码，如图 10-32 所示。

③ 重新启动计算机，在登录窗口中选择切换用户，输入"域名\域用户名"，以及域用户密码，注意用户名格式，如图 10-33 所示。

图 10-31　更改主机所属的域

图 10-32　输入有权限登录到域的用户名

④ 登录后，打开创建一个新文件夹和一个新文件，因为 wang2 有所有读写权限，如图 10-34 所示。注销"wang2"，更换其他用户登录尝试访问权限的变化。

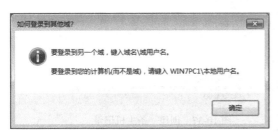

图 10-33　输入用户名 "hongda\wang2" 登录到域 hongda

图 10-34　wang2 的文件共享操作

实验 3.4　配置 DNS 服务器

DNS 服务器完成网络内主机从本地域名到 IP 地址的解析服务。

① 在"服务器管理器"中添加"DNS 服务器"角色，启动 DNS 服务器管理控制台，在"DNS 管理器"窗口中已经出现一个主域控制器创建的 DNS "正向查找区域"和"反向查找区域"，如图 10-35 所示。用户也可以创建其他正/反向查找区域。

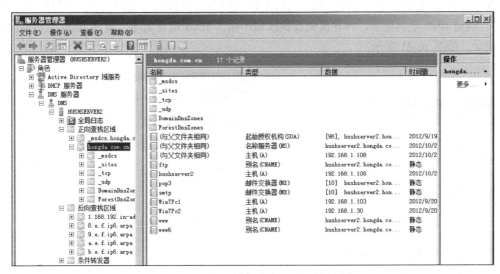

图 10-35　启动 DNS 服务器管理控制台

② 如图 10-36 所示，在中间主窗口中选择右键菜单"新建主机"，其中"A"指创建 IPv4 主机，"AAAA"指创建 IPv6 主机。

图 10-36　正向区域右键菜单

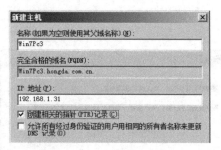

图 10-37　创建一条主机记录

③ 创建 IPv4 主机记录，输入主机名和 IPv4 地址，如图 10-37 所示，勾选"创建相关的指针（PTR）记录"，自动产生反向解析指针。创建邮件交换器记录，此处仍将 hushserver2 作为邮件交换器，如图 10-38 所示。

④ 在中间主窗口中选择右键菜单"新建别名"，针对主机 hushserver2，新建四个别名（www, ftp, smtp, pop3），用作 web 服务器、ftp 服务器、邮件收发服务器的域名，如图 10-39 所示。

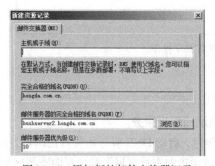

图 10-38　添加新的邮件交换器记录

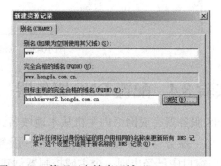

图 10-39　管理正向搜索区域"hush.hongda.com"

⑤ 继续选择右键菜单"新建主机"，在图 10-40 所示的对话框，输入主机"名称"和"IPv6 地址"，创建 IPv6 主机记录。再在反向查找区域中输入 IPv6 地址前缀，添加 IPv6 主机反向解析指针记录，如图 10-41 所示。

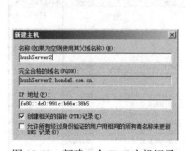

图 10-40　新建一个 IPv6 主机记录

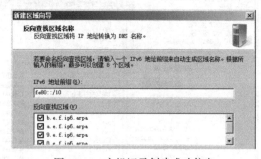

图 10-41　主机记录创建成功信息

⑥ 测试 DNS 服务器的功能。

● 在 Windows 7 客户机的命令窗口中输入"Ping 域名"。

例如：Ping win7Pc1.hongda.com..cn。效果如图 10-42 所示。

● 在服务器命令界面中使用 "nslookup" 命令。

例如：nslookup 192.168.1.103。效果如图 10-43 所示。其他用法可通过 "help nslookup" 获得。

图 10-42　ping 命令测试域名　　　　　　　图 10-43　nslookup 命令解析域名

实验 3.5　DHCP 服务器的配置

① 在 "服务器管理器" 中添加 "DHCP 服务器" 角色。在主窗口中打开 "DHCP 服务器" 角色，设置 DHCP 服务器的 IP 地址，如图 10-44 所示。

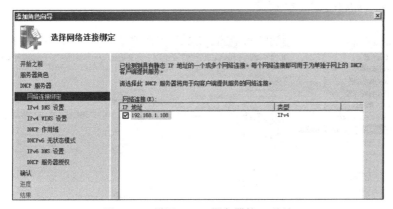

图 10-44　设置 DHCP 服务器的 IP 地址

② 设置 "DHCP" 服务的作用域 hongda.com.cn，以及实验 3.4 设置的 DNS 服务器地址和备用 DNS 服务器地址，如图 10-45 所示。在下一步设置中禁用 WINS 服务。

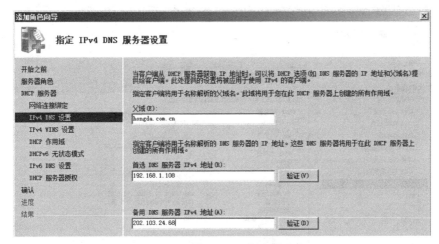

图 10-45　设置 DHCP 服务器地址

③ 添加 DHCP 作用域。建立 DHCP 服务器的动态地址池，包括起始地址、结束地址和掩码，

为所有 DHCP 客户设置默认网关，一般是代理服务器或路由器的地址。选择租约期限，即 DHCP 客户获得这个动态 IP 地址的时间，如图 10-46 所示。

④ Windows Server 2008 支持无状态和有状态 DHCPv6 服务器功能。在 DHCPv6 有状态模式下，客户端通过 DHCPv6 获取 IPv6 地址和其他网络配置参数。如果启用 DHCPv6 无状态模式，客户端使用 DHCPv6 获取 IPv6 地址之外的网络配置参数，例如 DNS 服务器地址。配置 DHCPv6 DNS 服务器地址，如图 10-47 所示。

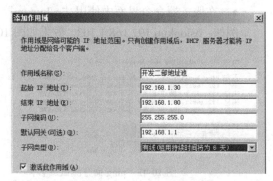

图 10-46　添加 DHCP 作用域

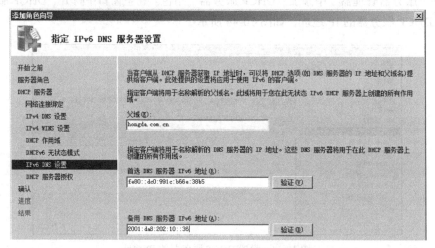

图 10-47　"DHCPv6" DNS 服务器设置

⑤ 禁用 WINS 服务，如图 10-48 所示。

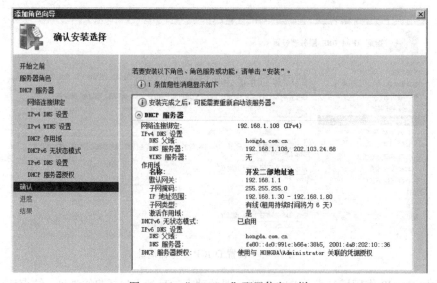

图 10-48　"DHCPv6" 配置信息一栏

⑥　测试 DHCP 服务器的功能

● 　将客户端设置为"自动获取 IP 地址",登录到服务器,用命令"winipcfg"查看当前客户机所获得的 IP 地址。

● 　停止 DHCP 服务器,再重复测试一次。

实验 3.6　建立和管理 Web 服务器

①　使用记事本建立一个主页的 HTML 源文件如下,保存为"index.html"。

```
<html>
<head>
    <title>测试页</title>
</head>
<body>
<p>这个网页用来测试我的 Web 网站的主页,我看到你了,说明我的设置成功了!!!
<p><font color = red> : ): ): ): ): ): )
</body>
</html>
```

②　将该网页复制到系统盘所包含的"%system%\Inetpub\wwwroot"下或自建的网站目录下,作为 Web 站点的主页。

③　在"服务器管理器"中添加"Web 服务器(IIS)"角色,勾选"web 服务"、"FTP 发布服务"、"ASP.net"等服务项目,如图 10-49 所示。

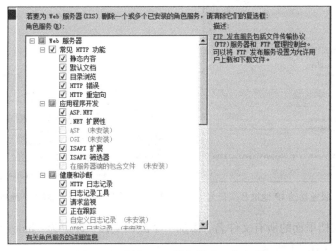

图 10-49　添加 Web 服务器(IIS)角色

④　在"服务器管理器"中打开"Internet 信息服务(IIS)管理器",在主窗口中显示了各种配置命令图标,右边窗口为常用操作按钮,如图 10-50 所示。

⑤　在"Default Web Site"上选择右键菜单"重命名",将站点说明改为"宏达公司的网站"。单击"高级属性"按钮,设置网站位置在服务器上的主路径(默认为 wwwroot),如图 10-51 所示。

⑥　选择右键菜单"添加绑定",Web 服务器宜使用静态 IP 地址,TCP 端口默认的 80 端口(可以更改,但访问时必须一致,格式为"服务器的 IP 地址:端口号"),如图 10-52 所示。

网络工程原理与实践教程（第3版）

图 10-50　IIS 的系统目录

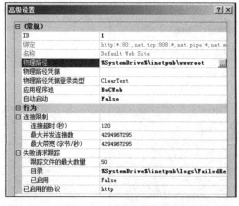

图 10-51　设置 Web 服务器的 IP 地址和端口号　　图 10-52　添加 Web 服务器的 IP 地址、端口号和名称绑定

⑦ 删除默认文档里面的所有文件名，添加一个默认文档，设定为"index.html"，这个文件也是网站的主页，如图 10-53 所示。

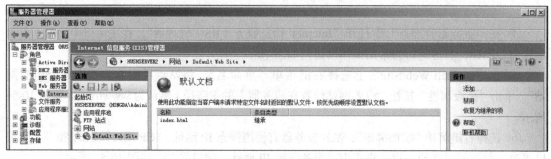

图 10-53　添加 Web 服务器的 IP 地址、端口号和名称绑定

248

⑧ 设置网站的应用程序池，添加 .net Framework v2.0 以支持 ASP.net，如图 10-54 所示。

图 10-54　在应用程序池中添加 ASP.net 2.0 支持

⑨ 用户还可以继续完成 IP 地址和域限制、身份验证、SSL 设置等高级操作。

⑩ 网站配置完成后，点击"启动"按钮，验证配置结果：

● 任意找一台局域网内的计算机用服务器的 IP 地址访问，如果配置了 DNS 服务器，用服务器的域名进行访问，如图 10-55 所示。

● 将客户机的 IP 地址改为被拒绝的 IP 地址，再尝试一下是否能被访问。

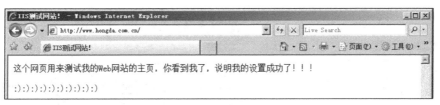

图 10-55　设置 Web 的访问方式为"匿名访问"

实验 3.7　FTP 服务器的建立

① 在"Internet 信息服务管理器"中选择"FTP"站点，在右键菜单中选择"新建|FTP 站点"，创建一个 FTP 站点，描述为"宏达公司的 FTP 站点"，如图 10-56 所示。

② 下一步在"IP 地址"下拉列表框中选择服务器的 IP 地址，如图 10-57 所示。

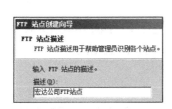

图 10-56　"Internet 信息服务"窗口

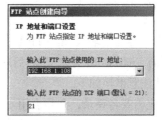

图 10-57　"Internet 信息服务"窗口

③ 下一步选择"主目录"，主目录可以是本地机上的目录，也可以是网络上任意一台可访问

计算机的目录，如图 10-58 所示。

④ 下一步设置 FTP 站点访问权限，初始情况下设置为"只读"，针对独立用户的虚拟目录可设置"写入"权限，如图 10-59 所示。

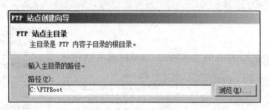

图 10-58　设置 FTP 目录　　　　　　　　　图 10-59　设置 FTP 目录访问权限

⑤ 其他步骤均使用默认设置，最后在新创建的 FTP 站点上选择右键菜单"高级属性"，单击"属性"对话框的"信息"选项卡，在其中输入用户登录到 FTP 站点的"欢迎"信息、"退出"信息和"最大连接数"，如图 10-60 所示。

⑥ 选择"安全账户"选项卡，在其中设置"允许匿名连接"或非匿名连接的账号，还可以完成其他属性的修改。为匿名用户 iUser 添加读写权限，就在 FTP 文件夹（比如 ftproot）上右键设置安全属性。（由于 Windows Server 2008 提高了系统文件夹的安全性，有些用户不能正常读写所属的子目录，需针对每一个目录设置相应用户的安全属性。）

⑦ 登录验证 FTP 服务。

● 在浏览器的地址栏输入"ftp://FTP 服务器的域名或者 IP 地址"。

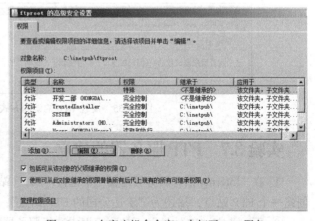

图 10-60　设置 FTP 登录提示信息、　　　　　图 10-61　在客户机命令窗口中打开 FTP 服务
　　　　　退出信息和最大连接数

● 在命令界面中输入"ftp FTP 服务器的域名或者 IP 地址"（只能使用匿名方式登录，username 为 anonymous，password 为空），然后用 DOS 命令访问，如图 10-62 所示。

⑧ 其他注意事项如下。

如果想使用匿名登录，必须启用 guest 账户。

IIS6.0 以上已经可以隔离用户目录，可以设置每个用户的管理目录，但要求目录名必须与账户名一致。由于 Windows Server 2008 对于 IIS FTP 网站的多用户安全性设置过于繁琐，不建议再使用 IIS FTP 作为服务器，推荐使用 Server-U\Cute-FTP 等作为服务器完成实验。

先使用命令方式测试 FTP 服务器，如果命令方式能登录，说明 FTP 站点配置无误。

IE7 和 IE8 以上的版本不能直接登录 IIS FTP 网站，可以使用 flashFXP 或 CuteFTP 等客户端软件登录。由于 IE7 开始，微软加强了安全的问题，因此默认的设置，IE7 以上的版本可能无法登录 FTP，但经过简单的设置之后，也是可以登录的。打开“工具”菜单下的“Internet 选项”，在“高级”标签页中改变“使用被动 FTP（为防火墙和 DSL 调制解调器兼容性）”选项的状态，保存后重启 IE 即可。

```
C:\Users\Administrator>ftp 192.168.1.108
连接到 192.168.1.108。
220-Microsoft FTP Service
220 ==========宏达公司的FTP站点==========
用户(192.168.1.108:(none)): wang2
331 Password required for wang2.
密码:
230-********************************************
 *       欢迎使用宏达公司的FTP服务！          *
 ********************************************
230 User wang2 logged in.
ftp> dir
200 PORT command successful.
150 Opening ASCII mode data connection for /bin/ls.
09-23-12  10:47AM       <DIR>          wang123
09-23-12  10:41AM                   11 wang2.txt
226 Transfer complete.
ftp: 收到 98 字节，用时 0.02秒 6.13千字节/秒。
ftp>
```

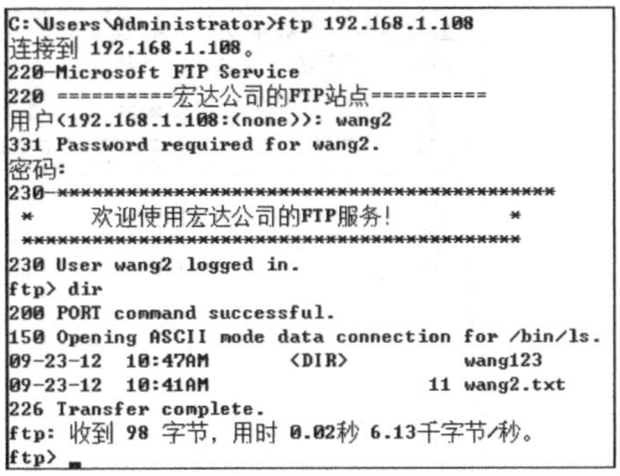

图 10-62　在客户机命令窗口中打开 FTP 服务

实验 3.8　使用 CMail 建立企业内部邮件服务器

因为 IIS 建立的邮件服务器只支持 SMTP 服务，只能发送邮件，不能接收邮件，所以要使用 CMail 软件建立邮件服务器。

CMail 软件需要从网上下载，下载后安装到服务器上，安装步骤很简单。如果该软件未注册，将只能支持 5 个用户，基本满足实验所需。

① 选择“工具”/“服务器配置”命令，打开“系统设置”对话框，输入域名，选择“作为局域网邮件服务器”单选按钮和“作为 NT 服务运行”复选框，如图 10-63 所示。

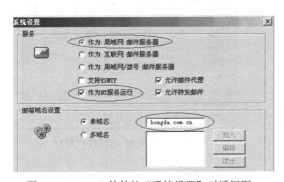

图 10-63　CMail 软件的“系统设置”对话框图

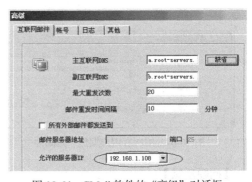

图 10-64　CMail 软件的“高级”对话框

② 单击“高级”按钮，弹出“高级”对话框，如图 10-64 所示。选择服务器的 IP 地址，也可以选择一个外发邮件服务器地址。

③ 单击“新账号”按钮，创建若干个新用户，该服务器不支持从活动目录自动导入用户，所以必须创建与活动目录内容相同的用户名，如图 10-65 所示。

图 10-65　创建新邮件账号

④ 以 Outlook 作为邮件客户端，邮件服务器地址分别为 smtp.hongda.com.cn 和 pop3.hongda.com.cn，新建一个管理员账号，给所有用户群发一封欢迎邮件，如图 10-67 所示。用户收到邮件的情况可以通过“邮件数量”栏查看，如图 10-66 所示。

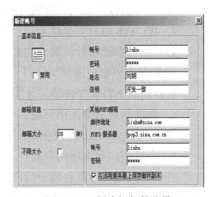

图 10-66　查看邮件数量

关于 CMail 软件的其他操作可以参看帮助文档或查询相关参考书。

⑤ 验证：从客户机登录，使用 Outlook 收发电子邮件，如图 10-67、图 10-68 所示。

图 10-67　给所有用户发送一封邮件

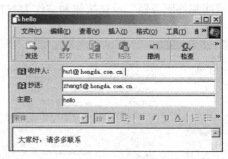

图 10-68　Outlook 邮件接收窗口

【问题反馈】

1. IIS FTP 能否进行用户管理？

答：不能管理用户，只能使用其他专用 FTP 服务器软件，如 CuteFTP 等。

2. IIS Web 用户安全性如何设置？

答：结合系统账号设置，先在当前系统中或 PDC 中创建一个本地用户或域用户。

3. 要在本地账户限制文件目录的访问权限，应该使用 NTFS 文件格式还是 FAT32 文件格式？

答：只有 NTFS 文件格式才能设置本地目录的访问权限。

4. 邮件服务器中的用户能否单独在 CMail 中创建？

答：不能，CMail 账户中的用户必须同时也是域用户，和域名服务器同时工作。

5. 全局用户和本地用户有什么区别？

答：全局用户可以在域中的任意一台计算机上登录，使用域中共享的资源；本地用户只能在本机登录，使用本机资源，如果本机共享某个资源，其他计算机必须创建一个相同的本地用户名才能访问。

6. DNS 服务器中，"A"型记录和"AAAA"型记录有何区别？

答："A"型记录指 IPv4 主机，"AAAA"型记录指 IPv6 主机。

7. DHCPv6 服务支持的两种 IPv6 自动配置方式有何区别？

答：无状态 IPv6 配置只设置 DNS，有状态 IPv6 配置还需要设置地址池和网络前缀。

实验 4 Cisco 网络设备实训

本次实验共包括 10 个 cisco 设备配置项目，推荐使用 Packet Tracer 5.3 软件。其中前 6 个为必做的基本实验，后 4 个为选做的综合型实验，要求学生能在 10～18 课时内完成。

实验 4.1 交换机和路由器基本连接

【实验目的】

1. 掌握 Cisco 路由器模拟软件 Packet Tracer 5.3 的使用方法，熟悉 Cisco IOS 配置环境。

2. 掌握 Cisco 交换机和路由器的基本配置方法。

3. 掌握 Cisco 交换机和路由器的基本连通性测试。

【实验步骤】

（1）打开 Packet Tracer5.3 窗口，按如下步骤拖动设备到主窗口中，如图 10-69 所示。

① 单击 ▄▄ 图标，在底部中间窗口中选择 1 台 2950 交换机。

② 单击 ▇ 图标，在底部中间窗口中选择 1 台 2621xm 路由器。

③ 单击 ▇ 图标，在底部中间窗口中选择 4 台主机，分别排列在交换机和路由器周边。

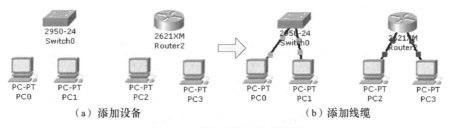

图 10-69 添加设备和连接线缆

（2）单击 ⚡ 图标添加连接线缆，主要线缆类型如图 10-70（a）所示。在单击被选定线缆的按钮，再在要连接的两个设备上先后单击鼠标左键，在出现的可用接口菜单中选择可用的接口。使用直通线连接 PC0 与交换机的 FastEthernet0/1 接口，使用直通线连接 PC1 与交换机的 FastEthernet0/2 接口，分别使用交叉线连接 PC2 和 PC3 与路由器的 FastEthernet0/0 和 FastEthernet0/1 接口，如图 10-70（b）所示。

图 10-70 连接线缆类型和端口类型

（1）线缆两端为绿色圆点，表明已连通/工作正常；（2）线缆两端为红色圆点，表明未连通；（3）线缆两端为黄色圆点，表明端口阻塞或协议不兼容。交换机端口默认为 up 状态，图中显示正常；路由器端口默认为 shutdown 状态，所以图中显示未连通。

（3）添加路由器模块，如图 10-71 所示。

Packet Tracer 中的 2621xm 和 2811 等路由缺省都不带 Serial 接口，需要自己添加所需接口的模块。双击路由器打开配置窗口中的"物理"选项页，关闭路由器电源，在左边模块列表中拖动所需模块到对应的模块空槽中。常用的模块主要有"NM-1E"和"WIC-2T"，其中"NM-1E"包含 1 个 Ethernet 接口，"WIC-2T"包含 2 个 WAN 中使用的 Serial 接口。

（4）配置主机 IP 地址。单击 PC0 图标，在"桌面"选项页中点击"IP 配置"按钮，在弹出的对话框中配置 IP 地址为 192.168.1.2，掩码为 255.255.255.0。同样方法给主机 PC0 配置 IP 地址为 192.168.1.3，掩码也为 255.255.255.0。

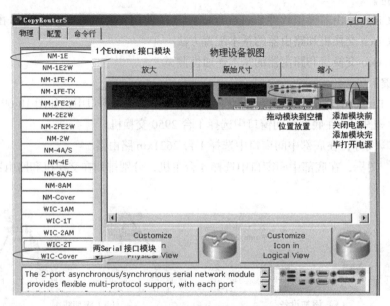

图 10-71　连接线缆类型和端口类型

（5）测试交换机连通性。

① 使用 Ping 命令测试连通性。

单击 PC0 图标，在"桌面"选项页中单击"命令提示符"按钮，在窗口中输入"ping 192.168.1.3"，返回结果如下说明 PC0 和 PC1 已连通。

```
PC>ping 192.168.1.3
Pinging 192.168.1.3 with 32 bytes of data:
Reply from 192.168.1.3: bytes = 32 time = 156ms TTL = 128
Reply from 192.168.1.3: bytes = 32 time = 63ms TTL = 128
Reply from 192.168.1.3: bytes = 32 time = 62ms TTL = 128
Reply from 192.168.1.3: bytes = 32 time = 63ms TTL = 128
Ping statistics for 192.168.1.3:
    Packets: Sent = 4, Received = 4, Lost = 0 (0% loss),
Approximate round trip times in milli-seconds:
    Minimum = 62ms, Maximum = 156ms, Average = 86ms
```

② 使用图形方式动态查看连通性，如图 10-72 所示。

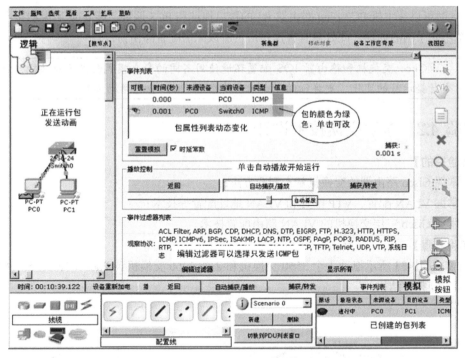

图 10-72　自动播放包传输的模拟动画

单击窗口右侧面板中的图产生一个 ICMP 包，在源主机（PC0）和目的主机（PC1）上分别点一下，在窗口右下侧的事件列表中会出现已创建包的信息。单击"模拟"按钮图可以看到模拟运行对话框，单击"自动捕获"，可以看到包从 PC0 发送到 PC1 的模拟动画。

（6）配置主机 IP 地址和默认网关。单击 PC2 图标，在"桌面"选项页中点击"IP 配置"按钮，在弹出的对话框中配置 IP 地址为 192.168.10.2，掩码为 255.255.255.0，缺省网关为 192.168.10.1。同样方法给主机 PC3 配置 IP 地址为 192.168.20.2，掩码也为 255.255.255.0，缺省网关为 192.168.20.1。

（7）实用命令方式配置路由器：

① 单击路由器，进入"命令行"选项页，可以看到当前路由器处于用户模式，输入 enable 进入特权模式：

```
Router>enable
```

② 在特权模式下可以使用 configure terminal 进入全局配置模式：

```
Router#configure terminal
```

③ 在全局配置模式下可以完成路由器的基本配置，如修改主机名：

```
Router(config)#hostname R1
```

④ 在全局配置模式下输入 Interface [接口名]可以进入接口模式完成 IP 配置：

```
R1(config)#interface fastethernet0/0          ;进入接口 fa0/0
R1(config-if)#ip address 192.168.10.1 255.255.255.0   ;设置接口 IP 地址和掩码
R1(config-if)#no shut                         ;开启接口为 UP 状态
R1(config-if)#exit                            ;退出到上一级命令环境
R1(config)#interface fastethernet0/1
R1(config-if)#ip address 192.168.20.1 255.255.255.0
R1(config-if)#no shut
```

⑤ 此时可以从主机 PC2 ping 路由器 R1 的接口地址和 PC3 地址，能 ping 通说明路由器可以实现两个不同子网的通信，此处只有直连路由，所以无需配置路由协议。

 Cisco 交换机和路由器 IOS 配置环境使用不同的命令模式配置各项功能，注意看命令行提示符的变化，更详细的命令用法请参考 Cisco 公司帮助文档。

实验 4.2　多层交换技术设计

【实验目的】

1. 掌握 Cisco 路由器的交换机基本配置方法；
2. 掌握 VLAN 配置、VTP 配置和 VLAN 地址配置等技术；
3. 掌握 Cisco 三层交换机的 VLAN 路由配置技术。

【实验步骤】

（1）如图 10-73 所示拖动 1 个 3560 交换机和 2 个 2960 交换机到 Packet Tracer 5.3 主窗口中构建两层交换拓扑结构。

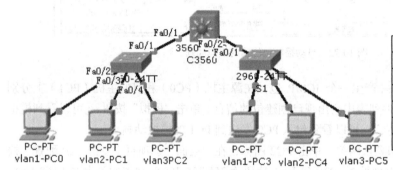

Host	Linkto	IP地址
PC0	S0-Fa0/2	172.16.10.2/24
PC1	S0-Fa0/3	172.16.20.2/24
PC2	S0-Fa0/4	172.16.30.2/24
PC3	S1-Fa0/2	172.16.10.3/24
PC4	S1-Fa0/3	172.16.20.3/24
PC5	S1-Fa0/4	172.16.30.3/24

图 10-73　多层交换拓扑结构

（2）在核心交换机 C3560 上配置 VTP 协议在全网内通告 vlan 信息：

① 配置核心交换机 C3560，通过 VTP 功能将三层交换机的 VLAN 信息传到汇聚层：

```
C3560#vlan database                              ;进入 vlan 库设置
C3560(vlan)#vlan 2 name sales                    ;vlan1 缺省，vlan2 为销售部
C3560(vlan)#vlan 3 name HR                        ;vlan3 为人力资源部
C3560(vlan)#vlan 4 name develop1                 ;vlan4 为开发 1 部
C3560(vlan)#vlan 5 name develop2                 ;vlan5 为开发 2 部
C3560(vlan)#exit
C3560# config terminal
C3560(config)# vtp domain abc                     ;设置 VTP 域
C3560(config)# vtp mode server                    ;设置 VTP 方式为服务器方式
C3560(config)#vtp password abcd                   ;设置 VTP 密码为 abcd
```

② 配置两个汇聚层交换机 C29xx：

```
C29xx#config terminal
C29xx(config)# vtp domain abc                      ;设置 VTP 域
C29xx(config)# vtp mode client                     ;设置 VTP 方式为客户机方式
C29xx(config)#vtp password abcd                    ;设置 VTP 密码为 abcd
```

（3）在每个交换机的特权模式下输入 show vlan 命令查看已生成的 vlan 信息：

```
C3560#show vlan                    ;显示 vlan 信息，注意编号为 1～1023 的 vlan 信息
C29xx#show vlan                    ;有几条 vlan 信息，和 3560 交换机比较
```

（4）将端口增加到 vlan2 和 vlan3（vlan1 默认，不用增加）。

```
C29xx(config)#int fastethernet0/2               ;进入接口模式
C29xx(config-if)#switchport mode access          ;设置为 vlan 的访问端口
C29xx(config-if)#switchport access vlan 2         ;加入 vlan2
C29xx(config-if)#description sales01              ;加入对该连接的描述
C29xx(config-if)# int fastethernet0/3
C29xx(config-if)#switchport mode access
C29xx(config-if)#switchport access vlan 3         ;加入 vlan2
C29xx(config-if)#description HR01                 ;加入对该连接的描述
```

（5）使用 ping 命令测试同一个 VLAN 内主机和不同的 VLAN 主机之间能否互相访问，为什么？

只有 vlan 1 的主机间可以互相访问，其他不同交换机之间的主机均不能互相访问。

（6）配置干线（端口 trunk），其中 C3560 的 fa0/1、fa0/2 和两个 C29xx 交换机的 fa0/1 都应配置为干线端口，此处仅给出一例：

```
C3560(config)#int fastethernet0/1                ;进入接口模式
C3560(config-if)#switchport mode trunk           ;配置该接口为干线端口
C3560(config-if)#switchport trunk encapsulation dot1q  ;配置干线协议封装为 802.11q
C3560(config-if)#switchport trunk allowed vlan all     ;配置干线的访问权限为所有
                                                   vlan 通过
C29xx(config)#int fastethernet0/1                ;进入接口模式
C29xx(config-if)#switchport mode trunk           ;配置该接口为干线端口，自动封装
```

使用 ping 命令测试同一个 VLAN 内主机和不同的 VLAN 主机之间能否互相访问，为什么？

同一个 VLAN 之间可以互相访问，不同 VLAN 之间不能互相访问。

（7）配置路由使跨 VLAN 的访问能够实现

```
C3560#conf t
C3560(config)#int vlan 2                         ;进入 vlan 2 的接口
C3560(config-if)#ip address 172.16.20.1 255.255.255.0
                                                  ;设置 vlan2 的接口地址，也是主机的网关
C3560(config-if)#no shut                          ;启用 vlan2 接口
C3560(config-if)#int vlan 3                        ;进入 vlan3 的接口
C3560(config-if)#ip address 172.16.30.1 255.255.255.0
                                                  ;设置 vlan3 的接口地址，也是主机的网关
C3560(config-if)#no shut                          ;启用 vlan3 接口
C3560(config-if)#exit
C3560(config)#ip routing                          ;启用路由
```

（8）再将各主机的网关设置为每个 VLAN 的接口地址。

（9）测试网络连通性。

同一个 vlan 之间可以互相访问，不同 VLAN 之间也能互相访问。

实验 4.3　交换机和路由器互连设计

【实验目的】

1. 根据拓扑结构划分子网并分配 IP 地址；
2. 根据交换机和路由器的基本配置命令实现互连互通；
3. 掌握静态路由和动态路由的配置方法。

【实验步骤】

（1）打开 Packet Tracer 5.3 窗口，按如下步骤拖动 3 台 Cisco 2621 路由器、2 台 2960 交换机和 4 台主机到主窗口中。每台路由器都增加一个"WIC-2T"模块，构建如图 10-74 所示的拓扑结构。

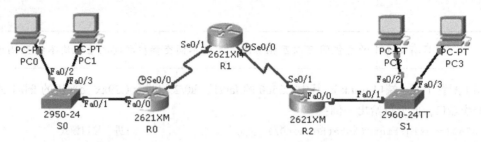

图 10-74　交换路由互连拓扑结构

（2）按下表分配 IP 地址：

接 口 名 称	IP 地址	接 口 名 称	IP 地址
PC0	192.168.10.2	PC1	192.168.10.3
R0-fa0/0	192.168.10.1	R0-Se0/0	192.168.20.1
R1-Se0/1	192.168.20.2	R1-Se0/0	192.168.30.1
R2-Se0/1	192.168.30.2	R2-fa0/0	192.168.40.1
PC2	192.168.40.2	PC3	192.168.40.3

（3）分别在四台主机上配置 IP 地址和缺省网关，交换机不用配置。

（4）查看设备类型，选择 R0，进入特权模式：

```
R0#show controller serial0/0
```

如果有"DCE V.35"字样，说明 serial0/0 是 DCE（接口图上有一个小钟）。否则，就是 DTE 设备，如 R1 和 R2 的 serial0/1。为了通信同步，DCE 需要配置时钟频率，DTE 不需要。

（5）配置三台路由器接口的 IP 地址和时钟等参数：

① 配置路由器 R0：

```
Router>en
Router#config t
Router(config)#hostname R0
R0(config)#int f0/0                             ;进入路由器接口
R0(config-if)#ip address 192.168.10.1 255.255.255.0  ;配置 IP 地址和掩码
R0(config-if)#no shut                           ;启用接口
R0(config-if)#int se0/0
```

```
R0(config-if)#ip address 192.168.20.1 255.255.255.0
R0(config-if)#clock rate 64000                          ;配置时钟频率为 64kbit/s
R0(config-if)#no shut
```

② 配置路由器 R1：

```
Router>en
Router#config t
Router(config)#hostname R1
R1(config)#int se0/1
R1(config-if)#ip address 192.168.20.2 255.255.255.0
R1(config-if)#no shut
R1(config-if)#int se0/0
R1(config-if)#ip address 192.168.30.1 255.255.255.0
R1(config-if)#clock rate 64000
R1(config-if)#no shut
```

③ 配置路由器 R2：

```
R2(contig)#int f0/0
R2(config-if)#ip address 192.168.40.1 255.255.255.0
R2(config-if)#no shut
R2(config-if)#int se0/1
R2(config-if)#ip address 192.168.30.2 255.255.255.0
R2(config-if)#no shut
```

（6）在每一个路由器命令窗口中退出到特权模式下保存路由器和交换机配置。

```
R2#copy running-config startup-config
Destination filename [startup-config]?
Building configuration...
[OK]
```

（7）在"文件"菜单中选择"保存"和"另存为"分别将刚建立的拓扑文件保存为 lab10.2.pkt、lab10.2_static.pkt、lab10.2_rip.pkt、lab10.2_ospf.pkt 等 4 个文件，分别实现 3 种不同的路由。

（8）打开 lab10.2_static.pkt 文件，在全局配置模式下配置静态路由。

命令格式为：ip route 目的网络 掩码 下一跳|接口

① R0 路由器：

```
R0>en
R0#config t
R0(config)#ip route 192.168.30.0 255.255.255.0 192.168.20.2    ;配置静态路由
R0(config)#ip route 192.168.40.0 255.255.255.0 192.168.20.2    ;配置静态路由
```

② R1 路由器：

```
R1(config)#ip route 192.168.10.0 255.255.255.0 192.168.20.1    ;配置静态路由
R1(config)#ip route 192.168.40.0 255.255.255.0 192.168.30.2    ;配置静态路由
```

③ R2 路由器：

```
R2(config)#ip route 192.168.10.0 255.255.255.0 192.168.30.1    ;配置静态路由
R2(config)#ip route 192.168.20.0 255.255.255.0 192.168.30.1    ;配置静态路由
R2(config)#exit
R2#show ip route                       ;察看路由表项，显示信息如下
Codes: C - connected, S - static, I - IGRP, R - RIP, M - mobile, B - BGP
       D - EIGRP, EX - EIGRP external, O - OSPF, IA - OSPF inter area
       N1 - OSPF NSSA external type 1, N2 - OSPF NSSA external type 2
       E1 - OSPF external type 1, E2 - OSPF external type 2, E - EGP
       i - IS-IS, L1 - IS-IS level-1, L2 - IS-IS level-2, ia - IS-IS inter area
       * - candidate default, U - per-user static route, o - ODR
       P - periodic downloaded static route
```

```
Gateway of last resort is not set
```
; 已生成四条路由表，2 条静态路由，2 条直连路由，每个子网 1 条
```
S    192.168.10.0/24 [1/0] via 192.168.30.1
S    192.168.20.0/24 [1/0] via 192.168.30.1
C    192.168.30.0/24 is directly connected, Serial0/1
C    192.168.40.0/24 is directly connected, FastEthernet0/0
```
（9）测试所有主机之间的连通性，如果能从 PC0 ping 通所有主机，说明实验成功。

（10）打开 lab10.2_rip.pkt 文件，在全局配置模式下配置 RIP 协议动态路由。

① R0 路由器：

R0(config)#router rip	; 启用 RIP 路由协议
R0(config-router)#version 2	; 版本号为 2
R0(config-router)#network 192.168.10.0	; 添加直连网段
R0(config-router)#network 192.168.20.0	; 添加直连网段

② R1 路由器：

R1(config)#router rip	; 启用 RIP 路由协议
R1(config-router)#version 2	; 版本号为 2
R1(config-router)#network 192.168.20.0	; 添加直连网段
R1(config-router)#network 192.168.30.0	; 添加直连网段

③ R2 路由器：

R2(config)#router rip	; 启用 RIP 路由协议
R2(config-router)#version 2	; 版本号为 2
R2(config-router)#network 192.168.30.0	; 添加直连网段
R2(config-router)#network 192.168.40.0	; 添加直连网段
R2(config-router)#end	; 立即退出到特权模式
R2#show ip route	; 察看路由表

```
Codes: C - connected, S - static, I - IGRP, R - RIP, M - mobile, B - BGP
       D - EIGRP, EX - EIGRP external, O - OSPF, IA - OSPF inter area
       N1 - OSPF NSSA external type 1, N2 - OSPF NSSA external type 2
       E1 - OSPF external type 1, E2 - OSPF external type 2, E - EGP
       i - IS-IS, L1 - IS-IS level-1, L2 - IS-IS level-2, ia - IS-IS inter area
       * - candidate default, U - per-user static route, o - ODR
       P - periodic downloaded static route

Gateway of last resort is not set
```
; 产生 4 个子网的路由表，其中 2 条为直连路由，2 条为 RIP 协议路由
```
R    192.168.10.0/24 [120/2] via 192.168.30.1, 00:00:09, Serial0/1
R    192.168.20.0/24 [120/1] via 192.168.30.1, 00:00:09, Serial0/1
C    192.168.30.0/24 is directly connected, Serial0/1
C    192.168.40.0/24 is directly connected, FastEthernet0/0
```
（11）诊断 RIP 路由。在特权模式下输入如下命令，查看 RIP 协议的诊断信息。

R1#debug ip rip	; 显示 RIP 路由选择操作的信息
R1#debug ip routing	; 显示路由表更新情况

实验 4.4 防火墙包过滤策略设计

【实验目的】

1. 掌握 Cisco 路由器单区域 OSPF 路由协议的配置方法；

2. 掌握 Cisco 路由器的标准访问控制列表配置方法；

3. 掌握 Cisco 路由器的扩展访问控制列表配置方法。

【实验步骤】

（1）打开 lab10.2_ospf.pkt 文件，添加一台服务器如图 10-75，设置服务器地址为 192.168.40.101，网关为 192.168.40.1。

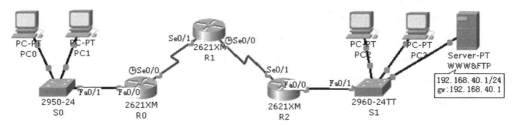

图 10-75　防火墙包过滤策略设计

（2）将该服务器配置为 HTTP 服务器和 FTP 服务器，如图 10-76 所示。

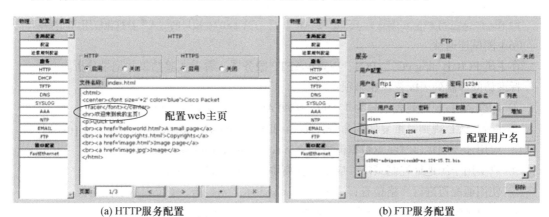

(a) HTTP服务配置　　　　　　　　　(b) FTP服务配置

图 10-76　HTTP 服务和 FTP 服务配置示意图

（3）在全局配置模式下配置单区域 ospf 协议动态路由。

① 配置路由器 R0：

```
R0(config)#route ospf 2012                              ;启动进程号为 2012 的 ospf 进程
R0(config-router)#network 192.168.10.0 0.0.0.255 area 0
                                                        ;配置 0 区域网段,通配符为掩码的反码
R0(config-router)#network 192.168.20.0 0.0.0.255 area 0
                                                        ;配置 0 区域网段,通配符为掩码的反码
```

② 配置路由器 R1：

```
R1(config)#router ospf 2012                             ;启动进程号为 2012 的 ospf 进程
R1(config-router)#network 192.168.20.0 0.0.0.255 area 0
                                                        ;配置 0 区域网段,通配符为掩码的反码
R1(config-router)#network 192.168.30.0 0.0.0.255 area 0
                                                        ;配置 0 区域网段,通配符为掩码的反码
```

③ 配置路由器 R2：

```
R2(config)#router ospf 2012                             ;启动进程号为 2012 的 ospf 进程
R2(config-router)#network 192.168.30.0 0.0.0.255 area 0
                                                        ;配置 0 区域网段,通配符为掩码的反码
```

```
R2(config-router)#network 192.168.40.0 0.0.0.255 area 0
```
;配置 0 区域网段,通配符为掩码的反码

（4）测试 ospf 路由状态。

① 使用 show ip route 命令察看路由表项。

② 使用 ping 命令测试主机间的连通性。

③ 使用 show ip ospf neighbor 命令查询 OSPF 的邻居表命令。

④ 使用 show ip ospf database 命令查询 OSPF 的链路状态数据库。

（5）在全局配置模式下设置路由器 R2 上的标准访问控制列表，禁止除服务器之外的所有主机数据通过 R2 的 fa0/0 端口访问外网：

```
R2(config)# access-list 1 permit 192.168.40.101 0.0.0.0
```
;允许服务器数据通过，使用通配符检查
```
R2(config)#access-list 1 deny 192.168.40.0 0.0.0.255
```
;拒绝子网 172.16.40.0 的所有其他主机
```
R2(config)#access-list 1 permit any        ;允许所有其他主机
R2(config)#interface fa0/0
R2(config-if)#ip access-group 1 in         ;给 fa0/0 接口的“入”数据流应用访问控制列表 1
```

（6）测试连通性。

在主机 PC0 上 ping PC2、PC3、WWW&FTP 服务器，看看实验结果并记录分析。

标准访问控制列表配置注意事项：

① 标准 ACL 规则列表编号为 1～99，扩展 ACL 编号为 100～199；

② 配置 ACL 规则时重复使用命令：access-list acl_number {permit|deny} source [mask]；

③ 应用命令到接口时注意数据流方向：ip access-group acl_number in|out

④ 只实用于源地址控制策略，应配置在离源主机位置最近的接口上；

⑤ 使用通配符进行严格检查，通配符中 0 位表示严格检查，1 位表示不检查；

⑥ 注意 ACL 列表中的每条规则应该按照控制访问从小到大排列。

（7）在全局配置模式下按如下步骤配置 R1 扩展访问控制列表：

```
R1 (config)#access-list 101 deny icmp any any echo        ;禁止所有 icmp 包通过
R1 (config)# access-list 101 permit tcp 192.168.10.2 0.0.0.0 192.168.40.101 0.0.0.0 eq ftp
```
;允许 pc0 到服务器的 ftp 访问
```
R1 (config)# access-list 101 deny tcp 192.168.10.2 0.0.0.255 any eq ftp
```
;禁止子网内其他主机到服务器的 ftp 访问
```
R1 (config)# access-list 101 permit tcp 192.168.10.0 0.0.0.255 192.168.40.101 0.0.0.0 eq www
```
;允许所有主机访问 web 服务器
```
R1 (config)# access-list 101 permit ip any any        ;开放其他数据流
```

（8）在接口上应用扩展访问控制列表：

```
R0(config)#interface fa0/0
R0(config-if)#ip access-group 101 in   ;给接口 fa0/0 的“入”数据流应用访问控制列表 101
```

（9）测试连通性，分析和记录结果。

① 在 PC0 和 PC1 上 ping 其他主机，能 ping 通吗？

② 在 PC0 和 PC1 的“桌面”|“Web 浏览器”中输入服务器地址 192.168.40.101，如图 10-77 所示，能访问到主页吗？

③ 在 PC0 和 PC1 的“桌面”|“命令提示符”中使用 FTP 命令访问服务器 192.168.40.101，默认用户名和密码都是 cisco，能成功建立 FTP 连接吗？

(a) WWW浏览器测试　　　　　　　　　　(b) FTP命令测试

图 10-77　Internet 网络服务测试

（10）尝试按自己的想法改变规则，设计一个访问控制策略，实现对某一部分网络流的访问控制，并应用到路由器上。

实验 4.5　帧中继广域网设计

【实验目的】

1. 使用帧中继技术实现中心园区网与远程分部的专线接入；
2. 掌握帧中继虚电路交换技术原理；
3. 掌握帧中继数据的三层封装原理与路由配置技术。

【实验步骤】

（1）添加 3 台 2611xm 路由器，为每个路由器添加一个 WIC-2T 模块。添加一个 Cloud-PT-Empty 设备（Cloud0）模拟帧中继网络，为 Cloud0 添加 3 个 PT-ClOUD-NM_1S 端口模块，Cloud0 的串口为 DCE，路由器的串口为 DTE，如图 10-78 所示。

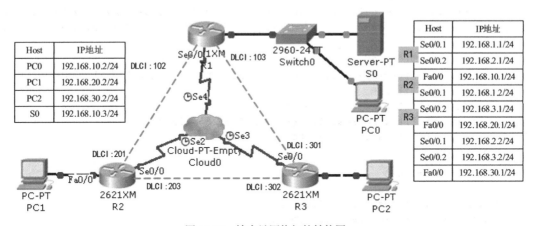

图 10-78　帧中继网络拓扑结构图

（2）在 Cloud0 的"配置"窗口中设置三个串口的 DLCI 值和虚电路交换表，如图 10-79 所示。

（3）为三个路由器的 se0/0 接口分别配置 FrameRelay 封装。

① R1 路由器：

```
R1>en
R1#config t
R1(config)#int s0/0
R1(config-if)#no shut
R1(config-if)#encapsulation frame-relay        ;封装帧中继协议
R1(config-if)#frame-relay lmi-type cisco       ;中继链路的通告协议，默认为 Cisco 类型
```

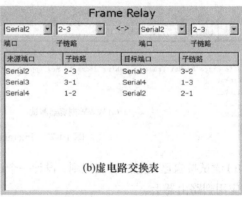

(a) Serial 2接口的虚电路标识和名称　　　　　(b)虚电路交换表

图 10-79　帧中继网络虚电路设置

```
    R1(config-if)#int s0/0.1 point-to-point              ;划分子接口，接口组网类型为
point-to-point
    R1(config-subif)#ip address 192.168.1.1 255.255.255.0
    R1(config-subif)#frame-relay interface-dlci 102      ;命名子接口的虚电路标识
    R1(config-subif)#exit
    R1(config)#int s0/0.2 point-to-point
    R1(config-subif)#ip address 192.168.2.1 255.255.255.0
    R1(config-subif)#frame-relay interface-dlci 103
```

② R2 路由器：

```
    R2(config)#int s0/0
    R2(config-if)#no shut
    R2(config-if)#encapsulation frame-relay         ;封装帧中继协议
    R2(config-if)#frame-relay lmi-type cisco         ;中继链路的通告协议，默认为 Cisco 类型
    R2(config-if)#int s0/0.1 point-to-point          ;划分子接口，接口组网类型为 point-to-
                                                       point
    R2(config-subif)#ip address 192.168.1.2 255.255.255.0
    R2(config-subif)#frame-relay interface-dlci 201  ;命名子接口的虚电路标识
    R2(config-subif)#exit
    R2(config)#int s0/0.2 point-to-point
    R2(config-subif)#ip address 192.168.3.1 255.255.255.0
    R2(config-subif)#frame-relay interface-dlci 203
```

③ R3 路由器：

```
    R3(config)#int s0/0
    R3(config-if)#no shut
    R3(config-if)#encapsulation frame-relay
    R3(config-if)#frame-relay lmi-type cisco
    R3(config-if)#int s0/0.1 point-to-point
    R3(config-subif)#ip address 192.168.2.2 255.255.255.0
    R3(config-subif)#frame-relay interface-dlci 301
    R3(config-subif)#exit
    R3(config)#int s0/0.2 point-to-point
    R3(config-subif)#frame-relay interface-dlci 302
    R3(config-subif)#ip address 192.168.3.2 255.255.255.0
```

（4）为三个路由器分别配置 RIP 路由：

```
    R1(config)#router rip
    R1(config-router)#network 192.168.1.0
    R1(config-router)#network 192.168.2.0
    R1(config-router)#network 192.168.10.0
```

```
R2(config)#router rip
R2(config-router)#network 192.168.3.0
R2(config-router)#network 192.168.2.0
R2(config-router)#network 192.168.20.0
R3(config)#router rip
R3(config-router)#network 192.168.3.0
R3(config-router)#network 192.168.2.0
R3(config-router)#network 192.168.30.0
```

（5）为主机配置 IP 地址和默认网关，互相 Ping 作连通测试。

（6）在特权模式下使用下列调试命令查看跟帧中继有关的信息：

```
show frame-relay lmi          ;查看链路管理信息，维护帧中继链路的通告协议
show frame-relay map          ;查看帧中继端口映射信息
show frame-relay pvc          ;查看建立的 PVC（永久虚电路）
show frame-relay route        ;查看帧中继路由信息
show interface serial0/0      ;显示接口 x 的信息
```

实验 4.6　无线网络设计

【实验目的】

1. 掌握无线 AP 的配置方法，实现无线接点接入本地网络；

2. 掌握无线宽带路由器上网基本设置，实现安全的 Internet 接入。

【实验步骤】

（1）打开 Packet Tracer 5.3 窗口，按如下步骤拖动 3 个 AP、1 个 2960 交换机、1 个 2611xm 路由器、1 个 Linksys 宽带路由器等设备到主窗口中。用交叉线连接 2621xm 和 Linksys 路由器，交换机和 2621xm 之间使用直通线连接。移除原主机的以太网模块，给每一个主机加上"PT-HOST-NM-1W"模块，注意 AP 与无线模块之间的信号兼容性，如图 10-80 所示。

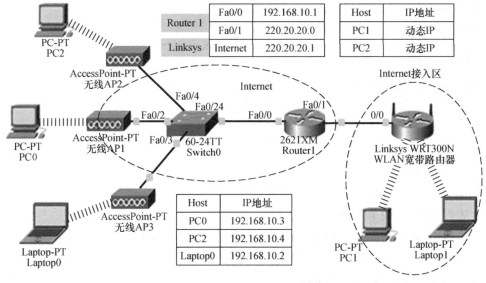

图 10-80　无线网络拓扑结构示意图

（2）打开无线 AP，配置服务区 SSID，其中 AP1 的 SSID 值设为 ws10，AP2 的 SSID 值设为 ws11，AP3 的 SSID 值设为 ws12。每台主机在 Wireless 接口的设置与对应的 AP 相同。

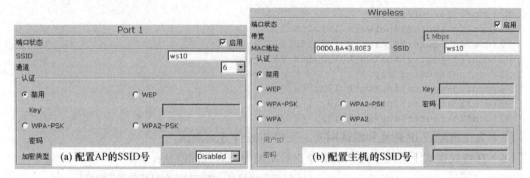

图 10-81　无线网络 SSID 设置

（3）打开宽带路由器 Linksys，配置 SSID 为 ws2，认证方式为 WPA2-PSK，密码为 cisco1234，加密方式为 AES。主机"wireless"设置与 Linksys 使用相同的 SSID、加密方式和密码。Linksys 的 Internet 配置如图 10-82 所示。

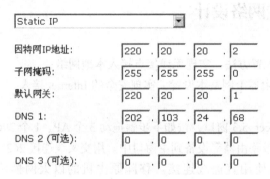

图 10-82　宽带路由器 IP 地址设置

（4）在 router1 上配置各接口和 RIP 路由协议。

```
interface FastEthernet0/0
 ip address 192.168.10.1 255.255.255.0
 duplex auto
 speed auto
interface FastEthernet0/1
 ip address 220.20.20.1 255.255.255.0
 duplex auto
 speed auto
router rip
 network 192.168.10.0
 network 220.20.20.0
```

（5）测试主机连通性。

① 从 PC0 ping PC2 和 Laptop0；

② 从 PC1ping 通任何 Internet 上的主机（PC0、PC2、Laptop0）。

（6）在 Internet 区加入服务器，分析 Linksys 的其他设置，实现 Internet 内容访问控制。

实验 4.7　IPv6 路由设计

【实验目的】

1. 掌握 IPv6 地址类型和地址配置方法。

2. 掌握 IPv6 静态路由协议配置。

3. 掌握 IPv6 动态路由协议配置。

【实验步骤】

（1）打开 Packet Tracer 5.3 窗口，拖动 2 台 2811 路由器和 2 台主机到主窗口中，各加入 1 个"WIC-2T"模块，使用交叉线连接主机和路由器 fa0/0 接口，如图 10-83 所示。

图 10-83　IPv6 网络拓扑结构示意图

（2）在路由器 R0 上配置 IPv6 地址：

```
R0(config)#ipv6 unicast-routing              ;启用 IPv6 协议
R0(config)#int fa0/0
R0(config-if)#ipv6 address 2012:0:1::1/64    ;配置 IPv6 全球单播地址
R0(config-if)#no shut                        ;启用接口
R0(config)#interface Serial0/1/0
R0(config-if)#ipv6 address 2012:0:2::1/64
R0(config-if)#clock rate 125000
R0(config-if)#no shut
```

（3）在路由器 R1 上配置 IPv6 地址：

```
R0(config)#ipv6 unicast-routing              ;启用 IPv6 协议
R0(config)#int fa0/0
R0(config-if)#ipv6 address 2012:0:3::1/64    ;配置 IPv6 全球单播地址
R0(config-if)#no shut                        ;启用接口
R0(config)#interface Serial0/1/0
R0(config-if)#ipv6 address 2012:0:2::2/64
R0(config-if)#no shut
```

（4）在主机的"配置"面板中选择"FastEthernet"接口，给主机 PC0 配置 IP 地址为"2012:0:1::2/64"，给主机 PC1 配置 IP 地址为"2012:0:3::2/64"，在"配置"面板中选择"配置"窗体，给 PC0 配置网关为 2012:0:1::1，给 PC1 配置网关为 2012:0:3::1。

（5）将拓扑文件分别另存为 lab10.4.7_ripng.pkt 和 lab10.4.7_OSPFv3.pkt。

（6）在 R0 全局配置模式下添加 IPv6 静态路由命令：

```
R0(config)#ipv6 route 2012:0:3::/64 Serial0/1/0   ;静态路由通过 Serial0/1/0 转发
```

在 R1 全局配置模式下添加 IPv6 静态路由命令：

```
R1(config)# ipv6 route 2012:0:1::/64 Serial0/3/1  ;静态路由通过 Serial0/3/1 转发
```

（7）使用第 7 章的路由测试命令测试主机连通性，察看 IPv6 路由表。

（8）按照 7.4.2 所给出的动态路由配置方法，使用拓扑 lab10.4.7_ripng.pkt 和 lab10.4.7_OSPFv3.pkt 分别实现 RIPng 路由和 OSPFv3 路由的配置。

实验 4.8　路由综合设计

【实验目的】

1. 掌握多个路由协议协同工作的方法，掌握路由重分配技术；

2. 掌握路由配置故障检查方法。

【实验步骤】

（1）在 Packet Tracer 5.3 窗口中加入 3 台 2811 路由器和 1 台 2621xm 路由器构建如图 10-84 所示拓扑。

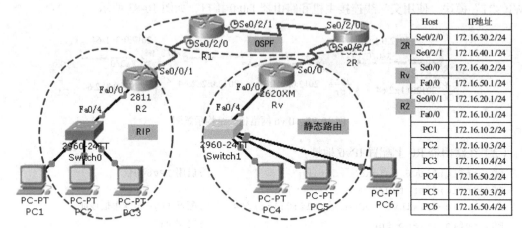

Host		IP地址
	Se0/2/0	172.16.30.2/24
2R	Se0/2/1	172.16.40.1/24
Rv	Se0/0	172.16.40.2/24
	Fa0/0	172.16.50.1/24
R2	Se0/0/1	172.16.20.1/24
	Fa0/0	172.16.10.1/24
PC1		172.16.10.2/24
PC2		172.16.10.3/24
PC3		172.16.10.4/24
PC4		172.16.50.2/24
PC5		172.16.50.3/24
PC6		172.16.50.4/24

图 10-84　综合路由设计

（2）设置每一个路由器的基本配置和 IP 地址，启用接口，直到全部路由器正常连通。

（3）配置路由器 R1：

```
R1(config)#interface serial0/2/0
R1(config-if)#ip address 172.16.20.2 255.255.255.0
R1(config-if)#clock rate 125000
R1(config-if)#no shut
R1(config)#interface serial 0/2/1
R1(config-if)ip address 172.16.30.1 255.255.255.252
R1(config-if)#clock rate 125000
R1(config-if)#no shut
R1(config-if)#exit
R1(config)#router ospf 100                          ;ospf 协议进程号为 100
R1(config-router)# redistribute rip subnets         ;将相邻的 RIP 区域发布到 OSPF 区域
R1(config-router)#network 172.16.20. 0.0.0.255 area 0
R1(config-router)#network 172.16.30. 0.0.0.255 area 0
R1(config)#router rip
R1(config-router)#version 2
R1(config-router)#redistribute ospf 100 metric 1    ;重发布 OSPF 到 rip 路由，度量值为最高
R1(config-router)#network 172.16.20.0
R1(config-router)#network 172.16.30.0
R1(config-router)#no auto-summary                   ;取消路由自动聚合
```

（4）配置 2R 路由器（此处省略接口配置）：

```
2R(config)#router ospf 200
2R(config-router)#redistribute connected subnet
2R(config-router)#redistribute static subnet        ;重发布静态路由到 ospf
2R(config-router)#network 172.16.30.0 0.0.0.255 area 0
2R(config-router)#network 172.16.40.0 0.0.0.255 area 0
2R(config-router)#exit
2R(config)#ip route 172.16.50.0 255.255.255.0 172.16.40.2   ;配置静态路由
```

（5）配置 R2（此处省略接口配置）：

```
R2 (config)#router rip
R2 (config-router)#version 2                        ;RIP 协议的第 2 个版本
R2 (config-router)#network 172.16.20.0
R2 (config-router)#network 172.16.10.0
R2(config-router)#no auto-summary                   ;取消路由自动聚合
```

（6）配置 Rv（此处省略接口配置）：

```
Rv (config)#ip route 0.0.0.0 0.0.0.0 172.16.40.1  ;配置缺省路由
```

 缺省路由是指不论什么子网，只要是 Rv 发出的数据包，都缺省发往该网关，因此使用缺省路由可以简化配置。

（7）测试连通性，显示路由表，分析并记录每一个路由器的路由表和主机间的连通性。

```
**#show ip route
**#show ip protocols
```

实验 4.9　双核心冗余设计

【实验目的】

1. 掌握双核心交换骨干网的设计原理；
2. 掌握双核心 VLAN 负载均衡设计原理；
3. 掌握交换机生成树原理和优先级配置技术。

【实验步骤】

（1）本实验使用 2 台 3560 交换机作为核心层设备，2 台 2960 交换机作为汇聚层设备，4 台主机用于测试。其中 2 台汇聚层交换机通过 fa0/1-2 双归接入到核心层交换机的 fa0/10-11，核心交换机之间使用 2 接口 fa0/1-2 构成以太通道，PC0-3 分别连接到汇聚层交换机的 fa0/3 和 fa0/6 接口。打开 Packet Tracer5.3 窗口，构建如图 10-85 所示拓扑结构。

（2）选择核心交换机 multilayer switch0 完成基本 VLAN 配置，添加 VLAN 2、3、4，将所有交换机与交换机之间相连的端口均设置为 Trunk。

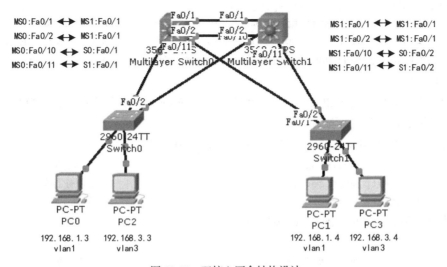

图 10-85　双核心冗余结构设计

① 配置交换机 Multilayer Switch0：

```
MS0#config t
MS0 (config)#interface range fa0/1 - 2              ;同时配置端口 fa0/1 和 fa0/2
MS0 (config-if-range)#switchport trunk encapsulation dot1q
MS0 (config-if-range)#switchport mode trunk         ;配置 Trunk 封装
MS0 (config)#interface range fa0/10 - 11            ;同时配置端口 fa0/1 和 fa0/2
MS0 (config-if-range)#switchport trunk encapsulation dot1q
MS0 (config-if-range)#switchport mode trunk         ;配置 Trunk 封装
```

② 配置交换机 Multilayer Switch1：

```
MS1#config t
MS1 (config)#interface range fa0/1 - 2              ;同时配置端口 fa0/1 和 fa0/2
MS1 (config-if-range)#switchport trunk encapsulation dot1q
MS1 (config-if-range)#switchport mode trunk         ;配置 Trunk 封装
MS1 (config)#interface range fa0/10 - 11            ;同时配置端口 fa0/1 和 fa0/2
MS1 (config-if-range)#switchport trunk encapsulation dot1q
MS1 (config-if-range)#switchport mode trunk         ;配置 Trunk 封装
```

③ 配制交换机 Switch0：

```
S0#config t
S0 (config)#interface range fa0/1 - 2               ;同时配置端口 fa0/1 和 fa0/2
S0 (config-if-range)#switchport mode trunk          ;配置 Trunk 封装
S0 (config)#interface fa0/3
S0 (config-if-range)#switchport mode access         ;配置为访问端口，默认为 vlan1
S0 (config)#interface fa0/6
S0 (config-if-range)#switchport mode access         ;配置为访问端口
S0 (config-if-range)#switchport access vlan 3       ;配置为 vlan 3 的访问端口
```

④ 配置交换机 Switch1：

```
S1#config t
S1 (config)#interface range fa0/1 - 2               ;同时配置端口 fa0/1 和 fa0/2
S1 (config-if-range)#switchport mode trunk          ;配置 Trunk 封装
S1 (config)#interface fa0/3
S1 (config-if-range)#switchport mode access         ;配置为访问端口，默认为 vlan1
S1 (config)#interface fa0/6
S1 (config-if-range)#switchport mode access         ;配置为访问端口
S1 (config-if-range)#switchport access vlan 3       ;配置为 vlan 3 的访问端口
```

（3）完成汇聚层交换机访问端口 fa0/3 和 fa0/6 配置，使 PC0 与 PC1 属于 VLAN 1，PC2 与 PC3 属于 VLAN3。

（4）设置 VTP 域，将 multilayer switch0 设置为 VTP server，其他交换机设置为 VTP client，自动更新所有交换机的 Vlan 配置。

① 在核心交换机 Multilayer Switch0 上配置 VTP 域服务器：

```
MS0(config)#vtp domain abc                          ;配置 vtp 域名
MS0 (config)#vtp mode server                        ;vtp 服务器模式
MS0 (config)#vtp password 1234                      ;配置 vtp 域密码
```

② 在其他所有交换机上配置 vtp 客户端：

```
MS1 (config)#vtp domain abc                         ;配置 vtp 域名
MS1 (config)#vtp mode client                        ;vtp 客户端模式
MS1 (config)#vtp password 1234                      ;配置 vtp 域密码
```

（5）配置根网桥

① 配置交换机 Multilayer Switch0 为 VLAN 1 和 VLAN 2 的根网桥。交换机 Multilayer Switch0 的配置如下：

```
MS0#config t
MS0 (config)#spanning-tree vlan 1 root primary        ;配置成为 Vlan1 的根网桥
MS0 (config)#spanning-tree vlan 2 root primary        ;配置成为 Vlan2 的根网桥
MS0 (config)#exit
MS0#show spa brief    ;显示生成树信息
```

② 配置交换机 Multilayer Switch1 为 VLAN 3 和 VLAN 4 的根网桥。交换机 Multilayer Switch1 的配置如下：

```
MS1#config t
MS1 (config)#spanning-tree vlan 3 priority 8192       ;缺省优先级为32768,由于8192
值更小, 交换机 B 成为 Vlan3 的根网桥
MS1 (config)#spanning-tree vlan 4 priority 8192       ;缺省优先级为32768,由于8192
值更小, 交换机 B 成为 Vlan4 的根网桥
MS1 (config)#exit
MS1#show spa brief    ;显示生成树信息
```

（6）配置交换机 Multilayer Switch0 和 Multilayer Switch1 之间的以太通道：

① 配置交换机 Multilayer Switch0 的以太通道：

```
MS0#config t
MS0 (config)#int range fa0/1 - 2                      ;同时对 fa0-1 和 fa0-2 端口配置
MS0 (config)#channel-group 1 mode on                  ;以太通道 1 模式开启
MS0 (config)#exit
MS0#show interface port 1
```

② 配置交换机 Multilayer Switch1 的以太通道：

```
MS1#config t
MS1 (config)#int range fa0/1 - 2                      ;同时对 fa0-1 和 fa0-2 端口配置
MS1 (config)#channel-group 2 mode on                  ;以太通道 2 模式开启
MS1 (config)#exit
MS1#show interface port 1
```

（7）根据图 10-86 所示配置各主机 IP 地址，添加到所属的 VLAN。

（8）使用 ping 命令完成连通性测试。

（9）使用实时包捕捉模式查看包发送动画。

① 点击右侧的信封，然后点击"PC0"再点击"PC1"来添加一个 ICMP PDU。当添加成功以后，在右下角会有一个"事件"显示。每个"事件"都使用不同颜色的信封表示即将发送的 PDU，如图 10-86 所示。

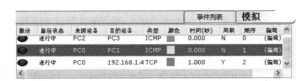

图 10-86　不同着色包传输模拟

② 在 Cisco Packet Tracer 5.3 的右下角有一个"Realtime（实时）"按钮，点击它后面的"模拟"图标，进入模拟运行窗口，观看运行结果。

实验 4.10　VPN 远程连接设计

【实验目的】

1. 掌握分部通过远程连接访问总部网络的设计原理；
2. 掌握 IPSec VPN 在 Cisco 路由器上的配置技术；
3. 掌握 IPSec VPN 技术常用的加密和认证算法。

【实验步骤】

（1）本实验使用 3 台 2811 路由器（各添加一个"WIC-2T"模块）、1 台服务器和 2 台主机构建如图 10-87 所示拓扑结构。其中，Router0 和所连的服务器代表公司总部，Router1 代表 Internet，使用公网地址，Router2 代表分支机构。

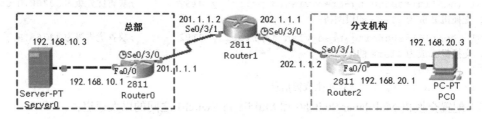

图 10-87　IPSec VPN 配置拓扑结构图

（2）在 Router1 上完成基本配置，包括接口时钟、IP 地址等。

```
Router1(config)#interface Serial0/3/0
Router1(config-if)#ip address 202.1.1.1 255.255.255.0
Router1(config-if)#clock rate 125000
Router1(config-if)#no shut
Router1(config)#interface Serial0/3/1
Router1(config-if)#ip address 201.1.1.2 255.255.255.0
Router1(config-if)#no shut
```

（3）在 Router0 上完成如下配置。

① 完成基本配置和接口连接：

```
Router0(config)#interface Serial0/3/0
Router0(config-if)#ip address 201.1.1.1 255.255.255.0
Router0(config-if)#clock rate 125000
Router0(config-if)#no shut
Router0(config)#interface fa0/0
Router0(config-if)#ip address 192.168.10.1 255.255.255.0
Router0(config-if)#no shut
```

② 在全局配置模式下完成 IPSec VPN 配置：

```
Router0#config t
Router0(config)#crypto isakmp policy 10        ;设置编号为 10 的策略,每个 VPN 的策略编号不一样
Router0(config-isakmp)#encr 3des               ;设置加密算法为 DES3
Router0(config-isakmp)#hash md5                ;设置完整性验证算法为 MD5
Router0(config-isakmp)#authentication pre-share    ;告诉路由器要使用预先共享的密码
Router0(config-isakmp)#crypto isakmp key testkey address 202.1.1.2
                                               ;定义加密密钥为 testkey,两端要取值一致
Router0(config)#crypto ipsec transform-set testTranset esp-3des esp-md5-hmac
                    ;配置变换集合 testTranset,定义数据加密所使用的算法和安全协议
Router0(config)#access-list 101 permit ip 192.168.10.0 0.0.0.255 192.168.20.0
```

0.0.0.255

;使用扩展访问控制列表指定被加密的数据流

Router0(config)#crypto map testmap 10 ipsec-isakmp　　　;使用密钥图管理全部密钥设置

;配置名称为 testmap 的动态密钥图，其中为 10 为编号，ipsec-isakmp 表示采用 isakmp 进行密钥管理

Router0(config-crypto-map)#set peer 202.1.1.2　　　　　;设置对端 IP 地址

Router0(config-crypto-map)#set transform-set testTranset　;应用转换集

Router0(config-crypto-map)#match address 101　　　　　;应用访问控制列表

Router0(config-crypto-map)#exit

Router0(config)#int se0/3/0

Router0(config-if)#crypto map testmap　　　　　　　　　;在指定接口上应用密钥图

*Jan 3 07:16:26.785: %CRYPTO-6-ISAKMP_ON_OFF: ISAKMP is ON　　;应用成功信息

③ 设置默认路由：

Router0(config)#ip route 0.0.0.0 0.0.0.0 201.1.1.2

（4）基本配置略，在 Router2 上使用类似于 Router1 的配置，仅需要修改对端 IP 地址：

Router2(config)#crypto isakmp policy 10

Router2(config-isakmp)#encr 3des

Router2(config-isakmp)#hash md5

Router2(config-isakmp)#authentication pre-share

Router2(config-isakmp)#crypto isakmp key testkey address 201.1.1.1

Router2(config)#crypto ipsec transform-set testTranset esp-3des esp-md5-hmac

Router2(config)#crypto map testmap 10 ipsec-isakmp

Router2(config-crypto-map)#set peer 201.1.1.1

Router2(config-crypto-map)#set transform-set testTranset

Router2(config-crypto-map)#match address 101

Router2(config-crypto-map)#exit

Router2(config)#access-list 101 permit ip 192.168.20.0 0.0.0.255 192.168.10.0 0.0.0.255

Router2(config)#int s0/3/0

Router2(config-if)#crypto map testmap

Router2(config-if)#exit

Router2(config)#ip route 0.0.0.0 0.0.0.0 202.1.1.1

（5）在 Router0 和 Router1 上使用以下命令验证已创建的 IPsec VPN 信息。

① show crypto isakmp policy：查看路由器上已经配置了那些 policy。

② show crypto isakmp connection：查看路由器上已经存在的 isakmp 连接数。

③ show crypto isakmp identity：查看路由器上的身份标识方式。

④ show crypto ipsec sa：查看路由器上已经存在的 IPSec SA，该命令比较重要，常用来判断 IPSec SA 是否已经建立成功。

⑤ Show crypto ipsec transform-set：查看路由器上已经配置的变换集合。

（6）给主机和服务器配置上 IP 地址，使用 ping 命令测试连通性，开始两个包会丢失，这是因为 VPN 连接开始会有一个协商阶段，如图 10-88 所示。

【问题反馈】

1. 路由不通，怎么测试？

答：按照 9.4.3 介绍的路由配置测试步骤慢慢找出问题所在。

2. 什么是时钟频率？

答：时钟频率是路由器串口实现同步通信相互协商的传输速率，一般只有 DCE 类型接口配置，DTE 接口不用配，路由器电缆中针孔的一端是 DCE，针头的一端是 DTE，在路由器中可以使用 "show controllers" 命令查看。

```
Packet Tracer PC Command Line 1.0
PC>ping 192.168.10.3

Pinging 192.168.10.3 with 32 bytes of data:

Request timed out.
Request timed out.
Reply from 192.168.10.3: bytes=32 time=125ms TTL=126
Reply from 192.168.10.3: bytes=32 time=125ms TTL=126

Ping statistics for 192.168.10.3:
    Packets: Sent = 4, Received = 2, Lost = 2 (50% loss),
Approximate round trip times in milli-seconds:
    Minimum = 125ms, Maximum = 125ms, Average = 125ms
```

图 10-88　PC0 第一次 ping Server0 的测试结果

3．静态路由和动态路由都配上才能通吗？

答：静态路由和动态路由只需要配置一个即可，在配置动态路由之前，最好使用 "no ip route" 命令关闭已经配好的静态路由。

4．怎么备份已经配置好的路由器 IOS？

答：使用 "copy run start" 命令可以将当前运行时 IOS 备份到启动时 IOS。

5．Packet Tracer 5.3 软件支持 IPv6 过渡技术吗？

答：Packet Tracer 5.3 不支持 IPv6 过渡技术，只支持一些 IPv6 的基本配置和路由配置，如果要完成 IPv6 的过渡技术实验，可以考虑使用其他模拟软件如 Dynamips、Gns3。

6．无线网络实验中 AP 的使用和宽带路由器有何区别？

答：无线网络实验中 AP 只是作为一个二层的接入设备使用，等同于交换机。而宽带路由器则是包含了局域网网关和二层接入设备的双重功能，既能支持到 Internet 的路由，还能执行流量管理、访问控制等重要策略。

7．网络交换机/路由器的配置步骤有哪些？

答：关键步骤包括构建拓扑、分配 IP 地址、完成基本配置、检查基本配置、完成 VLAN/路由配置、检查 VLAN/路由配置、完成访问策略配置、最后完成其他高级配置、总体测试。

附录 A
习题参考答案

第1章

一、填空题

1. 规划阶段，设计阶段，实施阶段，运行和维护阶段
2. 信息系统，子系统，完整的解决方案，软件集成，硬件集成，网络系统集成
3. 前期咨询，网络方案论证，系统集成商的确定，网络质量控制
4. 物理层，数据链路层，网络层，传输层，会话层，表示层，应用层
5. 物理，物理，数据链路，数据链路，网络，网络
6. 再生放大，传输距离
7. 双绞线，最小，CSMA/CD，共享，中继器，10/16，级联，堆叠
8. 直通交换，存储转发，无碎片直通方式，直通交换方式，存储转发方式
9. 路由引擎，转发引擎，路由表，网络适配器，路由器端口，最短、最优、最高带宽路径查找，包转发功能，包过滤，组播，服务质量，数据加密，流量控制，拥塞控制，计费
10. 感知层，网络层，应用层
11. IaaS，PaaS，SaaS
12. IEEE 802.3ba

二、问答题
略，见课本。

三、案例
1. 路由器 1：

网 络 地 址	子 网 掩 码	网　关	跳　数	连 接 方 式
172.16.1.0	255.255.255.0	E0	0	Direct
172.16.2.0	255.255.255.0	S1	0	Direct
172.16.3.0	255.255.255.0	S1	1	Remote
172.16.4.0	255.255.255.0	S0	0	Direct
172.16.5.0	255.255.255.0	S0	1	Remote
172.16.6.0	255.255.255.0	S0	1	Remote

路由器 2：

网 络 地 址	子 网 掩 码	网 关	跳 数	连 接 方 式
172.16.1.0	255.255.255.0	S0	1	Remote
172.16.2.0	255.255.255.0	S0	0	Direct
172.16.3.0	255.255.255.0	E0	0	Direct
172.16.4.0	255.255.255.0	S1	1	Remote
172.16.5.0	255.255.255.0	S1	0	Direct
172.16.6.0	255.255.255.0	S0	1	Remote

路由器 3：

网 络 地 址	子 网 掩 码	网 关	跳 数	连 接 方 式
172.16.1.0	255.255.255.0	S1	1	Remote
172.16.2.0	255.255.255.0	S0	1	Remote
172.16.3.0	255.255.255.0	S0	1	Remote
172.16.4.0	255.255.255.0	S1	0	Direct
172.16.5.0	255.255.255.0	S0	0	Direct
172.16.6.0	255.255.255.0	E0	0	Direct

2. 答：使用堆叠式集线器。堆叠式集线器具有平均分配带宽，便于扩充，端口成本低，集中放置，便于管理等优点，适合工作节点比较密集的网吧、机房等场合。

3. 答：为该路由器设置静态路由。拨号链路只在需要时才拨通，网络拓扑结构经常变化，在这种情况下，使用静态路由技术可以避免复杂的路由更新过程。

4. 答：Time 值代表一次完整的往返时延，TTL 值代表生存时间，一般系统会设置一个初始值，每经过一个路由器自动减 1。因此，实验结果中 Time $_{国际主机}$>Time $_{国内主机}$>Time $_{本地 DNS}$，TTL $_{国际主机}$<TTL $_{国内主机}$<TTL $_{本地 DNS}$，说明国际 Internet 的访问时延最大，网速最慢，数据包被更多路由器转发。

第2章

一、填空题

1. 目的性，规律性，网络规划

2. 应用背景分析，业务需求分析，管理需求分析，安全性需求分析，通信量需求分析，网络扩展性需求分析，网络环境需求分析

3. 递交投标文件，评标，中标，签订合同

4. 3

5. 1M，10M

6. 简单接入，无缝运行

7. 先进性，成熟性，可靠性，扩展性，升级性

8. 实地考察，用户访谈，问卷调查，向同行咨询

9. 可行性验证，软硬件，总体风险

10. 制订管理规则和策略，网络管理员根据网络设备以及网络管理软件提供的功能对网络实施的管理

二、选择题

1	2	3	4	5	6	7
D	B	C	A	C	D	A

三、问答题

略，见课本。

四、案例

1. 答：略。由教师自行组织或分配任务，考察本校的校园网或实验室网络，或其他企事业单位网络，完成相应习题。

2. 答：（1）满足上网、视频聊天、本地游戏、本地视频等基本应用的工作站的软件和硬件；

（2）局域网内联机游戏，局域网带宽至少 10M/用户；

（3）满足在线网络游戏，Internet 带宽至少 1M/用户；

（4）网上视频点播服务，Internet 带宽至少 2M/用户；

（5）集中管理业务，具体包括计算机系统维护、计费管理、日志管理等；

（6）专用的文件服务器、日志备份服务器及网管工作站的软件和硬件。

3. 答：对校园网建设进行全面的需求分析，是成功校园网建设的必要条件，针对不同规模和不同级别学校的校园网需求差异性较大，下面列举了主要的需求内容，学习者可以根据本校特点加以总结。

业务需求：

（1）这方面的需求不同学校有着明显不同，大体都可以分为：教学、科研、办公、服务这四方面应用。例如对教学、科研方面的网络设计应考虑稳定、扩展、安全等问题；办公、服务等带宽是要着重考虑的方面，所以学校应该根据自己的实际情况来考虑网络的结构，及安全问题。

（2）对校园内的资源进行划分。

● 内部资源：一个校园内部的各个部门发布的资源，如各系部、各行政单位、图书馆、档案馆、宿舍、家属区等。再细划分，还应该考虑学生的资料，如学生成绩、入学等；员工教师的资料等。

● 外部资源：包括 Internet、学校网站、电子邮件、公共信息交流、内部信息资源对外共享等需求。

（3）为校园网做好软硬件需求。选择硬件产品时，需要选择兼容性好、扩展性强的设备，并且在选择过程中综合设备的性能价格等多方面的因素，而且该设备厂家必须能够提供良好的售前及售后服务，解除用户的后顾之忧。例如，对中心设备一定要采用性能稳定、功能强大、安全的网络设备，服务器等存储设备也要采用高性能设备；还有在特定区域，如图书馆等可能有大文件、图片等数据需要传输的地方也要应用性能较好的设备。

安全需求：

（1）为 CERNET 连接配置防火墙，制订严密的安全防范策略，防止对 Internet 信息服务器的 DDOS 攻击。

（2）接入层网络设备需要支持基于 MAC 地址 802.1X 功能和基于端口 802.1X 功能，以此保证账号的唯一性；同时，支持远程 Telnet 管理、Mib-II 及远程开关交换机端口功能；此外还要求适应大量用户并发认证及复杂的工作环境等。

（3）要求能够实现对用户名、IP 地址、MAC 地址、交换机端口、交换机 IP 的同时绑定，以此杜绝非法用户恶意盗用合法用户的用户名、密码、IP 和 MAC 等现象，确保计费工作。

（4）解决用户私自架设代理服务器的问题。

第3章

一、填空题

1. 核心层，汇聚层，接入层

2. 路由表

3. 园区网，广域网，远程连接

4. 10M，基带信号，500

5. 8

6. 网段，中继设备，第 1，2，5

7. PVC，SVC

8. 租用专线业务，帧中继业务，话音/传真业务

9. 分段，管理灵活，安全性

10. 144kbit/s，64kbit/s，B，16kbit/s，D

11. 隧道技术

12. 30

13. 带宽，时延，信道可信度，信道占用率，最大传输单元

二、问答题

略，见课本。

三、案例

1. 答：具体绘制过程略，绘制网络拓扑图要注意以下几点：

（1）选择合适的图符来表示设备；

（2）线对不能交叉、串接，非线对尽量避免交叉；

（3）终接处及芯线避免断线、短路；

（4）主要的设备名称和商家名称要加以注明；

（5）不同连接介质要使用不同的线型和颜色加以注明；

（6）标明制图日期和制图人。

2. 答：

（1）10Base5 和 10Base2 以及 10Base-T 的带宽都只有 10M，而且 10Base5 和 10Base2 是总线型结构，传统的设计是用 10Base5 构成骨干网，但将会给新的应用带来瓶颈，而采用多层交换结构的局域网技术设计灵活，易于管理，能按照不同层次划分带宽。由于多层交换结构的网络拓扑使用树型结构，因此 10Base5 和 10Base2 不利于扩展，应该淘汰，而 10Base-T 可以保留，用于接入层的重新设计。

（2）这是一种汇聚式的服务设计方案，管理和维护权限下放，分流核心层通信量，但数据间的互连互通不方便。如果使用集中式服务设计方案，应将所有的应用服务器集中到中心机房，并设置合理的访问策略保证安全性，例如将各部门相关的服务器划分到其所属的 VLAN。

（3）该业务主要是视频服务，因此各节点带宽设计为全双工 10M 比较合理，上行链路为 $10M \times 2 \times 20 = 400M$。所以应选择一个 1000M 交换机，并带有光纤模块，使用光纤接入主干网。

（4）主链路使用帧中继，备份链路使用 PSTN 拨号链接。连接示意图参考图 3-20。

3. 答：在局域网内建立 DHCP 服务器，在各上网的计算机 TCP/IP 配置中选择"自动获得 IP 地址"和"自动获得 DNS 服务器地址"。

4. 答：（1）3 个变长子网掩码：255.255.255.224，255.255.255.240，255.255.255.252。

（2）地址分配如下表：

分配的地址		子网	主机位	子网掩码
255.255.255.224	1111.111 1.111 1.111 1.111 1.111 1	111	00000	子网掩码
192.168.1.0	11000000.101 00000.000 00001	000	00000	保留（0～31）
192.168.1.32	11000000.101 00000.000 00001	001	00000	子网 A（32～63）
192.168.1.64	11000000.101 00000.000 00001	010	00000	子网 B（64～95）
192.168.1.96	11000000.101 00000.000 00001	011	00000	子网 C（96～127）
192.168.1.128	11000000.101 00000.000 00001	100	00000	子网 D（128～159）
192.168.1.160	11000000.101 00000.000 00001	101	00000	子网 E（160～191）
192.168.1.192	11000000.101 00000.000 00001	110	00000	子网 F（192～223）
192.168.1.224	11000000.101 00000.000 00001	111	00000	保留（224～255）

（3）192.168.1.193 和 192.168.1.194 用于总公司和分公司 A 之间的广域网链路；

192.168.1.197 和 192.168.1.198 用于总公司和分公司 B 之间的广域网链路；

192.168.1.201 和 192.168.1.202 用于总公司和分公司 C 之间的广域网链路。

5. 答：（1）进入串口配置；

（2）设置串口的 IP 地址及子网掩码；

（3）设置到 Internet 的缺省（默认）路由都通过 S0/0 端口；

（4）设置到局域网的内部路由都通过 F0/0 端口；

（5）定义阻止远程登录协议 Telnet 通过路由器的规则。

6. 答：（1）AH。

（2）自动密钥分配，手工密钥分配。

手动密钥分配的优点是简单，缺点是安全性低。

（3）NIC2 和 NIC3 配置为公网 IP，NIC1 和 NIC4 配置为内网 IP，但是不能相同。

（4）①外部 IP 首部；②AH；③ESP 首部。

（5）IPSec VPN 工作在第三层（IP 层），L2TP VPN 工作在第二层（数据链路层）。

第 4 章

一、填空题

1. 热备份

2. 50ms

3. HSRP

4. 完全备份，增量备份，差异备份

5. DAT，DLT，LTO

6. FIFO，PQ，CQ，WFQ

7. Voice，Video，Data

二、问答题

略，见课本。

第5章

一、填空题

1. Sniffer

2. 拒绝服务攻击（DOS）

3. 软件补丁

4. 计算机病毒

5. 公共子网（DMZ）

6. 双宿主机

7. 公共密钥

8. Adimistrator，guest

9. 本地，全局

二、问答题

略，见课本。

三、案例

答：（1）192.168.0.1，255.255.255.0

61.144.51.42，255.255.255.248

（2）①A ②B ③D

（3）将 HTTP 的端口号设置为 8080；

取消 FTP 与 21 端口之间的对应关系。

（4）DMZ 中放置邮件服务器、Web 服务器和电子商务系统；内网中放置机密数据服务器、私人信息 PC 和放置资源代码的 PC。DMZ 是放置公共信息的最佳位置，用户、潜在用户和外部访问者不用通过内网就可以直接获得他们所需要的关于公司的一些信息。公司中机密的、私人的信息可以安全地存放入内网中，即 DMZ 的后面。DMZ 中的服务器不应包含任何商业机密、资源代码或是私人信息。

（5）DMZ 与内网应该划分在不同的网段中，分别与内、外网进行 NAT 转换，确保 DMZ 是一个隔离出来的敏感信息区。

第6章

一、填空题

1. 50Ω，75Ω

2. 无屏蔽双绞线，屏蔽双绞线

3. 即插即用

4. 62.5/12.5μm

5. 红外线，微波，卫星通信

6. ASIC，时延

7. 背板带宽

8. 组播

9. 可扩展性，可用性，易管理性，高可靠性

10. 入门级，部门级，企业级

11. 两个，1，3

12. 110A，110P，25

13. 乙烯基材质

二、问答题

略，见课本。

三、案例

1. 答：略，见课本。

2. 答：（1）国内：华为、友讯科技 DLink、中兴、清华紫光、实达科技、清华比威、TP-Link 等，从网上查找其中几家的产品资料。

（2）国外：北电网络公司美国（http://www.nortelnetworks.com/）；

安奈特美国（http://www.alliedtelesis.com.cn/）。

3. 答：当下行链路带宽升级后，总的下行带宽为：16×10Mbit/s = 160Mbit/s。至少要为干线设计 200M 带宽。由于交换机 1 和交换机 2 都有两个 100M 端口，因此需要使用 Port Trunking 技术将这两个端口绑定在一起。使用 Port Trunking 技术的好处是可以绑定带宽，成倍提升干线传输能力，缓解干线带宽不足的压力；还能够提供链路冗余和负载均衡。升级后的拓扑结构图如图 A-1 所示。

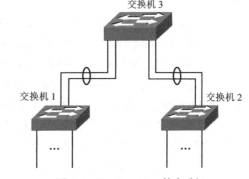

图 A-1　Port Trunking 技术升级

4. 答：（1）增强型设计方案要求每一个工作区设置 1 个语音点和 1 个信息点：

800/10×5×1 = 400 个语音点

800/10×5×1 = 400 个信息点

（2）水平布线采用双绞线，增强型设计为每一个工作区配置一条独立的双绞线电缆：

[0.55×0 + 20 + 6]×800/10×5 = 6 800m

（3）考虑到为每个用户设计的带宽是 10M，所以垂直干线应该使用光纤作为传输介质。每层楼设计一根光缆，若干线通道出口与楼层配线间的距离忽略不计，则所需干线光缆长度为

$$3 + 6+9 + 12 + 15×1 + 15\% = 51.75m ≈ 52m$$

（4）每层楼需要蓝场 80×4 = 320，白场 80×3 = 240，所以分别需接线规模为 100 对线的 110A4 块和 3 块。5 层楼的总用量是 5×4 + 5×3 = 35 块。

（5）每层楼需要 80/16 + 1 = 6 块，5 层楼总共需要 30 块集线板。

（6）设备间选在 5 楼，物理安全性较好。

5. 答：需掌握设备间设计原理。

第7章

一、填空题

1. 2001:430:0:2::102d

2. 2，3

3. 127.0.0.1，::1

4. FE80，FEC0，FF0x

5. 2002

6. 无状态，有状态

7. RIPng，OSPFv3

8. 双协议栈，隧道，地址翻译/协议翻译

9. 扩展报头，40，6

二、问答题

略，见课本。

三、案例

1. 答：在特权模式下使用 show int fa0/0 可得到如下信息：

物理地址：Hardware is Lance, address is 000c.cf17.950 1 (bia 000c.cf17.950 1)

在特权模式下使用 show ipv6 int fa0/0 可得到如下信息：

（1）本地链路地址：IPv6 is enabled, link-local address is FE80::20C:CFFF:FE17:9501 [TEN]

（2）全球单播地址：Global unicast address(es): 2001:1:2:3:20C:CFFF:FE17:9501, subnet is 2001:1:2:3::/64 [EUI/TEN]。

2. 答：最后的 EUI-64 主机地址是 02D0:F8FF:FE00:BEAF。

3. 答：ipconfig 后会看到一个自动配置的 2001:da8:8000:d010 为前缀的 IPv6 地址，主机号格式为 5efe:a.b.c.d，其中 a.b.c.d 为你的 IPv4 地址。

4. 答：（1）可选择 ISATAP 隧道技术或 6to4 隧道技术，它们都支持少量 IPv6 主机跨 IPv4 网络访问 IPv6 资源。边界路由器使用双栈路由器，建立隧道。

（2）可选择 6to4 隧道技术或 NAT-PT 技术，6to4 隧道技术支持两个不同 IPv6 子网跨 IPv4 网络的互联互通，其中边界路由器和内部路由器都需要选用双栈路由器。

（3）可选择双协议栈或 NAT-PT 技术，全面支持双 IP 协议网络建设，但 NAT-PT 技术引起的网络延迟更大。

第 8 章

一、问答题

1～3 略，见课本。

4. 答：（1）需求分析；（2）逻辑结构设计与地址分配；（3）网络安全设计；（4）物理设计与设备选型；（5）综合布线与施工；（6）制订系统管理计划。

二、案例

1. 答：保持课本第 7 章图 7-2 拓扑结构不变，将核心交换机 3Com Switch 4060 更换为 Cisco 的 Catalyst 3550 系列交换机，而将汇聚层的 3Com Switch 4900 更换成 Cisco 的 Catalyst 2950 系列交换机。

2. 答：目前与企业有关的电子商务应用方案主要有两类：B2B 企业和合作企业，B2C 企业和消费者，总地来说有以下几个主要功能。

（1）销售管理：包括如制订销售策略、陈列产品、销售分析报表、支付管理、货物发送管理等功能。

（2）订单处理：如网上下单、订单审核、订单状态跟踪、订单合并、订单查询等功能。

（3）SEO 优化：为企业电子商务网站在后台可视地进行搜索引擎优化设定，定期自动完成网

上推介。

（4）客户服务：包括客户信息管理、客户跟踪、客户服务与技术支持等功能。

（5）数据安全。

为了保证数据传输安全和交易可信性，应在企业电子商务网站中集成下列数据安全服务：

● 数字证书（CA）；

● 全面 HTTPS/SSL 支持密码保护。

3. 答：从流量需求考虑，视频会议需要全双工 10M/用户带宽，以 20 用户计算，需要在一楼视频会议室安装一台 Super Stack3 4900 SX 10/100Mbit/s 交换机，并加装 1 000M 光纤模块，通过光纤接入核心交换机 3Com Switch 4060。

4. 答：从以下几个方面考虑。

（1）局域网管理与维护技术，包括网卡、网线的识别与插接方式，TCP/IP 的基本配置等。

（2）Internet 应用技术，包括 Web 技术、FTP 技术、E-mail 技术及其相关客户端软件的使用。

（3）网络安全知识，包括常用杀毒软件和防火墙的安装，病毒查杀方法和软件配置技巧。

5. 答：在设备间设置一台 3Com 11Mbit/s wireless LAN Access Point 8000 与核心交换机 3Com Switch 4060 相连，并单独设置为一个网段，保证企业内的移动用户或未布线区域通过 3Com 无线网卡也能自由接入到 Intranet 上，并通过 Access Point 的 DHCP 服务动态获取 IP 地址，新的网络拓扑结构如图 A-2 所示。

注：http://www.3com.com.cn/newsolutions/wireless/ap8000.asp

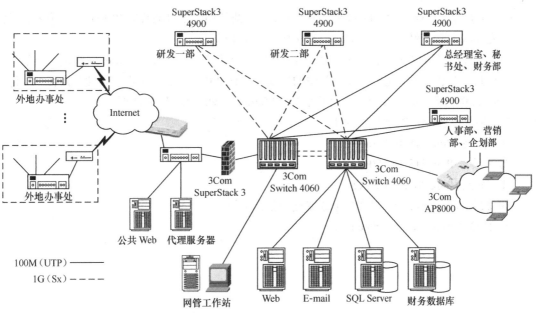

图 A-2　基于 3Com 设备的网络解决方案

6. 答：全天平均上座率为(60%+80%+90%)÷3=0.77

（1）Internet 出口带宽：200×60%×0.77×512kbit/s=46.2Mbit/s

（2）核心交换机流量：46.2Mbit/s+200×40%×0.77×(60%×2Mbit/s+40%×10Mbit/s)=366.52Mbit/s

第9章

一、填空题

1. 性能监测，网络控制
2. 网络仿真
3. 轮询，中断
4. 代理软件
5. 管理节点，管理站，管理信息库，管理协议
6. 体系结构，核心服务，应用程序

二、问答题

略，见课本。

三、案例

1. 答：（1）Router A 的 S0 端口还处于"shut"状态；Router B 的 E0 端口未配置 IP 地址；Router B 的 s0 端口未配置波特率；Router B 应配置动态路由或静态路由。

（2）不会。

（3）Host A 的缺省网关是 Router A 的 E0 端口，Host B 的缺省网关是 Router B 的 E0 端口。

（4）不能，因为只有单向路由，发送包可以到达 Host B，但是应答包不能到达 Host A。

2. 答：（1）网卡未正确安装或与其他硬件冲突。依次选择"控制面板"/"系统"/"设备管理"，查看硬件的前面是否有黄色的问号、感叹号或者红色的问号。如果有，必须手动更改这些设备的中断和 I/O 地址设置。

（2）主要原因可能是网卡的驱动程序工作不正常或使用的是自动获取 IP 地址，系统未及时刷新，应检查网卡驱动程序后重新启动或设法换成指定 IP 地址。

（3）文件共享协议安装不正确。检查所安装的所有协议中，是否有"Microsoft 网络上的文件与打印机共享"这一项。选择"配置"中的协议如"TCP/IP 协议"，单击"属性"按钮，确保选择"Microsoft 网络上的文件与打印机共享"、"Microsoft 网络用户"复选框。

3. 答：① 命令：Ping 127.0.0.1。

② 命令：Ping 218.197.80.232。

③ 命令：Ping 218.197.80.5。

④ 命令：Ping 202.205.3.142。

⑤ 域名解析故障，检查 DNS 服务器是否正常工作。

⑥ 命令：tracert www.sina.com.cn

附录 B
某网络工程建设项目投标书模板

XXXX 网络工程建设项目

投

标

书

【黑体一号字加粗】

XXXX 网络公司

XXXX 年 XX 月 XX 日

【黑体四号字加粗】

目　录【黑体三号字】

【与正文同，五号字，行间距 1.5 倍】

1．前言【1 级标题，黑体 3 号字，段后 10 磅】

【此处介绍工程背景，200 字左右，分两段，一段介绍行业背景，一段介绍工程相关背景】
【3 级标题，宋体 12 磅加粗】

2．校园网络系统设计

2.1　设计概述【2 级标题，宋体加粗四号字，段后 5 磅】

【简要介绍工程性质、意义，50 字左右】

2.1.1　网络建设目标【3 级标题，宋体小四号字加粗】

【简要介绍工程建设的预期目标和规划，可以具体到实现什么样的业务，100 字左右】

2.1.2　网络性能要求

【介绍工程在建设完成后预期的技术要求，包括整体性能评价、可靠性、易用性、安全性、扩展性、成本与性价比，100 字左右】

2.2　网络总体设计

2.2.1　总体描述

【概述哪些方面的逻辑设计，包括骨干网技术、网络拓扑设计、接入网、地址分配、Vlan 划分、服务器、安全架构，200 字左右】

2.2.2　骨干网（BackBone）

【核心层设计，包括核心层技术选型、干线链路、核心层冗余，300 字左右】

2.2.3　网络拓扑

【汇聚层与接入层技术选型、汇聚层链路 300 字左右，一定要绘制系统拓扑结构图】

2.2.4　地址分配

【根据拓扑结构划分 VLAN，分配 IP 地址】

表 2-1　　　　　　　　　　　　　　　　VLAN 与 IP 地址分配表

部　　门	工作组名	VLAN 号	IP 地址	掩　　码

2.2.5　交换设备选型

【根据分层设计原理选择相关网络设备，可以到企业网站查找相关资料，所选设备应完全覆盖

各层技术选型，尽量选择大公司大品牌，保证互操作性，总体性价比高】

表 2-2   *XXX* 交换机（路由器）配置特性

设备名称	规格型号	配　　置	质量性能说明	备　　注

2.2.6　服务器选型

【描述处理器、存储设备、冗余部件、性价比等主要特性】

2.2.7　防火墙选型

【描述所选防火墙的安全特性】

3.　结构化布线

3.1　结构化综合布线系统概述

3.1.1　结构化布线标准介绍

3.1.2　结构化布线等级

【基本型、增强型、综合型三者选一种】

3.2　系统设计

3.2.1　设计要求

【介绍信息点分布情况，线缆、配线架、线槽等主材的规格，150字左右】

3.2.2　工作区子系统

3.2.3　水平子系统

3.2.4　干线子系统

3.2.5　管理子系统

3.2.6　设备间子系统

3.2.7　建筑群子系统

3.2.8　布线测试

4.　技术及服务

4.1　产品保修　【写明保修范围】

4.2　服务条例　【写明服务承诺】

4.3　工程文件清单

4.4　培训计划　【培训对象、培训内容、培训时间】

5. 网络设备材料清单及报价

表 5-1   设备清单报价表

序号	产品序列号	产品名称及型号	单价（元）	数量	小计（元）
总 价					

[1] Cormac Long. IP 网络设计. 北京：人民邮电出版社，2002

[2] 王欣靖. 通信与网络新技术点评. 北京：人民邮电出版社，2003

[3] 沈鑫剡. 广域网原理、技术及实现. 北京：人民邮电出版社，2000

[4] 王宝智. 全新计算机网络工程教程. 北京：北京希望电子出版社，2001

[5] 杨继萍，黄开枝等译. 局域网与广域网设计与实现. 北京：清华大学出版社，2003

[6] 王竹枝. 校园网组建与管理. 北京：清华大学出版社，2002

[7] 陈俊良，黎连业. 计算机网络系统集成与方案实例. 北京：机械工业出版社，2001

[8] 杨卫东. 网络系统集成与工程设计. 北京：科学出版社，2002

[9] 敖志刚. 现代高速交换局域网及其应用. 北京：国防工业出版社，2001

[10] 华为技术有限公司. 华为认证网络工程师系列教程——构建中小企业网络

[11] Paul L.Della Maggiora. 组网用网：性能与故障管理. 北京：电子工业出版社，2001

[12] Kenneth D.Reed. 网络设计. 北京：电子工业出版社，2002

[13] 高传善，毛迪林. 计算机网络. 北京：人民邮电出版社，2002

[14] 林全新，周围. 计算机网络工程. 北京：人民邮电出版社，2003

[15] Cisco Systems 公司，思科网络技术学院（译）. 思科网络技术学院教程. 北京：人民邮电出版社，2004

[16] Diane Teare，Catherine Paquet. 陈宇，袁国忠（译）. CCNP 学习指南：组建可扩展 Cisco 互连网络，北京：人民邮电出版社，2007

[17] 柯志亨，程荣祥等. NS2 仿真实验——多媒体和无线网络通信. 北京：电子工业出版社，2009

[18] 杨威. 网络工程设计与系统集成. 北京：人民邮电出版社，2010

[19] 黄少年，朱小平. 网络工程师考试网络系统设计与管理考点精讲、真题解析与考前必练. 北京：电子工业出版社，2011

[20] 王达. Cisco/H3C 交换机配置与管理完全手册. 北京：中国水利水电出版社，2012

[21] 雷震甲，吴晓葵等. 网络工程师教程. 北京：清华大学出版社，2012

[22] 梁广民，王隆杰. 思科网络实验室 CCNP（路由技术）实验指南. 北京：电子工业出版社，2012

[23] Diane Teare，Catherine Paquet. 陈宇，袁国忠（译）. CCNP 学习指南：组建可扩展 Cisco 互连网络，北京：人民邮电出版社，2007